中国海洋发展报告

China's Ocean Development Report

（2024）

自然资源部海洋发展战略研究所课题组　编著

海洋出版社

2024年·北京

图书在版编目（CIP）数据

中国海洋发展报告 . 2024 / 自然资源部海洋发展战略研究所课题组编著 . -- 北京：海洋出版社，2024. 7.
ISBN 978-7-5210-1282-8

Ⅰ. P74

中国国家版本馆 CIP 数据核字第 2024HJ2122 号

责任编辑：高朝君
责任印制：安　森
海洋出版社　**出版发行**
http：//www.oceanpress.com.cn
北京市海淀区大慧寺路 8 号　邮编：100081
鸿博昊天科技有限公司印刷　新华书店经销
2024 年 7 月第 1 版　2024 年 7 月第 1 次印刷
开本：787mm × 1092mm　1/16　印张：17.25
字数：296 千字　定价：200.00 元
发行部：010-62100090　总编室：010-62100034

《中国海洋发展报告（2024）》
编辑委员会

编写说明

2006年以来，海洋发展战略研究所组织编写了关于中国海洋发展的系列年度研究报告。报告全面介绍中国海洋事业发展的国际和国内环境、海洋政策与管理、法律与权益、经济与科技、资源与环境等方面的理论与实践问题，客观评价海洋在实现“两个一百年”奋斗目标、实施可持续发展战略中的作用，系统梳理国内外海洋事务的发展现状，提出中国海洋事业发展的对策和建议，为社会公众普及海洋知识、提高海洋意识提供了参考读本。

党的二十大确定了全面建成社会主义现代化强国、以中国式现代化全面推进中华民族伟大复兴的战略目标，对海洋事业发展作出了“发展海洋经济，保护海洋生态环境，加快建设海洋强国”的部署。2023年是全面贯彻落实党的二十大精神的起步之年。在世界大变局加速演进，世界进入新的动荡变革期的大背景下，中国海洋事业发展的国际环境快速演进、周边海上局势复杂多变。中国以海洋命运共同体为核心理念，加强海洋领域对外合作，深度参与全球海洋治理，持续推进周边海洋秩序构建。在习近平生态文明思想、习近平经济思想、习近平法治思想、总体国家安全观和习近平总书记涉海重要论述等指导下，中国完整、准确、全面贯彻新发展理念，在协调推进海洋资源保护与利用，完善海洋政策规划体系，加强海洋生态文明建设、海洋法治建设，推动海洋经济与科技创新等重要领域取得新进展新成效。

在《中国海洋发展报告(2024)》中，我们在既往篇章结构的基础上进行了调整，紧密围绕贯彻落实习近平总书记涉海重要论述，结合2023年中国海洋事业发展的国内外形势、海洋领域取得的重要成就和重要事件、自然资源管理的新进展和生态文明建设的新要求，从“新时代海洋强国政策与管理”“新发展格局下的海洋经济与科技”“美丽中国图景中的海洋生态文明建设”“中国与国际海洋法治”“全球海洋治理中的中国角色”以及“中国的海洋文化”六个部分展开论述。《中国海洋发展报告(2024)》还对社会公众关注的一些海洋热点和难点问题进行了论述，并对 2023 年海洋形势予以简要综述。以自然资源部海洋发展战略研究所研究人员为主体的课题组承担了《中国海洋发展报告 (2024)》的研究和撰写工作，各部分负责人和各章执笔人如下：

第一部分	新时代海洋强国政策与管理	付 玉
第一章	海洋强国建设成就与展望	王 芳
第二章	依法治海政策和规划	王 芳
第三章	中国的海洋资源管理	付 玉 刘静宜
第二部分	新发展格局下的海洋经济与科技	张 平
第四章	新发展格局下的海洋经济高质量发展	张 平 姜祖岩 鞠劭芃
第五章	创新驱动发展战略下的海洋科技发展	刘 明
第三部分	美丽中国图景中的海洋生态文明建设	郑苗壮
第六章	中国海洋环境保护	赵 畅
第七章	中国海洋生态保护与修复	郑苗壮 杨 妍
第四部分	中国与国际海洋法治	密晨曦
第八章	中国的海洋法治建设	张 颖
第九章	中国周边海洋秩序	疏震娅
第十章	国际海洋法治的最新发展与中国参与	罗 刚
第五部分	全球海洋治理中的中国角色	罗 刚
第十一章	南北极治理与中国极地事业	密晨曦 杨一鑫
第十二章	国际海底治理与中国大洋事业	张 丹
第十三章	BBNJ 协定谈判历程与中国参与	郑苗壮
第六部分	中国的海洋文化	
第十四章	中国的海洋文化	吴 玥 刘景霞 马志刚
附录		刘 彬
附录 1~4		吴竞超

感谢自然资源部各级领导的关心和指导，感谢全体编写组成员和编辑同事的辛勤劳动和贡献。我们希望把《中国海洋发展报告》做成一部面向国家决策层和广大社会公众的科学、权威的海洋发展报告，全面记载、客观反映和专业评述中国海洋事业发

展进程和成就。

本年度海洋发展报告反映了各部分负责人及执笔人的认识，不代表任何政府部门和单位的观点。本报告难免有不足之处，敬请读者批评指正。

《中国海洋发展报告（2024）》编辑委员会

2024 年 3 月

目　　录

第三部分　美丽中国图景中的海洋生态文明建设

第四部分　中国与国际海洋法治

第五部分 全球海洋治理中的中国角色

第六部分 中国的海洋文化

附 录

2023 年海洋形势综述

2023 年，在世界大变局加速演进，世界进入新的动荡变革期的大背景下，中国海洋事业发展的国际环境快速演进、周边海上局势复杂多变。中国以海洋命运共同体为核心理念，加强海洋领域对外合作，深度参与全球海洋治理，持续推进周边海洋秩序构建。在习近平生态文明思想、习近平经济思想、习近平法治思想、总体国家安全观和习近平总书记涉海重要论述等指导下，中国在协调推进海洋资源保护与利用，完善海洋政策规划体系，加强海洋生态文明建设、海洋法治建设，推动海洋经济与科技创新等重要领域取得新进展新成效。

一、全球海洋治理体系加速变革

为应对海洋生物多样性丧失、海洋渔业资源枯竭、海洋塑料垃圾污染、气候变化及海平面上升等全球性挑战，全球海洋治理体系加速变革，深刻影响全球海洋秩序和利益格局。中国以海洋命运共同体为核心理念，坚定维护以联合国为核心的国际体系、以国际法为基础的国际秩序，主动参与国际规则制定，以国际良法推进海洋善治。

（一）国际海洋法治加速演进

当前，全球海洋治理走向深入，国际海洋法治加速发展。一是全球海洋治理的新规则加速出台。2023 年 6 月达成的《〈联合国海洋法公约〉下国家管辖范围以外区域海洋生物多样性的养护和可持续利用协定》（以下简称“BBNJ 协定”）旨在为公海和国际海底区域海洋生物多样性养护和可持续利用建章立制。世界贸易组织 2022 年 6 月通过的《渔业补贴协定》对推动海洋可持续发展也迈出了重要一步，目前已被多国正式接受，逐渐接近协定生效条件。“全球塑料公约”谈判磋商正在加速推进，至 2023 年年底已完成三届政府间谈判委员会会议，并富有雄心地提出在 2024 年年底前完成谈判。《生物多样性公约》第十五次缔约方大会第二阶段会议于 2022 年 12 月通过的《昆明—蒙特利尔全球生物多样性框架》，确立了“3030”目标，为实现至 2030 年保护地球表面积 30% 的陆地和海洋目标擘画新蓝图。二是国际司法机构深度参与全球海洋治理。国际海洋法法庭特别分庭于 2023 年 4 月就毛里求斯和马尔代夫印度洋海洋划界案作出判决，划定了两国专属经济区和大陆架的边界。国际法院于 2023 年 7 月就尼加拉瓜诉哥伦比亚 200 海里以外大陆架划界案作出判决，法院关于“依据习惯国际法，沿海国 200 海里以外大陆架不可以延伸至另一沿海国 200 海里以内”的观点备受争议，影响深远。2022 年以来的国际海洋法法庭第 31 号咨询意见案以及 2023 年以来的国际法院有关气候变化国家义务的咨询意见案均表明，气候问题海洋化、司法化的动向值得关注。

（二）BBNJ 协定深刻调整全球海洋秩序和利益格局

2023 年 6 月，历时近 20 年谈判磋商达成的 BBNJ 协定获得通过。BBNJ 协定是 21 世纪以来海洋和海洋法领域最重要的国际协定，对养护和可持续利用国家管辖范围以外海洋生物多样性具有里程碑意义，对于全球海洋新秩序构建和国际海洋政治地理格局重构具有重要影响，引发各方海洋利益的重大调整。一是 BBNJ 协定的调整范围大，涉及面广。BBNJ 协定为约占全球海洋面积 64% 的公海和国际海底区域创设新法律框架，主要包括海洋遗传资源相关活动及其惠益分享、建立包括公海保护区在内的划区管理工具、海洋活动的环境影响评价及其监管、能力建设和海洋技术转让、缔约方大会五大跨领域问题，填补了现有管理和法律上的空白。二是多国积极推动 BBNJ 协定尽快生效。自 2023 年 9 月开放签署以来，中国、美国、英国、法国等 88 国及欧盟已签署协定。BBNJ 协定的生效门槛为 60 个国家批准[①]，BBNJ 协定筹备秘书处将于 2024 年开始运作，着手筹备第一次缔约方大会，以决定缔约方大会的议事规则、缔约方会费分摊、常设秘书处落地何处、附属机构委员等基础性事项，对协定的后续执行将产生重大影响。

---

① 帕劳于 2024 年 1 月 22 日批准该协定，成为该协定的第一个成员国，参见 https://treaties.un.org/Pages/ViewDetails.aspx?src=TREATY&mtdsg_no=XXI-10&chapter=21&clang=_e。

（三）深海开发规章制定取得新进展但也面临不确定性

国际海底区域活动处在由勘探转向开发的关键阶段，国际海底管理局继续推进《“区域”内矿产资源开发规章》（以下简称《开发规章》）制定。同时，一些国家和非政府组织呼吁暂停深海采矿甚至《开发规章》的制定。一是管理局继续推进《开发规章》制定工作。理事会为推进《开发规章》制定设立的 5 个非正式工作组在理事会会议期间分别召开会议，审议各自负责的《开发规章》草案案文。理事会还设立了 10 多个会间工作组，在理事会闭会期间就《开发规章》所涉重要问题开展磋商。法律和技术委员会启动了《开发规章》相关环境阈值的制定工作，牵头成立了“毒性”“浊度和再悬浮沉积物的沉降”以及“水下噪声和光污染”3 个闭会期间专家组，计划于 2024 年 7 月向理事会提出建议。理事会于 2023 年 7 月通过了制定《开发规章》的新路线图，计划继续拟订《开发规章》，以期在国际海底管理局 2025 年第三十届会议期间通过。二是《开发规章》的制定仍存诸多分歧。各方在财务缴费模型、公平财务措施、环境补偿基金、遵约机制框架等问题上仍存不同立场。从总体态势来看，《开发规章》能否在 2025 年完成制定存在很大不确定性。三是“暂缓深海采矿”成为海洋博弈新议题。深海采矿科技装备技术研发不断取得新进展。加拿大金属公司（TMC）在其国际海底矿区（NORI-D 区块）进行了水深 4000 多米的多金属结核采集 – 集矿试验，采集了 4500 吨结核矿。① 印度在印度洋中部 5270 米的深度进行了多金属结核采矿系统采集行走试验。②挪威议会在 2024 年 1 月通过了一项政府计划，开放部分海床进行采矿勘探。③与此同时，“暂缓深海采矿”的主张国也在增多，目前有 20 多个国家发表声明宣布支持预防性暂停深海采矿，一些非政府环保组织致信有关国家政府，呼吁相关国家阻止国际海底管理局继续开展《开发规章》谈判，对《开发规章》制定前景产生不确定影响。

---

① TMC and All seas Achieve Historic Milestone: Nodules Collected from the Seafloor and Lifted to the Production Vessel Using 4 km Riser During Pilot Trials in the Clarion Clipperton Zone for First Time Since the 1970s，https://www.thehindu. com/sci-tech/science/deep-ocean-mission-matsya6000-seabed-mining-blue-economy/article67457379.ece，2024 年 2 月 7 日登录。

② Inside India’s “Deep Ocean Mission”，a challenge harder than going to space, https://www.thehindu. com/sci-tech/science/deep-ocean-mission-matsya6000-seabed-mining-blue-economy/article67457379. ece，2024 年 2 月 7 日登录。

③ Norway Greenlights Deep-sea Mining Exploration，https://www. barrons. com/news/norway-greenlights-deep-sea-mining-exploration-a609a393，2024 年 2 月 7 日登录。

（四）南北极国际治理进入关键期

一是北极治理现状。北极理事会主席国在 2023 年 5 月第 13 届北极理事会上进行轮替，俄罗斯担任主席国的两年任期结束，挪威接任。美国加紧北极战略部署，与瑞典和芬兰签订防务协议，芬兰将开放包括 4 个空军基地、1 个军港、通往芬兰北部的铁路通道、训练区等在内的 15 个区域供美军使用。北冰洋沿岸国加大在北极海域的勘测，美国单方面宣布其北极和白令海等相关海域的 200 海里外大陆架外部界限。大陆架界限委员会对俄罗斯提交并多次修改的北冰洋 200 海里外大陆架外部界限资料进行审议，以建议方式认可俄罗斯大部分主张。二是南极治理现状。加拿大、白俄罗斯在 2023 年 5—6 月第 45 届南极条约协商会议上提出成为南极条约协商国的申请。多国在《关于环境保护的南极条约议定书》附件六生效问题上态度积极。近年来，南北极治理议题从环境保护和科考科研扩展到 200 海里外大陆架划界、海洋生态、海上搜救等领域，特别是气候变化及其对南极的影响和南极旅游活动规范备受关注。

二、周边海上局势复杂多变

2023 年，中国周边海洋局势总体稳定可控，周边海洋合作取得积极成效。同时，周边海上风险点增多，海洋问题安全化、政治化、阵营化趋势凸显。美国加强在我国周边海域军事存在，仍是影响周边海洋安全的最主要因素。

（一）周边海洋合作取得一定成效

中国进一步加强与海上邻国在符合共同利益领域的合作，促进周边海上方向的和平、稳定、繁荣和可持续发展。一是海洋事务磋商机制保持畅通。中日海洋事务高级别磋商机制继续推进，中韩保持划界和涉海磋商谈判，中越海上磋商机制有序推进。中越北部湾湾口外海域划界和共同开发磋商、北部湾渔业可持续发展合作协定磋商也同步推进。中国—菲律宾南海问题双边磋商机制举行面对面磋商。二是中国和东盟国家推动全面有效落实《南海各方行为宣言》。2023 年，各方举行落实《南海各方行为宣言》（以下简称《宣言》）高官会两次，联合工作组会议四次。联合工作组第 39 次会议就印度尼西亚提议制定“关于加快早日达成有效、富有实质内容的‘南海行为准则’指导方针”达成共识，同意由各国落实《宣言》高官审议后提交 2024 年中国东盟外长会议通过。2023 年完成“南海行为准则”案文第二轮审读，宣布正式启动“南海行为准则”案文三读。作为落实《宣言》框架下中方倡议的合作项目，第三届南海海洋科研培训班在中国举办。三是海上执法合作持续开展。在双边合作方面，中韩海警举行第六次高级别工作会晤，召开年度渔业执法工作会谈。中越海警自 2006 年已开展 25 次年度北部湾海域联合巡逻，2023 年度巡逻首次由中越海上执法部门领导联合指挥。中越海警青年警官开展新冠疫情后首次线下交流活动。在多边合作方面，中国积极参加第十九届亚洲地区海岸警备机构高官会，牵头主持预防和打击海上非法活动工作组会议。中国成功举办 2023 年度北太平洋地区海岸警备执法机构论坛多边多任务演练。四是海洋科研合作务实推进。中国在第一届中国 – 东盟国家蓝色经济论坛上，提出积极促进海洋管理和科技交流合作，共同提高海洋治理能力。2023 东亚海洋合作平台青岛论坛以“‘海洋十年’，和合共生”为主题，深度融入共建“一带一路”倡议。中国与印度尼西亚积极开展“典型海洋生态系统生物多样性和生态连通性”联合调查与研究航次的海洋生态联合调查。

（二）周边海洋秩序构建持续推进

2023 年，中国与海上邻国继续推动落实相关协定，开展机制性及相关交流磋商，持续推动以国际法为基础的周边海洋秩序构建。一是海洋合作意愿在双边关系中得到深化。海洋争端不是国家关系的全部，正如习近平总书记在访问越南时指出的，要“把海上问题带来的挑战转化为双方深化合作的机遇”。中国与印度尼西亚、越南深化全面战略伙伴关系，与新加坡提升为“全方位高质量的前瞻性伙伴关系”。中越在习近平总书记对越南进行国事访问时发表联合声明，一致同意构建具有战略意义的中越命运共同体，强调要更好管控和积极解决海上分歧，维护南海和地区和平稳定。二是区域性多边机制不断发展。中国和印度尼西亚等九国共同发起建立国际调解院，践行《联合国宪章》和平解决国际争端原则。中日韩合作成为东亚地区机制化程度最高、覆盖领域最广、内涵最丰富的多边合作架构。亚太经合组织建立领导人定期会议机制，走在全球开放发展的前沿。三是构建以国际法为基础的周边海洋秩序。维护海洋和平稳定是周边国家的共同利益和共同责任。以构建海洋命运共同体理念、共建“一带一路”倡议以及“三大全球倡议”为引领，中国与周边国家坚持通过对话管控分歧、通过合作增进互信、通过规则制定推动周边海洋秩序的构建。面对日益复杂的海上问题，周边国家应共同加强国际法治，维护以联合国为核心的国际体系、以国际法为基础的国际秩序。

（三）周边海洋安全形势存在较大不确定性

中国周边海洋安全面临复杂形势。一是美国拉拢盟伴强化军事合作。美国频繁在中国周边海域举行军演、实施侦察，扰乱周边海洋秩序。2023 年，美国与澳大利亚、菲律宾、日本、加拿大等国分别在黄海、东海和南海多次举行联合军演，炫耀武力，挑衅示强。美军侦察机 2000 余架次抵近活动，美舰冲闯中国西沙领海，高调通过台湾海峡，蓄意挑动对立，制造紧张局势。加拿大、澳大利亚等国舰机侵扰中国周边海域事件时有发生。二是日本扰乱东海环境。7 月，日本发布 2023 年版《防卫白皮书》，渲染“中国军事威胁”；8 月，日本无视各国人民健康权、发展权和环境权，单方面强启福岛核污染水排海，威胁周边海域生态环境。三是部分南海周边国家“随美起舞”。美国在南海等周边海域怂恿有关国家强化侵权主张，菲律宾等国试图通过固化南海仲裁非法裁决和开展基础设施建设等方式巩固其在南海既得利益。菲律宾同意为美国新设四个军事基地，菲美重申同盟条约在南海适用，给南海安全局势带来挑战。菲律宾出尔反尔，数次派补给船和海警船擅闯仁爱礁海域，企图运送用于大规模维修加固非法“坐滩”军舰的建筑物资，并不断挑衅生事，造成南海局势升温。菲律宾众议院批准《菲律宾海域法案》，借菲律宾南海仲裁非法裁决扩张其在南海的权利。越南在其侵占的南海岛礁开展大规模建设，拦截中国科考船舶。四是涉台涉海问题联动。8 月美日韩戴维营会议、11 月 G7 外长会议相继就南海、台海问题发表声明，恶意炒作、激化“反中”情绪。8 月，日本前首相麻生太郎窜访台湾；11 月，日本首相访问菲律宾，加强在安全保障领域的合作。

三、海洋政策和管理取得重要成就

2023 年，中国以习近平生态文明思想、习近平经济思想、习近平法治思想和习近平总书记涉海重要论述为指导，坚持陆海统筹、绿色低碳和节约集约等海洋资源管理原则，持续完善海洋政策规划体系和法律制度，推动海洋资源可持续利用，在海岸带、海域海岛、海洋渔业、海港和海上交通、海洋促进碳达峰碳中和等方面取得重要进展。

（一）海洋政策和规划持续完善

2023 年，中国的海洋政策和战略不断调整和完善。一是支持海洋资源开发与产业发展。自然资源部发布用地用海要素保障服务新政，促进海洋资源开发利用，为海洋产业与海洋经济发展奠定基础。农业农村部、自然资源部等八部门印发文件，提出全产业链全环节加快推进深远海养殖发展的重点任务。沿海省市各级政府部门不断完善海洋政策规划，加强海洋管理，为海洋经济高质量发展保驾护航。二是推进海洋环境保护与生态建设。中国修订《中华人民共和国海洋环境保护法》，发布《中国气候变化海洋蓝皮书（2022）》《新时代的中国绿色发展》白皮书，划定生态保护红线，大力推动生态文明建设。

（二）海洋资源保护与利用水平不断提升

2023 年，中国在海洋资源保护与利用方面取得重要进展，海洋治理现代化水平不断提升。一是探索推进海域立体分层设权。发布《自然资源部关于探索推进海域立体分层设权工作的通知》，明确分类管理思路，对于促进海域资源节约利用和有效保护、推动海洋经济高质量发展具有重要意义。二是优化海洋可再生能源利用布局。新增海上风电需在离岸 30 千米以外或水深大于 30 米的海域布局。截至 2022 年年底，中国海上风电累计装机容量已超 3000 万千瓦，连续两年位居全球首位。三是加强渔业可持续发展。调整完善海洋伏季休渔制度，推进深远海养殖发展，农业农村部等八部门联合印发《关于加快推进深远海养殖发展的意见》，优化养殖空间布局。四是持续健全海洋治理技术规范体系。自然资源部有序推进海洋碳汇工作，印发实施六项蓝碳技术规程，填补调查监测技术规程的空白，加强碳汇科学研究，积极推动海洋蓝色低碳发展。有关部门和沿海地方继续扎实推进海岸带生态修复工程，发挥海岸带生态系统的减灾功能。五是海洋国际合作硕果累累。自然资源部首次举办"一带一路"国际合作高峰论坛海洋合作专题论坛，举办 2023 全球滨海论坛、第六次中欧海洋综合管理高级别对话等。中国在海洋合作专题论坛上发布了 25 项合作成果和《"一带一路"蓝色合作倡议》，蓝色伙伴关系持续加强，海上务实合作不断深化。

（三）海洋法治建设取得新进展

2023 年，中国海洋法律制度进一步完善，海洋法治政府建设不断加强，海上执法效能不断提高，海事司法公信力和影响力进一步增强，海洋法律监督体系高效运转，中国海洋法治水平稳步提升。一是涉海法律制度体系不断健全。《中华人民共和国海洋环境保护法》修订案审议通过，《中华人民共和国矿产资源法》修改和《国土空间规划法》起草工作有序推进。2023 年 6 月，《中华人民共和国对外关系法》通过，为中国参与海洋治理和开展海洋合作提供了法治保障。沿海省市运用"小切口"式立法，为解决海洋生物资源养护、海域海岛管理中的具体问题提供制度保障。二是海上执法机构推进执法规范化建设。中国海警局发布《海警机构办理刑事案件程序规定》和《海警机构办理刑事复议复核案件程序规定》，会同自然资源部制定《海洋资源开发利用行政处罚自由裁量基准（试行）》，完善执法依据，确保依法履职。海上执法机构持续组织"碧海"、"净海"、"獴猎"、伏季休渔、商渔共治等专项执法行动。三是海上执法和司法机构共同推进执法司法制约监督体系建设。全国海事审判队伍积极履行海事司法管辖权，检察机关发布公益诉讼典型案例、充分发挥"四大检察"职能作用，为服务国家涉海部署和建设海洋生态文明提供有力司法保障。最高人民法院、最高人民检察院、公安部、中国海警局先后联合印发《办理海上非法采砂相关犯罪典型案例》《依法打击涉海砂违法犯罪座谈会纪要》《办理海上涉砂刑事案件证据指引》等文件，统一执法司法尺度，为维护海洋生态环境资源安全树牢执法司法屏障。

四、海洋经济与科技创新成效显著

2023 年以来，中国海洋经济强劲复苏，主要经济指标延续回升态势，现代海洋产业体系构建加快推进，海洋传统产业增势良好，海洋新兴产业不断成长，海洋科技自主创新能力有所提升。

（一）海洋经济复苏势头良好

随着海洋经济空间布局不断优化、现代海洋产业体系加速构建、海洋科技创新能力持续提高，海洋经济对国家宏观经济的支撑和保障能力不断增强。一是海洋传统产业增势良好。海洋渔业保持稳中有进的发展势头，2023 年国内海洋水产品产量同比增长近 3%，海水养殖产量同比增长 5.27%；海洋原油、天然气产量同比分别增长 5.8% 和 9.1%；海洋旅游业加速进入全面恢复阶段，2023 年海洋客运量、海洋旅客周转量同比分别增长 122.3% 和 125.4%；2023 年，中国造船完工量、新承接订单量、手持订单量三大指标全球领先，同比分别增长 11.8%、56.4% 和 32%，所有指标均首次实现两位数增长。2023 年进入了“十四五”规划的中期阶段，预计未来一段时间，海洋传统产业发展会保持良好的增势。二是海洋新兴产业不断成长。中国海洋新兴产业具有高技术支撑、市场前景广阔、综合效益好等优势，已成为海洋经济增长的亮点。海洋工程装备制造业发展势头良好，国际市场份额继续保持全球领先，2023 年实现增加值 872 亿元，同比增长 5.9%；海上风电项目建设加快推进，2023 年海上风电发电量同比增长超 17%，为保障国家能源安全提供有力支撑，从目前的发展形势判断，到 2030 年，海上风电市场将会迎来更加蓬勃的发展前景。三是需要进一步夯实海洋经济回升向好的势头。在扩内需、提信心、防风险等政策的引领下，国内需求持续释放，海洋经济复苏势头良好，但同时外部不稳定因素依然较多。为进一步夯实海洋经济整体回升向好的势头，需要进一步巩固支持性政策，提高海洋产业内生动力，结合海洋科技的发展，在继续发展海洋传统产业的同时，推动海洋新兴产业蓬勃发展。

（二）海洋科技自主创新能力提升

2023 年，在国家创新驱动战略和科技兴海战略指引下，海洋探测、海洋开发、海洋新能源、海洋高技术服务等多个领域取得重要进展，中国海洋科技自主创新能力进一步提升。一是积极推动海洋科学研究，促进海洋科学研究成果转化。2023年，中国在海洋生物学、海洋化学、物理海洋学等方面取得重要进展，为未来海洋产业的发展和海洋环境保护注入新力量。中国科学家首次分析了蓝光在珊瑚热白化中的潜在作用，在全球气候变化背景下为拯救珊瑚礁生态系统提供了新思路；中国科学家发表了有关揭示杀香鱼假单胞菌致病的关键调控机制的研究成果，能够作为潜在的新型抗菌药物或疫苗的靶点，用于防治此类鱼类传染病。中国科学家在海洋热浪发生机制和南亚季风演化及驱动机制等研究领域取得新进展。二是积极开展海洋调查考察活动，增强海洋科技支撑力。2023 年，中国圆满完成第 39 次南极考察和第 13 次北冰洋科学考察，并启动第 40 次南极考察。南极考察以南大洋重点海域对全球气候变化响应与反馈等重大科学问题为重点，并将无人机技术应用到极地海域工作中，布放了自主研发的高精度海底观测系统。在第 13 次北冰洋科学考察中，中国首次开展海冰厚度无人化智能观测、多波段合成孔径雷达海冰观测，中国科考船还首次抵达北极点，进一步提升了在北冰洋环境保护、污染物评估以及北极快速变化响应等方面的能力。三是积极发展海洋高技术，提升海洋装备自主创新能力。2023 年，中国自主研发的海底地震勘探采集装备“海脉”投入使用，“海经”系统首次完成超深海水域地震勘探作业；自主开发的“深海一号”能源站浮式设施实时动态孪生系统发布；自主研发的首台兆瓦级漂浮式波浪能发电装置“南鲲”号在广东珠海投入试运行。

五、海洋生态环境持续向好发展

在习近平生态文明思想指导下，中国不断加大海洋生态环境治理力度，加强陆海统筹、区域联动的海洋环境监管，不断强化海洋生态保护和修复，推动海洋环境保护取得积极成效。

（一）海洋环境保护取得积极成效

中国持续加强海洋生态环境保护力度，管辖海域水质总体稳定，近岸海域水质持续改善。一是中国管辖海域水质稳中向好发展。近岸海域生态环境质量改善，入海河流水质状况稳定，海水富营养化面积逐年减少。典型生态系统生物多样性状况改善，海洋保护区和滨海湿地生态系统状况稳定。二是海洋环境保护法律体系进一步完善。《中华人民共和国海洋环境保护法》修订案获得通过，要求强化陆海统筹、区域联动的海洋环境监管，完善海域排污许可管理制度，建立海洋生物多样性调查、监测、评估和保护体系。三是海洋生态保护红线划设全面完成。中国的海洋生态保护红线划设涉及重要河口、红树林、珊瑚礁、重要滨海盐沼、海岸侵蚀及沙源流失极脆弱区和无居民海岛等，共 15 万平方千米。四是海洋环境监督执法和海洋倾废管理有序推进。相关部门运用船舶自动识别系统、卫星遥感数据等非现场手段强化监管。地方海洋生物多样性保护规划不断完善，提出开展海域生物多样性本底调查，健全生物多样性保护资金投入机制和生态补偿机制等多项举措。

（二）海洋生态保护和修复不断强化

中国加快海洋生态文明建设，持续推进海洋生态修复重点生态工程，海洋业务体系不断健全，监督管理体系不断完善，海洋生态系统恶化趋势基本得到遏制，海洋生态服务功能稳步提升。一是陆海生态分区全面完成。自然资源部印发《中国陆域生态基础分区（试行）》，为科学推进山水林田湖草沙一体化保护和系统治理，分区分类开展生态保护修复、生态监测评价预警等工作提供全国统一的基础性框架。《中国近岸海域生态四级分区（试行）》发布，标志着中国全面完成陆海生态分区。二是以国家公园为主体的自然保护地体系进一步完善。《国家公园空间布局方案》把中国自然生态系统最重要、自然景观最独特、自然遗产最精华、生物多样性最富集的区域纳入国家公园体系，遴选出 49 个国家公园候选区（含正式设立的 5 个国家公园），包括海域 3 个，海域面积约 11 万平方千米，并计划到 2035 年基本完成国家公园空间布局建设任务，基本建成全世界最大的国家公园体系。三是沿海地方加强珊瑚礁生态系统修复。海南省发布《海南省珊瑚礁生态保护修复三年行动方案（2023—2025 年）》，明确珊瑚礁生态保护修复总体布局，针对性地提出了 8 项重点任务和 21 项重点工程，是中国首部针对珊瑚礁生态系统的地方性生态保护修复行动方案。

六、结语

2023年是全面贯彻党的二十大精神的开局之年，是实施“十四五”规划承前启后的关键一年，是海洋强国建设取得新进展新成效的一年。中国持续完善海洋政策规划体系，完善海洋资源管理制度，持续推动海洋资源可持续利用，在海岸带、海域海岛、海洋渔业、海港和海上交通、海洋促进碳达峰碳中和等方面持续发力；中国海洋法律制度进一步完善，海洋法治政府建设不断加强，海上执法效能不断提高，海事司法公信力和影响力进一步增强；中国海洋经济强劲复苏，主要经济指标延续回升态势，现代海洋产业体系构建加快推进；海洋生态保护和修复不断强化，海洋环境保护取得积极成效。

党的二十大和全国生态环境保护大会等重要会议对中国的海洋治理提出了更高要求，需要结合新形势新任务，更好统筹海洋高质量发展和高水平保护，加强用海要素保障，促进海洋经济高质量增长，助力中国式现代化建设。2024年，中国海洋事业应继续以科学方案与务实行动相结合，坚持陆海统筹、河海联动，持续推进重点海域综合治理；继续实施海洋伏季休渔制度，建设现代海洋牧场；构建从山顶到海洋的保护治理大格局，实施最严格的生态环境治理制度；着力提升海洋安全保障能力，加快建立现代化海洋生态环境监测体系，务实推动极地基础设施和能力建设，提高深远海开发保障能力，维护国家海洋权益，加快建设海洋强国；深化应对气候变化等领域国际合作，持续推动构建蓝色伙伴关系，构建海洋命运共同体。

第一部分

新时代海洋强国政策与管理

第一章　海洋强国建设成就与展望

中国高度重视海洋事业发展，建设海洋强国成为国家大战略的重要组成部分。党的十八大提出“建设海洋强国”以来，我国以习近平新时代中国特色社会主义思想为指导，推动海洋事业取得卓越成就，海洋强国建设成为实现中华民族伟大复兴中国梦的重要组成部分。

一、海洋强国建设概述

中国特色的海洋强国建设是将国家经济、政治、文化、社会、生态等各方面大政方针应用在海洋领域的全局性战略部署，涉及和平走向海洋、全面经略海洋的方方面面。

（一）30 年来中国重要涉海部署

海洋是国家建设的重要领域，国民经济与社会发展需要海洋作出贡献，海洋事业发展必然要体现和贯彻国家大政方针和发展战略。中国是海洋大国，国家历来重视海洋事业发展，在国家大政方针中多有关于海洋的相关要求和部署（表 1–1）。

表 1-1　30 年来中国重要涉海部署（1992—2022 年）

会议名称	时间	关于海洋的相关论述
党的十四大	1992 年	军队要更好地担负起保卫国家领土、领空和领海主权和海洋权益，维护祖国统一和安全的神圣使命
党的十四届五中全会	1995 年	要把握世界高技术发展的趋势，重点开发电子信息、生物、新材料、新能源、航空、航天、海洋等方面的高技术
党的十五大	1997 年	严格执行土地、水、森林、矿产、海洋等资源管理和保护的法律
党的十五届五中全会	2000 年	依法保护和开发水、土地、矿产、森林、草原、海洋等国土资源；加强自然保护区和生态示范区建设，保护陆地和海洋生物多样性
党的十六大	2002 年	实施海洋开发，搞好国土资源综合整治

续表

会议名称	时间	关于海洋的相关论述
党的十六届五中全会	2005 年	开发和保护海洋资源，积极发展海洋经济
党的十七大	2007 年	发展信息、生物、新材料、航空航天、海洋等产业
党的十七届五中全会	2010 年	坚持陆海统筹，制定和实施海洋发展战略，提高海洋开发、控制、综合管理能力。科学规划海洋经济发展，发展海洋油气、运输、渔业等产业，合理开发利用海洋资源，加强渔港建设，保护海岛、海岸带和海洋生态环境。保障海上通道安全，维护我国海洋权益
党的十八大	2012 年	提高海洋资源开发能力，发展海洋经济，保护海洋生态环境，坚决维护国家海洋权益，建设海洋强国
十八届中央政治局第八次集体学习	2013 年	进一步关心海洋、认识海洋、经略海洋，推动我国海洋强国建设不断取得新成就
党的十八届五中全会	2015 年	坚持陆海统筹，壮大海洋经济，科学开发海洋资源，保护海洋生态环境，维护我国海洋权益，建设海洋强国
党的十九大	2017 年	坚持陆海统筹，加快建设海洋强国
党的十九届五中全会	2020 年	坚持陆海统筹，发展海洋经济，建设海洋强国
党的二十大	2022 年	发展海洋经济，保护海洋生态环境，加快建设海洋强国

“规划”是阐明国家战略意图，明确政府工作重点和一定时期内国民经济社会发展蓝图的行动纲领，“中华人民共和国国民经济和社会发展五年规划纲要”（以下简称“五年规划”）作为国家大政方针引领了一个时期国家经济社会的发展方向。“五年规划”中的涉海部署（表 1–2），体现了一定时期内国家社会经济发展对于海洋事业的现实需求和战略导向，对海洋事业发展起到政策引导性作用。

表 1–2 “五年规划”中有关海洋的篇章和内容要点

五年规划	篇章	要点
“十一五”规划（2006—2010 年）	第六篇 建设资源节约型、环境友好型社会 第二十六章 合理利用海洋和气候资源 第一节 保护和开发海洋资源	保护海洋生态，开发海洋资源，实施海洋综合管理，促进海洋经济发展

续表

五年规划	篇章	要点
“十二五”规划（2011—2015 年）	第三篇 转型升级 提高产业核心竞争力 第十四章 推进海洋经济发展 第一节 优化海洋产业结构 第二节 加强海洋综合管理	坚持陆海统筹，制定和实施海洋发展战略，提高海洋开发、控制、综合管理能力
“十三五”规划（2016—2020 年）	第九篇 推动区域协调发展 第四十一章 拓展蓝色经济空间 第一节 壮大海洋经济 第二节 加强海洋资源环境保护 第三节 维护海洋权益	坚持陆海统筹，发展海洋经济，科学开发海洋资源，保护海洋生态环境，维护海洋权益，建设海洋强国
“十四五”规划（2021—2025 年）	第九篇 优化区域经济布局 促进区域协调发展 第三十三章 积极拓展海洋经济发展空间 第一节 建设现代海洋产业体系 第二节 打造可持续海洋生态环境 第三节 深度参与全球海洋治理	坚持陆海统筹、人海和谐、合作共赢，协同推进海洋生态保护、海洋经济发展和海洋权益维护，加快建设海洋强国

（二）习近平总书记涉海重要论述

在中华民族伟大复兴的征程中，以习近平同志为核心的党中央高度重视海洋事业发展，提出了一系列关于加快建设海洋强国的新思想、新观点、新论断。党的十八大以来，习近平总书记发表了一系列涉海重要讲话①，涉及海洋强国建设、海洋经济发展、海洋生态环境保护、海洋权益维护及海洋科技创新等各个方面。

习近平总书记对海洋在实现“两个一百年”奋斗目标中的重要地位作出了精辟论述。习近平总书记强调，“建设海洋强国是中国特色社会主义事业的重要组成部分”，“21 世纪，人类进入了大规模开发利用海洋的时期”。习近平总书记指出，“我国既是陆地大国，也是海洋大国，拥有广泛的海洋战略利益。经过多年发展，我国海洋事业总体上进入了历史上最好的发展时期”。②关于中国建设海洋强国之路该怎么走这个问题，习近平总书记明确指出，我们坚持“通过和平、发展、合作、共

① 《习近平谈治国理政》第一卷至第四卷，北京：外文出版社，2014 年，2017 年，2020 年，2022 年。

② 《进一步关心海洋认识海洋经略海洋　推动海洋强国建设不断取得新成就》，载《中国青年报》，2013 年 8 月 1 日第 01 版。

赢方式，扎实推进海洋强国建设”[①]。以习近平同志为核心的党中央全面推进海洋强国建设，“着眼于中国特色社会主义事业发展全局，统筹国内国际两个大局，坚持陆海统筹，坚持走依海富国、以海强国、人海和谐、合作共赢的发展道路”[②]。中国遵循《联合国宪章》《联合国海洋法公约》以及其他公认的国际关系准则，谋求共同安全和共同发展，尊重沿海国的主权和权益，坚持共同应对海上传统安全威胁和非传统安全威胁，努力寻求基于和平的多种途径和手段，维护海上安全。但要强调的是，“我们爱好和平，坚持走和平发展道路，但决不能放弃正当权益，更不能牺牲国家核心利益”[③]。习近平总书记的系列讲话表明了中国应对国家利益问题的态度和处理海洋维权问题的决心和果断，推动中国在海上斗争和海洋强国建设中取得显著成就。

习近平总书记涉海重要论述是习近平治国理政思想理论在海洋领域的理论升华和实践结晶，基于中国特色社会主义理论并继承和发展了历代中央领导集体战略思想精华，在中国社会发展和海洋事业进程中不断丰富、逐步完善，形成独特的思想科学体系，具有丰富的科学内涵和鲜明的时代特征，引领海洋高质量发展，推动海洋强国建设不断取得新成就。

二、海洋强国建设十年回顾

建设海洋强国是中国特色社会主义事业的重要组成部分。十年来，中国全面落实“依海富国、以海强国”，推动海洋事业发展和海洋强国建设取得举世瞩目的成就。海洋生态文明建设深入推进，海洋经济高质量快速发展，海洋科技创新取得重大突破，全民海洋意识显著增强，中国成为全球海洋治理的重要贡献者。

（一）海洋强国建设十年成就

做大做强海洋经济，实现海洋经济高质量发展新跨越。中国海洋经济保持平稳较

① 中共国家海洋局党组：《实现中华民族海洋强国梦的科学指南——深入学习习近平总书记关于海洋强国战略的重要论述》，求是网，2017年8月31日，http://www.qstheory.cn/dukan/qs/2017-08/31/c_1121561793.htm，2024年4月11日登录。

② 《进一步关心海洋认识海洋经略海洋 推动海洋强国建设不断取得新成就》，载《中国青年报》，2013年8月1日第01版。

③ 同上。

快发展，2012—2023年中国海洋经济生产总值几乎翻番增长，全国海洋生产总值从5万亿元增长到99 097亿元（占国内生产总值的比重为7.9%）。海洋产业的结构也在不断优化，特别是新兴海洋产业的增速超过10%。近年来，海洋经济转型升级效果明显、亮点频现，海工装备、海洋电力等新兴产业不断取得突破。三大海洋经济圈发展特色逐步显现，海洋已成为陆海内外联动、东西双向互济开放格局中的关键一环。

维护良好海洋生态环境，美丽海洋建设取得突破性进展。以海洋生态文明建设为主线，持续加大监督管理力度。海洋资源开发保护制度基本健全，海洋资源节约集约利用持续加强，陆海统筹的海洋空间规划体系逐步形成，“生态＋海洋管理”新模式不断完善。初步建立了海洋生态预警监测体系，实施红树林保护修复专项行动计划和海洋生态保护修复工程。海洋环境污染防治力度不断加大，总量控制、排污许可等控污减排制度逐步实施，全国近岸海域水质持续向好。

深入实施科技兴海，海洋科技创新和公共服务能力实现跃升。海洋科技创新取得重大标志性成果，载人深潜突破万米大关，海洋卫星星座正式建成，“海洋石油981”在南海首钻成功，全球海洋立体观测网初步形成，海洋预报减灾能力显著增强，海洋灾害风险评估和区划全面启动，风暴潮、海浪、海冰、海平面上升等灾害应对取得明显成效。

海洋宣传和教育体系逐步完善，海洋意识及文化教育水平持续提升。全方位、深层次、宽领域的海洋宣传和文化教育体系逐步完善。世界海洋日暨全国海洋宣传日连年举办，影响力遍及全社会各年龄层。全国海洋意识教育基地建成160余家，已成为普及海洋意识的“基层堡垒”。舟山群岛·中国海洋文化节、中国（象山）开渔节等海洋节庆，以及中国海洋经济博览会、厦门国际海洋周、世界妈祖文化论坛等知名会展论坛，成为展现我国特色海洋文化和海洋发展水平的重要平台。海洋文化申遗取得历史性突破，“泉州：宋元中国的世界海洋商贸中心”被列入世界文化遗产名录。国家海洋博物馆建成开放，成为展现中华海洋文化的重要场所。海洋教育事业蓬勃发展，海洋知识“进学校、进教材、进课堂”和“一十百千万”海洋科普工程成效显著，涉海类高校超过200所，海洋专业人才培养体系和人才队伍全面成型。

海军建设转型加快，作战能力持续提升。围绕全面建成世界一流海军的宏伟目标，人民海军实现了跨越式发展。[①]新型装备、尖端武器列装海军持续刷新纪录，大国重器纷纷亮相。从小艇到巨舰，从近岸到深蓝，从单兵到体系，海军转型在不断裂变聚合中实现更多跨越式发展。着眼信息化条件下联合作战特点，高质量推进以航母编队、核潜艇、两栖作战编队等新域新质力量为重点的海上力量体系建设，目前，海军舰艇出岛链训练已成常态，航母编队体系化训练持续推进。持续推进重大战场设施配套建设，加强海上投送、海上补给、海上医疗救护等保障力量建设，构建起岸基、海上、岸海一体的综合保障链。

推动海洋维权向统筹兼顾型转变，有效维护国家主权、安全、发展利益。加强维权执法，实施有效管控，妥善应对和化解周边各种海上风险和复杂局面。实施海洋“走出去”战略，加强双多边海洋合作，维护我国海外利益和海洋合法权益。极地与深海保护利用能力显著增强，“两船六站”的极地立体化协同考察体系发挥重要作用。发布《中国的北极政策》《中国的南极事业》白皮书，出台《中华人民共和国深海海底区域资源勘探开发法》，国际海底命名、深海生物资源获取等工作显著提升了中国的国际影响力。

积极参与全球海洋治理，海上朋友圈不断扩大。积极参与联合国框架下的全球海洋治理，在深海采矿、海洋生物多样性保护等规则制定和修订中发挥建设性作用，在“联合国海洋科学促进可持续发展十年”等全球性重大科学计划中的影响力显著增强。以“一带一路”建设为牵引，在应对气候变化、保护海洋生态环境、推动海上互联互通等领域与其他国家开展务实合作，提供海洋公共产品。中国在海上风电项目、南海区域海啸预警、亚丁湾、索马里海域护航及维和、人道主义救援等方面的务实行动让人类命运共同体和海洋命运共同体理念更加深入人心。

（二）存在的问题与不足

十年来，海洋强国建设取得巨大成就，与此同时，海洋强国建设中一些深层次、长期未能解决的问题依然存在，需要在体制机制、政策制度、实施路径等方面统筹谋划和逐步解决。

---

① 《劈波斩浪起新航　记人民海军成立 73 周年》，载《法治日报》，2022 年 4 月 20 日第 07 版。

海洋管理需进一步协调和完善。长期以来，中国一直实行分部门式的海洋管理体制。2018 年，海洋管理体制由原来的综合管理改革为依职能纵向管理，包括自然资源、环境保护、海洋执法等。从近年实际运行效果来看，海洋管理能力仍需进一步提升。

海洋产业与海洋经济高质量发展存在短板。近年来，深远海资源开发已成为世界沿海国家重点布局领域。中国各类用海活动主要分布在内水和领海范围，其中海岸带和沿岸区域是各类用海活动最为集中、用海矛盾最为突出的区域，海岸带和近海资源开发与生态保护的矛盾愈发突出，海洋经济高质量发展需要将开发活动向深远海拓展。

海洋科技创新引领能力亟待提升。中国海洋科技创新研发起步晚，总体水平与发达国家仍有较大差距。海洋资源开发利用、保护修复的装备技术能力不强，海洋生物医药、海洋新能源、海洋新材料等海洋新兴产业受制于科技创新不足，传统海洋产业结构调整面临强大的技术壁垒，关键技术自给率低，重点技术装备国产化水平不高，缺乏高端产业链竞争技术创新能力。海洋科技创新引领能力需要从多方培育、促进和提升。

海洋环境保护和生态文明建设任务十分艰巨。虽然我国海洋生态环境保护工作取得显著成效，但近海生态环境恶化的趋势仍需要进一步治理和改变，粗放型海洋资源开发方式尚未根本扭转，海洋生态修复效果有待进一步提升，海岸带、河口、海湾、滨海湿地等重要生态区的生态安全与健康形势依然严峻，仍面临滨海湿地萎缩、近海渔业资源衰退、近海水质污染等一系列突出矛盾和问题，海洋生态文明建设任务十分艰巨，应对气候变化亦面临较大压力。

海洋安全领域国际合作有待加强。中国在全球拥有广泛的海外利益，海外能源资源、战略通道安全和海外机构、人员、资产安全问题日益凸显。在海洋安全领域，除传统安全因素影响外，海盗和海上恐怖主义、海洋环境和生态保护、海洋自然灾害、海上溢油与航行安全等依然是造成非传统安全问题的重要因素，并且在“21 世纪海上丝绸之路”建设的过程中随时可能发生。因此，维护战略通道安全和海外利益还需更广泛的海洋合作支撑。

三、加快推进新时代海洋强国建设研究

“十四五”时期是我国由全面建成小康社会向基本实现社会主义现代化迈进的关键时期，也是加快推进生态文明建设和经济高质量发展的攻坚期。展望未来，为适应新时代国家现代化建设进程，在加快建设海洋强国的新征程中，中国的海洋政策必将不断提升和完善。

（一）加快建设海洋强国的总体思路与基本原则

在社会主义现代化建设和实现民族复兴征途中，要兼顾全球视野和中国国情与基本海情，统筹谋划适应世情、国情、海情的海洋战略和政策，加快推进新时代海洋强国建设。

1．总体思路

进入新时代，中国是世界最大发展中国家的国际地位没有变，仍处于并将长期处于社会主义初级阶段的基本国情没有变。加快建设海洋强国，不能脱离这个基本国情判断。建设中国特色海洋强国必须高举和平、发展、合作和共赢的旗帜，努力构建利益共同体，有效管控海上危机，逐步破解海洋发展难题，推动构建和维护公平合理的国际海洋秩序。

一要深刻理解海洋强国建设的丰富内涵，牢牢把握新时代中国特色海洋强国基本特征。着眼于世情、国情、海情，着眼于中国特色社会主义事业发展全局，坚持走依海强国富民、人海和谐共赢的发展道路。

二要坚持陆海统筹，促进区域协调发展。把海洋作为国家战略区域重点布局，正确处理沿海陆域和海域空间关系，形成陆域和海域融合的新优势，推动沿海地区率先实现现代化。

三要以海洋空间规划为抓手，落实依海强国富民任务。以提高海洋开发能力、转变海洋经济增长方式、实现绿色发展为主线，开发与保护并举，将海洋开发利用范围从近海、浅海逐步向远海、深海拓展。

四要善于运用立体思维，深入参与全球海洋治理。秉持共商共建共享的全球治理观，深入参与全球海洋治理，有效维护和拓展国家海洋权益。

2．基本原则

一是坚持和平发展、合作共赢原则。维护公平、合理的国际海洋秩序，有效管控海上危机。坚持和而不同、求同存异、并行不悖的原则，精心寻求利益汇合点，构筑全方位、多层次、多类型的海洋合作关系，实现互利共赢和共同发展。

二是坚持维护海洋权益和提升综合国力相匹配的原则。坚持捍卫国家主权和领土完整，坚持维护海洋权益和国家发展利益相统一。提高海洋维权能力，推动海洋维权向统筹兼顾型转变。倡导依据国际法、以和平谈判方式解决海洋争端，努力维护海上和平稳定。

三是坚持统筹协调原则。坚持陆地开发与海洋开发并重，统筹内陆与沿海地区经济社会发展，逐步形成陆海融合发展的新优势。统筹近海开发与深远海开发，统筹陆上安全与海上安全。统筹协调海洋科技进步、海洋经济发展、海洋生态环境保护、海上综合力量建设。

四是坚持科技创新原则。着力提升海洋科技自主创新和成果转化能力，以海洋科技创新驱动海洋高质量发展。依靠科技进步强化海洋维权能力建设，发展具有自主知识产权的海洋高科技装备，保障国家海洋安全。依靠海洋科技创新，不断提高探索世界深海大洋和南北极地区的能力。

（二）研究部署海洋领域发展目标与任务

围绕党的十八大和十九大的总要求，结合二十大及国家大政方针对海洋领域的战略部署，研究分析国际国内面临的发展机遇与挑战，探讨提出当前及未来一个时期海洋主要领域发展目标和重点任务。

1. 提高海洋资源开发能力，推动海洋经济绿色转型

以海洋为高质量发展的战略要地，着力推动海洋经济向质量效益型转变。围绕海洋强国建设目标，坚持全球视野，走向大海洋，不断拓展战略空间。坚持开放合作共赢，培育开放型海洋经济发展新优势。树立新型资源观，全方位开发利用海洋资源，建设海洋生物资源、海洋能源、海水资源、金属矿产资源和空间资源等海洋资源基地，努力推动海洋经济为国家能源安全、食物安全、水资源安全作出更大贡献。优化海洋开发的空间布局，使海洋开发范围从近海、浅海逐步向远海、深海拓展，海洋开发种类从传统资源逐渐向海洋能源、战略性矿产资源、深海基因资源等扩展，海洋开发方式从粗放式向高效、低碳、安全方向发展。

2．强化海洋资源环境保护和生态建设，建设人海和谐的美丽家园

以维护海洋生态健康为基础，坚持陆海统筹、河海兼顾，全方位开展海洋生态环境保护。建立生态优先的制度体系和常态化的海洋生态环境保护协调合作机制，以最严格的制度、最严密的法治为生态文明建设提供可靠保障。坚持“开发与保护并重、眼前利益与长期利益兼顾”的原则，正确处理好海洋资源的开发与生态环境保护的关系，走产业现代化与环境生态化相协调的可持续发展之路。着力推动海洋开发方式向循环利用型转变，构建绿色可持续的海洋生态环境，全面综合开发和高效集约利用海洋资源，维护海洋生态系统服务功能，不断增强海洋经济可持续发展能力。

3．以科技创新助推海洋强国建设，为海洋事业高质量发展提供支撑

从战略的高度谋篇布局，努力突破制约海洋经济发展和海洋生态保护的科技瓶颈，依靠创新来支撑海洋民生和兜住生态底线。不断完善体制机制，激发海洋科技创新无限活力。聚焦国家重大需求，搞好海洋科技创新总体规划，以深海、大洋创新体系为依托，以生态化科技创新为方向，以提升自主创新能力为主线，以提升核心竞争力及支撑海洋强国实施为目的，着力推动海洋科技向创新引领型转变。加快研究部署保障海洋强国建设的重大专项工程，大力推进海洋领域基础性、前瞻性、关键性和战略性技术研发，提升和拓展走向深远海能力。

4．提升海洋综合实力，维护海洋权益和保障海上安全

继续坚持“主权属我、搁置争议、共同开发”的方针，坚持维护国家主权、安全、发展利益相统一，着力推动海洋维权向统筹兼顾型转变。推进海洋强国规划和立法，建立健全海洋维权发展规划及相关政策法规。强化海上维权执法力量建设，周密组织海上维权行动。制定和完善相关政策和制度，提升装备水平，提高队伍素质，打造军警结合、快速高效、行动有力、保障到位的现代化海上综合执法队伍。加大海洋维权舆论宣传力度，深化法理研究，细化行动方案，维护国际海洋秩序的公正合理，提升中国在全球海洋事务中的话语权。

5．深刻认识全球治理的发展态势，深度参与全球海洋治理体系建设

深刻认识全球治理的发展态势，积极参与国际海洋事务，履行国际海洋法赋予的权利和义务。深度参与全球海洋治理体系建设，打造“利益共同体、责任共同体、命运共同体”，特别是在极地和深海领域，积极作为、把握主动，有效维护和拓展国家海

洋权益。讲好中国故事，体现中国作为负责任大国在全球海洋事务中的担当精神。全面推进“21 世纪海上丝绸之路”建设，拉紧相互利益纽带，构筑互利共赢的国际合作机制和平等互助的伙伴关系，增进与“21 世纪海上丝绸之路”共建国家的睦邻友好和政治互信，维护中国负责任大国形象和地位。

四、小结

党的十八大作出“建设海洋强国”决策部署，建设海洋强国成为国家大战略的重要组成部分，具有独特的思想科学体系和明确的战略内涵与时代特征。海洋强国建设是将国家大政方针应用在海洋领域，涉及走向海洋、经略海洋的方方面面。为推进海洋强国建设，中国海洋政策不断调整和完善。十年来，以习近平新时代中国特色社会主义思想为指导，海洋强国建设取得了卓越成就，成为实现中华民族伟大复兴中国梦的重要领域。在社会主义现代化建设和实现民族复兴征途中，需围绕党的十八大和十九大的总要求，结合二十大及国家大政方针对海洋领域的决策部署，统筹谋划适应世情、国情、海情的海洋政策，研究和探讨当前及未来一个时期海洋主要领域发展目标和重点任务，加快推进新时代海洋强国建设。

第二章　依法治海政策和规划

海洋事业发展涉及海洋资源开发与产业发展、海洋环境保护与生态建设、海洋安全与权益维护等诸多方面，依法治海，完善海洋政策规划是海洋事业发展和海洋强国建设的重要保障。

一、支持海洋资源开发与产业发展

海洋资源开发是推动海洋产业和海洋经济高质量发展的基础。2023年，国家通过发布用地用海要素保障服务新政，促进海洋资源开发利用，推动海洋产业与海洋经济发展。

（一）加强用海用地政策保障

1．发布用地用海要素保障服务新政

2023年6月，自然资源部下发《自然资源部关于进一步做好用地用海要素保障的通知》（以下简称《通知》），在严守资源资产安全底线，使行之有效的政策举措保持连续性和稳定性的基础上，就进一步完善有关用地用海要素保障政策举措做出明确要求。《通知》包含5个方面，共27条，涉及国土空间规划、用地审查报批、加快“未批已填”围填海历史遗留问题处理和优化项目用海用岛审批程序等内容。①

在国土空间规划方面，《通知》明确了国土空间规划批复前建设项目用地用海的规划依据问题。在用海用岛审批方面，《通知》指出，符合要求的“未批已填”围填海历史遗留问题可先行开展前期工作，进一步简化落地项目海域使用论证要求，项目用海与填海项目竣工海域使用验收一并审查，先行开展项目用海用岛论证材料技术审查，开展集中连片开发区域整体海域使用论证，优化海底电缆管道路由调查勘测、铺设施

① 《自然资源部关于进一步做好用地用海要素保障的通知》（自然资发〔2023〕89号），自然资源部，2023年6月13日，http://gi.mnr.gov.cn/202306/t20230614_2791424.html，2024年1月23日登录。

工和项目用海审查程序、优化临时海域使用审批程序以及报国务院审批用海用岛项目申请审批程序。[①]

2．稳步提升海洋空间资源要素供给和保障能力

海洋空间资源要素供给稳步推进。用海用岛审批程序进一步优化，全国2023年新增审批用海用岛项目2162个、313.3万亩[②]，同比分别增加30.2%、7.3%，涉及投资超1万亿元，有力保障了油气、核电、液化天然气等重大基础设施用海用岛需求。[③]多个沿海地区推进海域使用权立体分层设权，开启海上风电、海洋牧场、海洋旅游等兼容用海、融合发展模式，有效提升海域资源利用效率。海洋生态保护修复项目持续推进，全年完成整治修复海岸线60千米、滨海湿地2640公顷，营造和修复红树林519公顷。[④]

为充分发挥海域资源效益，缓解行业用海矛盾，逐步完善海域资源资产产权制度，2023年11月，《自然资源部关于探索推进海域立体分层设权工作的通知》发布，对海域立体分层设权工作中涉及的国土空间规划、海域使用论证、用海审批、不动产登记、海域使用金征收等方面予以指导和规范。该通知明确了坚持依法依规、稳妥有序，坚持节约集约、生态优先，坚持分类管理、科学兼容的总体要求，对于促进海域资源节约集约利用和有效保护、推动海洋经济高质量发展、加强海洋生态文明建设具有重要意义。[⑤]

（二）规范海洋资源开发与管理

1．健全海洋计量技术规范体系

2023年3月，全国海洋专用计量器具计量技术委员会（以下简称“海洋计量委”）

① 《自然资源部关于进一步做好用地用海要素保障的通知》（自然资发〔2023〕89号），自然资源部，2023年6月13日，http://gi.mnr.gov.cn/202306/t20230614_2791424.html，2024年1月23日登录。

② 亩为非法定计量单位，1亩≈666.7平方米。全书同。

③ 《去年我国海洋经济运行情况如何？专家：复苏强劲，量质齐升》，腾讯网，2024年3月21日，https://new.qq.com/rain/a/20240321A03DF100，2024年4月23日登录。

④ 《海洋经济平稳发展，韧性持续彰显——〈2022年中国海洋经济统计公报〉解读》，i自然，2023年4月18日，https://www.iziran.net/news.html?aid=3471691，2024年1月23日登录。

⑤ 《自然资源部推进海域立体分层设权》，自然资源部，2023年11月21日，https://www.mnr.gov.cn/dt/hy/202311/t20231121_2807194.html，2024年1月23日登录。

审议并通过了《海水温度测量仪校准规范》《压力验潮仪检定规程》《多参数在线激光粒度仪校准规范》《海洋静力触探仪校准规范》《海水声速仪校准规范》等五项国家计量技术规范报审稿。①会议对 2023 年海洋计量委重点工作提出了四方面要求：一是要贯彻落实《质量强国建设纲要》《计量发展规划（2021—2035 年）》精神，根据国家市场监督管理总局《关于加强计量技术委员会建设的指导意见》要求，进一步加强计量技术委员会管理，健全海洋计量技术规范体系。二是围绕支撑自然资源部“两统一”核心职责履行，发挥计量技术规范在海洋生态预警监测、海洋观测、深海探测等领域的技术支撑保障作用，提升对海洋主体业务的计量技术支撑效能。三是促进计量技术规范与科技创新的互动应用，推动海洋计量国际交流与合作。四是健全海洋计量委工作运行机制，充分发挥委员会在提升海洋专用计量器具量值传递溯源能力、服务和支撑计量管理中的基础保障作用。

2．加强海洋地理信息行业标准供给

2023 年 3 月，自然资源部发布《实景三维数据倾斜摄影测量技术规程》《倾斜数字摄影测量技术规程》《对地观测卫星激光测高数据产品》《高程基准与深度基准转换技术规范》等 17 项行业标准，自 6 月 1 日起实施。这些标准面向自然资源管理应用需求，填补了多项国内空白，对促进重大测绘地理信息项目建设、保障地理信息成果质量、提高地理信息服务水平具有重要意义。②

此外，《海岛（礁）IMU/GNSS 辅助数字航空摄影规范》《海岛（礁）稀少（无）控制航空摄影空中三角测量规范》《全球地理信息资源卫星遥感影像区域网平差生产技术规范》《1∶25 000　1∶50 000 光学卫星传感器校正产品质量检验技术规程》《1∶25 000　1∶50 000 影像控制点数据库建设规程》《海洋内波遥感调查技术规范》《水下地形测量成果质量检验技术规程》等 7 项标准，均面向管理应用需求，以标准供给助推行业应用与技术发展。③

---

① 《五项国家计量技术规范过审》，i 自然，2023 年 4 月 18 日，https://www.iziran.net/news.html?aid=3471694，2024 年 1 月 23 日登录。

② 《自然资源部发布 17 项行业标准 填补多项国内空白》，i 自然，2023 年 3 月 16 日，https://www.iziran.net/news.html?aid=3467648，2024 年 1 月 23 日登录。

③ 同上。

（三）加强海洋渔业可持续发展

1．调整海洋伏季休渔制度

海洋伏季休渔制度是《中华人民共和国渔业法》规定的重要海洋渔业资源养护制度。该制度实施20余年来，历经多次调整完善，休渔时间不断延长，休渔范围不断扩大。2023年3月，农业农村部印发《农业农村部关于调整海洋伏季休渔制度的通告》[①]，进一步完善海洋伏季休渔制度，延长4类渔船休渔期。此次调整主要是将北纬35度至北纬26度30分之间的黄海和东海海域桁杆拖虾、笼壶类、刺网和灯光围（敷）网4种作业类型渔船休渔结束时间由8月1日12时延长至9月16日12时，即休渔时间为5月1日12时至9月16日12时。为满足渔民群众生产作业需要，促进渔业资源合理利用，推进实施捕捞限额制度，允许该4种类型渔船在休渔期间申请开展专项捕捞。[②]

2．加快推进深远海养殖发展

2023年6月，农业农村部、工业和信息化部、国家发展改革委、科技部、自然资源部、生态环境部、交通运输部、中国海警局等八部门印发《关于加快推进深远海养殖发展的意见》（以下简称《意见》），围绕深远海养殖发展的重点领域和关键环节，提出全产业链全环节加快推进深远海养殖发展的重点任务，这是中国首个关于深远海养殖发展的指导性意见。《意见》围绕总体要求、空间布局、全产业链发展、生态环保、科技创新、检验登记、安全生产、监管协作、政策支持、组织领导等方面作出全面部署。一是规划先行，优化空间布局。二是效益为先，推动全产业链发展。三是生态为基，规范生产行为。四是科技引领，推进创新发展。五是安全为要，强化安全生产监管。六是分类推进，推广典型模式。[③]

① 《农业农村部关于调整海洋伏季休渔制度的通告》（农业农村部通告〔2023〕1号），农业农村部，2023年3月14日，http://www.moa.gov.cn/govpublic/YYJ/202303/t20230314_6422986.htm，2024年1月23日登录。

② 《我国调整海洋伏季休渔制度》，自然资源部，2023年3月27日，https://www.mnr.gov.cn/dt/hy/202303/t20230327_2779368.html，2023年11月23日登录。

③ 《加快推进深远海养殖发展 建设“蓝色粮仓”——农业农村部渔业渔政局负责人就〈关于加快推进深远海养殖发展的意见〉答记者问》，中国政府网，2023年8月2日，https://www.gov.cn/zhengce/202308/content_6896242.htm，2024年1月23日登录。

3．国务院新闻办公室发布《中国的远洋渔业发展》白皮书

2023 年 10 月，国务院新闻办公室发布《中国的远洋渔业发展》白皮书，全面介绍了中国远洋渔业的发展理念、原则立场、政策主张和履约成效，分享中国远洋渔业管理经验，促进远洋渔业国际合作与交流。①

白皮书指出，“十四五”期间及今后一段时期，中国将继续以推动远洋渔业全产业链集聚发展，健全远洋渔业发展支撑体系，提升远洋渔业综合治理能力，加大远洋渔业发展保障力度为重点任务，通过优化产业结构，强化科技支撑，提升监管能力，深入参与国际渔业治理，完善政策体系，努力实现远洋渔业高质量发展。到 2025 年，中国远洋渔业总产量和远洋渔船规模保持稳定，行业整体素质和生产效益显著提升，违规事件和安全事故明显下降，区域与产业布局进一步优化，监督管理和国际履约成效显著提升。②

（四）发布“一带一路”蓝色合作倡议

2023 年 10 月 18 日，第三届“一带一路”国际合作高峰论坛海洋合作专题论坛发布“一带一路”蓝色合作倡议。倡议聚焦十方面内容：铸造可持续发展的蓝色引擎，推动海洋资源可持续利用，实施海洋空间规划，养护海洋生物多样性与韧性，促进海洋健康与清洁，加强海洋领域应对气候变化，深化海洋科学技术与合作，提供海洋公共服务，提升公民海洋素养以及构建蓝色伙伴关系。倡议提到，当前全球海洋正面临生物多样性丧失、环境污染、气候变暖与海平面上升、海洋灾害频发等多重挑战。在此基础上，中方倡议各方采取一致行动，基于开放共赢、绿色有序、创新驱动、对话协商等海洋合作理念，共同保护和科学利用海洋，共享蓝色成果，共建蓝色家园。③

---

① 《中国远洋渔业发展白皮书发布》，中国水运网，2023 年 10 月 24 日，http://www.zgsyb.com/news.html?aid=666206，2024 年 1 月 23 日登录。

② 同上。

③ 《“一带一路”高峰论坛“海洋合作”专题论坛首次举行 发布“一带一路”蓝色合作倡议》，中国新闻网，2023 年 10 月 18 日，https://www.chinanews.com.cn/gn/2023/10-18/10096466.shtml，2024 年 1 月 23 日登录。

二、推进海洋环境保护与生态建设

海洋环境保护和生态建设是提升民众幸福指数、满足人民对美好生活向往的重要工作，近两年国家修订《中华人民共和国海洋环境保护法》，发布《中国气候变化海洋蓝皮书（2022）》《新时代的中国绿色发展》，划定生态保护红线，极大地推动了生态文明建设。

（一）施行新《中华人民共和国海洋环境保护法》

《中华人民共和国海洋环境保护法》修订草案于 2023 年 10 月 24 日十四届全国人大常委会第六次会议表决通过，并于 2024 年 1 月 1 日起施行。①新《中华人民共和国海洋环境保护法》共九章 124 条。新法坚持陆海统筹、区域联动，全面加强海洋环境污染防治，完善海洋生态保护，强化海洋环境监督管理，推进海洋环境保护法律域外适用，有许多制度创新和务实举措。②

推进海洋环境监督管理制度建设。新法要求沿海地方人民政府对其管理海域的海洋环境质量负责，实行海洋环境保护目标责任制和考核评价制度，推进海洋环境监督管理能力建设。新法增加生态环境分区管控、重点海域综合治理、约谈整改、信息共享、信用评价、查封扣押等制度。同时，新法完善了规划、标准、监测、预警、调查、环评、应急等制度。

体现陆海统筹、区域联动。新法明确将陆海统筹作为海洋环境保护应当坚持的原则，规定国家实施陆海统筹、区域联动的海洋环境监督管理制度，加强规划、标准、监测等监督管理制度的衔接协调。

加强海洋生物多样性保护。新法明确加强海洋生物多样性保护，健全海洋生物多样性调查、监测、评估和保护体系，维护和修复重要海洋生态廊道，防止破坏海洋生物多样性。新法明确海洋生态修复应当以改善生境、恢复生物多样性和生态系统基本功能为重点，以自然恢复为主、人工修复为辅，并优先修复具有典型性、代表性的海

---

① 《新修订的海洋环境保护法将于 2024 年元旦起施行》，中国政府网，2023 年 10 月 25 日，https://www.gov.cn/yaowen/liebiao/202310/content_6911484.htm，2024 年 2 月 19 日登录。

② 《以法治力量守护碧海蓝天、洁净沙滩——解读新修订的海洋环境保护法新亮点》，中国政府网，2023 年 10 月 25 日，https://www.gov.cn/yaowen/liebiao/202310/content_6911491.htm，2024 年 2 月 19 日登录。

洋生态系统。

严格海域排污许可管理，强化入海排污口监管。新法加强污染物排放管控，明确国家加强海洋环境质量管控，推进海域综合治理，严格海域排污许可管理，提升重点海域海洋环境质量。规定各类入海排污口排查整治和日常监督管理要求，明确建立健全近岸水体、入海排污口、排污管线、污染源全链条治理体系。禁止在自然保护地、重要渔业水域、海水浴场、生态保护红线区域及其他需要特别保护的区域，新设工业排污口和城镇污水处理厂排污口。

强化海洋垃圾污染防治。新法明确，禁止在岸滩弃置、堆放和处理固体废物，要求采取有效措施防止固体废物进入海洋；明确沿海县级以上地方人民政府负责其管理海域的海洋垃圾污染防治，建立海洋垃圾监测、清理制度，统筹规划建设陆域接收、转运、处理海洋垃圾设施，明确海洋垃圾管控区域，建立海洋垃圾监测、拦截、收集、打捞、运输、处理体系并组织实施。

（二）发布海洋生态保护修复和监测政策文件

1. 发布《新时代的中国绿色发展》白皮书

2023 年 1 月，国务院新闻办公室发布《新时代的中国绿色发展》白皮书，介绍了党的十八大以来中国推进绿色发展的理念、实践和成效，分享中国绿色发展经验。白皮书提出三个方面统筹，促进形成绿色空间格局：一是统筹发展与安全，在守住资源安全底线的前提下支撑高质量发展。二是统筹保护与开发，优化国土空间发展格局。三是统筹保护与修复，推进山水林田湖草沙一体化保护和系统治理。白皮书对全国陆地、河湖、海洋等重要生态系统保护和修复进行了全面部署，要求实施山水林田湖草沙整体保护、系统修复、综合治理，让天更蓝、山更绿、水更清、环境更优美，人与自然关系更加和谐。①

2. 公布全球和中国近海关键海洋要素的最新监测信息

中国沿海地区经济发达、人口密集、生态环境脆弱，是气候变化影响的敏感区域。2023 年 1 月，《中国气候变化海洋蓝皮书（2022）》（以下简称《蓝皮书》）发布，公布

---

① 《〈新时代的中国绿色发展〉白皮书发布》，中国网，2023 年 1 月 30 日，http://ocean.china.com.cn/2023-01/30/content_85079455.htm，2024 年 1 月 23 日登录。

了全球、中国近海关键海洋要素的最新监测信息。《蓝皮书》显示，全球海洋持续变暖和酸化，海平面加速上升，北极海冰范围显著减小；近40年来，中国沿海海温和海平面上升速率均高于全球平均水平，极值高潮位和最大增水均呈增加趋势，海洋热浪趋频趋强。2021年，高海平面抬升风暴增水的基础水位，加重了致灾程度。《蓝皮书》的发布，可为科学把握海洋气候变化规律、减轻海洋灾害风险、保护海洋生态环境、合理开发和利用海洋资源，以及促进沿海社会经济发展提供科学支撑和决策参考。①

三、完善沿海地区海洋政策规划

中国的沿海地区是国民经济和社会发展的重要区域，海洋对于沿海地区发展发挥重要支撑作用。沿海省市各级政府部门积极制定并不断完善海洋政策规划，加强海洋管理，为海洋经济高质量发展保驾护航。

（一）支持海洋经济高质量发展

1．制定海洋发展规划

助推海洋经济绿色转型。一是政策助力海洋清洁能源开发。《“十四五”现代能源体系规划》②《“十四五”可再生能源发展规划》③明确提出积极推进海上风电集群化开发，稳妥推进潮流能、波浪能等海洋能示范化开发。山东、浙江、上海等地相继出台海上风电地方性补贴政策、深远海风电项目扶持政策等。二是海洋产业低碳融合新业态不断涌现。“蓝色能源+”多元化发展模式成为新趋势，首个海上风电与海洋牧场融合发展研究试验项目实现全容量并网，首个“海上风电+海洋牧场+海水制氢”融合项目

---

① 《〈中国气候变化海洋蓝皮书（2022）〉发布——海平面持续上升，海洋热浪趋强趋频》，自然资源部，2023年1月5日，https://www.mnr.gov.cn/dt/hy/202301/t20230105_2772165.html，2024年1月23日登录。

② 《国家发展改革委 国家能源局关于印发〈“十四五”现代能源体系规划〉的通知》（发改能源〔2022〕210号），国家能源局，2022年1月29日，http://zfxxgk.nea.gov.cn/2022-01/29/c_1310524241.htm，2024年1月23日登录。

③ 《国家发展改革委 国家能源局 财政部 自然资源部 生态环境部 住房和城乡建设部 农业农村部 中国气象局 国家林业和草原局关于印发“十四五”可再生能源发展规划的通知》（发改能源〔2021〕1445号），2021年10月21日，国家发展改革委，https://www.ndrc.gov.cn/xxgk/zcfb/ghwb/202206/t20220601_1326719_ext.html?eqid=dd512a5400034345000000664881075，2024年1月23日登录。

开工建设。①

推进海洋产业高质量发展。为深入推进中国特色社会主义先行示范区建设，落实全球海洋中心城市建设的工作部署，加快培育发展海洋产业集群，2023 年 11 月，深圳市规划和自然资源局印发《深圳市促进海洋产业高质量发展的若干措施》。该措施立足于深圳海洋产业发展特点和需求，强化对海洋经济主体集聚、海洋科技研发和成果转化、海洋产业创新发展、产业生态优化等方面的支持，同时充分衔接科技基础设施、创新载体、人才引培、港口航运、文体旅游、金融服务等环节现行涉海政策，以更好支撑深圳海洋经济高质量发展。②

大力发展向海经济。2023 年 4 月，《广西大力发展向海经济建设海洋强区三年行动计划（2023—2025 年）》发布③，提出到 2025 年，向海经济空间布局更趋合理，现代向海产业体系加快形成，向海通道网络更加健全，海洋科技创新能力不断增强，向海开放合作深化拓展，海洋生态环境持续优化，向海发展意识显著增强，向海经济综合实力稳步提升。为壮大向海产业，将加快推进海洋生物、矿产、油气、可再生能源等自然资源以及海域、海岛、海岸带等空间资源的调查与勘探，逐步摸清海洋资源"家底"。④

调整近岸海域环境功能区划。近岸海域环境功能区划是实施海洋生态环境保护目标管理的重要基础，2023 年 4 月，《广西壮族自治区近岸海域环境功能区划调整方案》印发⑤，将广西近岸海域调整为 111 个环境功能区，明确了各环境功能区的水质保护目标要求，对核电项目温排水影响的环境功能区、邻近高功能区的开发建设活动提出相

① 《〈2022 年中国海洋经济统计公报〉解读——海洋经济平稳发展，韧性持续彰显》，自然资源部，2023 年 4 月 21 日，https://www.mnr.gov.cn/dt/hy/202304/t20230421_2783320.html，2024 年 1 月 23 日登录。

② 《〈深圳市促进海洋产业高质量发展的若干措施〉政策解读》，深圳政府在线，2023 年 11 月 27 日，http://www.sz.gov.cn/zfgb/zcjd/content/post_11012201.html，2024 年 1 月 23 日登录。

③ 《广西壮族自治区人民政府办公厅关于印发广西大力发展向海经济建设海洋强区三年行动计划（2023—2025 年）的通知》（桂政办发〔2023〕19 号），广西壮族自治区人民政府，2023 年 4 月 19 日，http://www.gxzf.gov.cn/zfwj/zxwj/t16345746.shtml，2024 年 1 月 23 日登录。

④ 《广西发布发展向海经济建设海洋强区三年行动计划》，载《广西日报》，2023 年 4 月 27 日第 5 版。

⑤ 《广西壮族自治区生态环境厅关于印发广西壮族自治区近岸海域环境功能区划调整方案的通知》（桂环发〔2023〕9 号），广西壮族自治区生态环境厅，2023 年 3 月 7 日，http://sthjt.gxzf.gov.cn/zfxxgk/zfxxgkgl/fdzdgknr/hjglywxx/ssthhysthjgl/t15973911.shtml，2024 年 1 月 23 日登录。

应管理措施。该方案一是衔接“三区三线”划定成果中的海洋生态红线范围，二是衔接自治区林业局发布的重要湿地范围，三是服务向海经济重大项目建设，充分兼顾了保护和发展的需要。①

蓝色金融助力海洋经济高质量发展。政府部门持续加强政策引导，各类金融机构加大对海洋经济发展的支持力度。青岛、深圳等地出台推进海域使用权抵押贷款和指导银行业保险业推动蓝色金融发展的政策文件。银行和保险机构开展“海域使用权抵押融资”业务，推出“鲍鱼价格指数保险”等海洋特色产品。蓝色债券市场规模不断扩大，主要投向海上风电、海水淡化和深海养殖等领域。部分地方相继建立海洋产业基金支持海洋产业发展，福建省成立规模200亿元的海洋经济产业投资基金，深圳市成立规模100亿元的绿色航运基金。②

制定海洋产业发展行动方案。为全力推动海洋产业高质量发展，助力海洋强省建设，2023年8月，江苏省政府制定和印发了《江苏省海洋产业发展行动方案》③，提出到2025年和2030年的主要目标，要打造海洋领域国家重要科技创新力量，打造全国知名海洋先进制造业基地，打造彰显特色的现代海洋城市。围绕扶持发展十大海洋产业，系统布局、重点突破，在推进重点牵引工程、重点科创平台的基础上，到2025年，培育形成一批具备一定产业基础并有较好发展前景和成长空间的海洋产业特色园区、海洋创新平台、重点海洋企业，带动引领海洋产业高质量发展。④

2．推动海洋资源开发与产业发展

加强海洋捕捞渔船组织化建设。为持续巩固海洋捕捞渔船组织化建设成效，推进渔船管理服务组织规范化提升，福建省海洋与渔业局出台关于加强海洋捕捞渔船组织化建设的指导意见，主要目标是推进建立运转有效、管理服务一体、内生机制健全的渔船管理服务组织，提升海洋渔船综合治理能力，全面推进福建省海洋捕捞渔船组织

---

① 《广西启动近岸海域环境功能区划调整工作》，广西壮族自治区海洋局，2023年4月17日，http://hyj.gxzf.gov.cn/gzdt/qnkb_66841/t16331449.shtml，2024年1月23日登录。

② 《〈2022年中国海洋经济统计公报〉解读——海洋经济平稳发展，韧性持续彰显》，自然资源部，2023年4月21日，https://www.mnr.gov.cn/dt/hy/202304/t20230421_2783320.html，2024年1月23日登录。

③ 《省政府关于印发江苏省海洋产业发展行动方案的通知》（苏政发〔2023〕70号），江苏省人民政府，2023年9月12日，http://www.jiangsu.gov.cn/art/2023/9/12/art_64797_11012418.html，2024年1月23日登录。

④ 同上。

化建设，完善渔业基层治理体系，实现政府治理和渔民自治良性互动。[①]

指导和规范海砂出让管理工作。为进一步指导和规范沿海各地市海砂出让管理工作，广东省自然资源厅研究制定了《广东省自然资源厅海砂开采海域使用权和采矿权挂牌出让工作规范》[②]（以下简称《规范》），明确了海砂项目出让方案应当包含的内容以及审批流程、明确了海砂项目挂牌出让的标准流程、出让方案组织实施及海砂项目挂牌出让后续的相关工作。《规范》规定，由广东省自然资源厅负责编制全省的海砂开采规划。地级以上市自然资源局负责就海砂开采选址征求有关部门意见，组织编制海域使用论证、海洋环境影响评价、海域使用权价值评估、海砂资源储量核实、矿产资源开发利用方案编制、采矿权出让收益评估、海上交通安全影响分析等七项前期工作报告（方案、评估）。

推动渔业转型升级和高质量发展。2023 年 3 月，海南省政府出台《加快渔业转型升级 促进海南渔业高质量发展若干措施》[③]和《加快渔业转型升级 促进海南渔业高质量发展三年行动方案（2023—2025 年）》[④]，促进海南渔业高质量发展。以上政策文件突出目标导向和问题导向，强化财政支持和政策保障，以任务和项目为抓手，支持和引领渔业高质量发展。

推动海洋牧场绿色健康发展。2023 年 3 月，山东省烟台市发布《2022 年度烟台海域海洋牧场建设蓝皮书》，对烟台市海洋牧场的环境质量、生物生态、渔业资源等 101 个指标进行了全面“体检”。为保障海洋牧场建设顺利推进，烟台坚持规划引领、突出绿色生态、持续推动创新、完善产业链条、加强政策扶持、强化法治保障，强化海洋

① 《福建省海洋与渔业局关于加强海洋捕捞渔船组织化建设的指导意见》（闽海渔规〔2023〕1 号），福建省海洋与渔业局，2023 年 1 月 30 日，http://hyyyj.fujian.gov.cn/xxgk/zfxxgk/zfxxgkml/zcfg_310/gfxwj/202302/t20230206_6103490.htm，2024 年 1 月 23 日登录。

② 《广东省自然资源厅关于印发〈广东省自然资源厅海砂开采海域使用权和采矿权挂牌出让工作规范〉的通知》（粤自然资规字〔2023〕1 号），广东省自然资源厅，2023 年 1 月 16 日，http://nr.gd.gov.cn/zwgknew/zcfg/flfg/gfxwj/content/post_4136798.html，2024 年 1 月 23 日登录。

③ 《海南省人民政府办公厅关于印发加快渔业转型升级 促进海南渔业高质量发展若干措施的通知》（琼府办〔2023〕8 号），海南省人民政府，2023 年 3 月 8 日，https://www.hainan.gov.cn/hainan/szfbgtwj/202303/2011b92fa3a149a1a02fc53d42387a08.shtml，2024 年 1 月 23 日登录。

④ 《海南省人民政府办公厅关于印发加快渔业转型升级 促进海南渔业高质量发展三年行动方案（2023—2025 年）的通知》（琼府办函〔2023〕62 号），海南省人民政府，2023 年 3 月 9 日，https://www.hainan.gov.cn/hainan/5334/202303/c370b2f9a8814264b98f8714bce3b900.shtml，2024 年 1 月 23 日登录。

牧场建设资金政策保障，形成科学系统、梯次推进的建设总纲。①

3．通过财税金融支持海洋事业发展

助力“创新型海洋经济活力区”建设。2023年3月，山东省政府印发《中国（山东）自由贸易试验区深化改革创新方案》②，把建设“创新型海洋经济活力区”作为一项重要内容，从推动海洋产业高质量发展、完善海洋治理和保护体系、强化海洋科技创新支撑等方面助力“创新型海洋经济活力区”建设。山东省聚焦绿色低碳高质量发展先行区建设、黄河流域生态保护和高质量发展、海洋强省建设，着力打造海洋强省示范区、绿色低碳发展样板区和全国重要的高端装备制造基地，确保各项任务落地落实，为山东海洋经济发展注入新动能。

探索海洋生态植被救治保险。互花米草是中国沿海危害重大的外来入侵物种，为消除互花米草危害，国务院有关部门会同国家林业和草原局等五部门联合印发《互花米草防治专项行动计划（2022—2025年）》。③ 2023年3月，全国首单海洋生态植被救治保险（互花米草防治专用）在福建宁德福鼎市试点落地。该保险将为福鼎市1万亩海域生态植被提供1000万元的风险保障。该保险以福鼎市林业局作为投保人，以投保地理区域内的红树林、芦苇等海洋生态植被作为保险标的。本次全国首单海洋生态植被救治保险（互花米草防治专用）的落地，也为其他省市互花米草防治专项行动提供了借鉴，助推全国滨海湿地生态系统质量的稳步提升。

全面深化现代服务业合作区改革开放。为贯彻落实党中央、国务院《全面深化前海深港现代服务业合作区改革开放方案》等决策部署，支持前海深港现代服务业合作区全面深化改革开放，2023年4月，交通运输部发布《关于创新海事服务支持全面深化前海深港现代服务业合作区改革开放的意见》④，要求坚持安全发展，为服务国家战略

① 《山东烟台：海洋牧场带动渔业蝶变》，自然资源部，2023年4月4日，https://www.mnr.gov.cn/dt/hy/202304/t20230404_2779914.html，2024年1月23日登录。

② 《山东省人民政府关于印发〈中国（山东）自由贸易试验区深化改革创新方案〉的通知》（鲁政字〔2023〕11号），山东省人民政府，2023年1月19日，http://www.shandong.gov.cn/art/2023/1/19/art_107861_123396.html，2024年1月23日登录。

③ 《国家林业和草原局 自然资源部 生态环境部 水利部 农业农村部关于印发〈互花米草防治专项行动计划（2022—2025年）〉的通知》，国家林业和草原局，2023年3月10日，http://www.forestry.gov.cn/main/4461/20230311/111523608800290.html，2024年1月23日登录。

④ 《交通运输部关于创新海事服务支持全面深化前海深港现代服务业合作区改革开放的意见》（交海发〔2023〕35号），交通运输部，2023年4月26日，https://xxgk.mot.gov.cn/2020/jigou/haishi/202304/t20230426_3811624.html，2024年1月23日登录。

提供完善可靠的支持保障；坚持绿色发展，为促进现代航运业低碳环保转型提供示范引领；坚持创新驱动，为提升航运国际竞争力提供动力支持；坚持智慧引领，为服务前海合作区开发开放提供基础支撑。

（二）推动海洋环境保护与生态建设

1. 海洋环境保护

为规范舟山市国家级海洋特别保护区内的海钓行为，促进海洋资源可持续利用，保障海钓活动安全和有序发展，2023 年 3 月，浙江省舟山市出台《舟山市国家级海洋特别保护区海钓管理办法》[①]（以下简称《办法》），这是全国海钓管理领域的创制性立法。《办法》细化了海钓行为规范，明确对保护区海钓资源采取禁钓区、禁钓期、禁钓鱼种、渔获物标准、渔获物限额等保护性管理措施及实施相关措施的程序，并对较为常见的违反海钓行为管理和破坏海洋生态环境等行为进行规制。《办法》明确，渔业行政主管部门为海钓行为管理的行业主管部门。

2023 年 11 月，海南省印发《海南省入海排污口分级分类管理规定（试行）》（以下简称《规定》），进一步规范入海排污口管理，管好入海“闸门”，保护海洋生态环境。《规定》分为总则、分级分类管理、入海排污口备案管理、入海排污口监督管理等部分，明确了有关定义与适用范围、入海排污口分类、入海排污口设置、责任主体等，并就重点管理入海排污口、一般管理入海排污口、简化管理入海排污口的设置备案要求、规范化建设要求、监测要求等内容作出明确规定。[②]

2. 海洋生态建设

推进珊瑚礁生态保护修复。为推进建设海南国家生态文明试验区和生态环境世界一流的自贸港，2023 年 1 月，海南省自然资源和规划厅印发《海南省珊瑚礁生态保护修复三年行动方案（2023—2025 年）》，系统阐明了珊瑚礁生态保护修复的指导思想、基本原则和主要目标，明确珊瑚礁生态保护修复总体布局，针对性地提出了重点任务，

---

① 《舟山市国家级海洋特别保护区海钓管理办法》，舟山市人民政府，2023 年 2 月 14 日，http://xxgk.zhoushan.gov.cn/art/2023/2/20/art_1229614385_1650574.html，2024 年 1 月 23 日登录。

② 《海南分级分类管理入海排污口》，i 自然，2023 年 11 月 8 日，https://www.iziran.net/news.html?aid=5279220，2024 年 1 月 23 日登录。

内容涉及调查评估、生态保护、生态修复、生态监测、科技支撑、生态产品价值实现、生态保护监管、科普教育及国内外交流合作等多个方面，擘画未来三年海南省珊瑚礁生态保护修复工作蓝图。该方案是中国首个针对珊瑚礁生态系统的地方性保护修复行动方案。[①]

制定生态保护事项清单。广西壮族自治区生态环境厅、自治区发展改革委、自治区工业和信息化厅等 13 个部门于 2023 年 1 月印发《广西生态保护正面清单（2022）》和《广西生态保护禁止事项清单（2022）》。[②]广西生态保护正面清单共 30 条，从为区域绿色发展提供规范、科学支持等角度，准确把握国家和自治区在生态保护、产业转型升级、碳达峰碳中和等方面的政策，引导区域绿色发展，助推向海经济，推进产业生态化和生态产业化，推动广西经济社会高质量发展和生态环境高水平保护。广西生态保护禁止事项清单共 30 条，主要包括生态环境保护、国土空间规划、海洋资源开发与利用等七个方面内容，确保在保护中发展，在发展中保护，守住环境底线。

加强生物多样性保护。广州市生态环境保护委员会办公室于 2023 年 1 月印发《广州市生物多样性保护实施方案（2022—2024 年）》，提出完善管理制度、开展调查监测、保护生态系统等 6 方面 23 条 36 项具体任务。在海洋生态保护方面，促进南部沿海防护林区的生态修复，以海鸥岛、南沙湿地等为重点，积极推进红树林湿地生态修复。[③]

支持海岛振兴。2022 年 2 月，福建省宁德市出台《关于支持海岛振兴的九条措施》[④]，聚焦 37 个有居民海岛，积极创建“生产美、生活美、生态美”的和美海岛。这些措施包括提升海岛规划建设水平，推进有居民海岛国土空间规划和村庄规划编制，

---

① 《海南省自然资源和规划厅关于印发〈海南省珊瑚礁生态保护修复三年行动方案（2023~2025 年）〉的通知》（琼自然资修〔2022〕436 号），海南省自然资源和规划厅，2023 年 1 月 10 日，http://lr.hainan.gov.cn/xxgk_317/0200/0202/202301/t20230113_3345516.html，2024 年 1 月 23 日登录。

② 《广西壮族自治区生态环境厅等部门关于印发〈广西生态保护正面清单（2022）〉和〈广西生态保护禁止事项清单（2022）〉的通知》（桂环发〔2022〕54 号），广西壮族自治区生态环境厅，2022 年 12 月 19 日，http://sthjt.gxzf.gov.cn/zfxxgk/zfxxgkgl/fdzdgknr/zcfg/gfxwj/t15464834.shtml，2024 年 1 月 23 日登录。

③ 《明确 36 项生物多样性保护任务！广州出台生物多样性保护实施方案》，中国环境报，2023 年 1 月 11 日，https://www.cenews.com.cn/news.html?aid=1028491，2024 年 1 月 23 日登录。

④ 《宁德市人民政府办公室关于印发支持海岛振兴九条措施的通知》（宁政办规〔2022〕11 号），宁德市人民政府，2022 年 12 月 28 日，http://www.ningde.gov.cn/zfxxgkzl/zfxxgkml/fggzhgf/xzgfxwj/202301/t20230117_1729274.htm，2024 年 1 月 23 日登录。

力争 2023 年前实现规划管控全覆盖。

（三）强化和完善海洋管理

1. 推进海域使用权立体分层设权

辽宁推进海域使用权立体分层设权。为落实中共中央、国务院关于自然资源资产产权制度改革以及自然资源要素市场化配置改革的决策部署，推进和规范海域使用权立体分层设权，提高海域资源综合利用效率，2023 年 7 月，辽宁省自然资源厅下发《关于推进海域使用权立体分层设权的通知》，要求沿海六市和大连市科学开展立体分层设权工作。[①]该通知从明确可立体分层设权的用海类型、强化国土空间规划的约束和引领、加强海域使用论证、规范用海审批出让、做好立体分层设权不动产登记等五个方面做出明确规定和要求，同时提出加强组织领导、完善配套政策、严格监督管理等方面的监督保障措施。

广东推进海域使用权立体分层设权。为规范有序推进海域使用权立体分层设权，2023 年 9 月，广东省下发《关于推进海域使用权立体分层设权的通知》。该文件主要包括五个方面内容：一是明确海域使用权立体分层设权的范围，二是强化海域使用论证，三是规范用海报批程序，四是加强海域使用金征收管理，五要做好海域使用权不动产登记。这是广东省在有关地市推进试点工作的基础上，研究出台的海域使用权立体分层设权政策，将为解决权属交叉重叠问题、提升海域立体空间利用效率发挥积极作用。[②]

广西开展海域使用权立体分层设权工作。为切实发挥自然资源要素保障作用，提升海域精细化管理水平，2023 年 1 月，《广西壮族自治区海洋局　广西壮族自治区自然资源厅关于开展海域使用权立体分层设权工作的意见》[③]正式出台，对未来三年内积极

---

① 《关于推进海域使用权立体分层设权的通知》（辽自然资发〔2023〕51 号），辽宁省自然资源厅，2023 年 7 月 27 日，https://zrzy.ln.gov.cn/zrzy/zfxxgk/fdzdgknr/zdmsxx/zcjc/2023072714540310823/index.shtml，2024 年 1 月 23 日登录。

② 《广东省自然资源厅关于推进海域使用权立体分层设权的通知》，广东省人民政府，2023 年 9 月 18 日，http://www.gd.gov.cn/zwgk/gongbao/2023/26/content/post_4262429.html，2024 年 1 月 23 日登录。

③ 《广西壮族自治区海洋局广西壮族自治区自然资源厅关于开展海域使用权立体分层设权工作的意见》，广西壮族自治区海洋局，2022 年 12 月 16 日，http://hyj.gxzf.gov.cn/zwgk_66846/xxgk/fdzdgknr/zcfg_66852/zxfggz/t17331739.shtml，2024 年 1 月 23 日登录。

稳妥推进立体分层设权工作作出具体规定。该《意见》明确海域使用权立体分层设权“如何分层”“如何论证”“如何审批”“如何登记”等关键环节，从立体分层用海类型、国土空间规划引领、海域使用论证、用海审批、产权登记、海域有偿使用六个方面提出了具体要求。①

2．加强用海要素保障和服务管理

海南省加强海洋旅游业用海要素保障。2023 年 1 月，海南省自然资源和规划厅、省财政厅、省旅游和文化广电体育厅联合印发《关于加强海洋旅游业用海要素保障和服务管理的若干意见》。②该意见是从用海要素保障和活动规范层面支持海洋旅游业发展的政策文件，主要包括三大部分 12 条用海要素保障措施，从强化国土空间规划引领和管控、规范旅游用海论证审批、加强旅游用海生态保护和监管三个方面明确了潜水、游艇码头、海水浴场、海上旅游经营活动等旅游业态的用海要素保障和服务管理政策。

江苏省进一步做好用地用海要素保障工作。为推动全省高质量发展继续走在前列，江苏省就进一步做好用地用海要素保障提出明确意见，要求强化规划支撑引领、精准配置用地计划、提升用地保障效能、优化用海用岛服务。有关通知要求，改进项目海域使用论证要求，妥善处理历史遗留问题。简化“未批已填”围填海历史遗留问题区域内用海审查程序，优化项目用海审批程序。要求各级自然资源主管部门扎实开展自然资源要素保障护航行动，大力推进要素配置政策和服务保障机制创新。③

天津市出台用地用海要素保障具体措施。为落实《自然资源部关于进一步做好用地用海要素保障的通知》文件要求，2023 年 9 月，天津市规划和自然资源局下发《市规划资源局关于贯彻落实国家要求进一步做好我市用地用海要素保障的通知》，共制定 5 个部分 14 条具体细化措施，包括强化国土空间规划引领约束；优化建设项目用地审

① 《广西海域使用从“平面”转向“立体”》，自然资源部，2023 年 1 月 12 日，https://www.mnr.gov.cn/dt/hy/202301/t20230112_2772716.html，2024 年 1 月 23 日登录。

② 《印发〈关于加强海洋旅游业用海要素保障和服务管理的若干意见〉的通知》（琼自然资规〔2023〕2 号），海南省自然资源和规划厅，2023 年 1 月 19 日，http://lr.hainan.gov.cn/xxgk_317/zcwj/xzgfxwj/202301/t20230120_3349762.html，2024 年 1 月 23 日登录。

③ 《江苏省自然资源厅关于进一步做好用地用海要素保障的通知》（苏自然资发〔2023〕200 号），江苏省自然资源厅，2023 年 9 月 1 日，http://zrzy.jiangsu.gov.cn/gtxxgk/nrglIndex.action?type=2&messageID=2c9082548a5d0f84018a5ed5bdeb0082，2024 年 1 月 23 日登录。

查报批要求；落实节约集约用地要求，完善自然资源资产供应制度；优化用海审批程序；严格承诺事项落实情况的监管五个方面。在优化用海审批程序方面，一是探索实施已填成陆的历史遗留围填海区域内公园绿地、防护绿地和水域的用海备案审批改革，二是用海论证及专家评审先行，三是项目用海与填海项目竣工海域使用验收一并审查，四是简化集中连片项目海域使用技术报告。[①]

3. 完善海洋行政管理

深化重点海域综合治理。为贯彻落实《重点海域综合治理攻坚战行动方案》（环海洋〔2022〕11号），2023年2月，浙江省生态环境厅、省发展改革委、省自然资源厅等八部门联合制定《浙江省重点海域综合治理攻坚战实施方案（2022—2025年）》。该方案聚焦陆源和海源污染防治、生态保护修复、美丽海湾建设、海洋风险防范等攻坚重点，同时深化数字化治理，形成了包括4项陆源污染治理、3项海源污染治理、2项美丽海湾保护与建设、2项提升海洋生态环境治理能力共计11项行动。[②]

规范海洋行政处罚标准。为进一步适应海洋行政执法需要，深圳市规划和自然资源局于2023年2月印发《深圳市海洋行政处罚自由裁量权标准（2023年修订）》。[③]修订后的标准进一步完善现有裁量事项——非法倾废裁量档次的判定问题，并根据新出台的《深圳经济特区生态环境保护条例》，增加在深圳海域非法运泥行政处罚的配套裁量规则。

建立实施自然岸线占补制度。为贯彻落实自然岸线保有率管控目标，进一步强化海岸线整治修复，2023年8月，山东省就建立实施自然岸线占补制度有关事宜发出通知，从建立占补制度、规定实施程序、明确工作职责及保障措施等方面提出具体要求。首先，对自然岸线占补范围、自然岸线占补方式、自然岸线占补比例及自然岸线占补

---

① 《市规划资源局关于贯彻落实国家要求进一步做好我市用地用海要素保障的通知》（津规资业发〔2023〕158号），天津市规划和自然资源局，2023年9月8日，https://ghhzrzy.tj.gov.cn/zwgk_143/zcwj/jjzcwj/202309/t20230908_6401469.html，2024年1月23日登录。

② 《〈浙江省重点海域综合治理攻坚战实施方案（2022—2025年）〉政策解读》，浙江省生态环境厅，2023年2月23日，http://sthjt.zj.gov.cn/art/2023/2/23/art_1229263473_2459073.html，2024年1月23日登录。

③ 《市规划和自然资源局关于印发〈深圳市海洋行政处罚自由裁量权标准（2023年修订）〉的通知》（深规划资源规〔2023〕2号），深圳市规划和自然资源局，2023年4月6日，http://pnr.sz.gov.cn/xxgk/zcwj/gfxwj2/content/post_10529364.html，2024年1月23日登录。

质量做出明确规定。其次，从制定岸线整治修复措施、实施岸线整治修复工程、认定自然岸线等方面规范了实施程序。再次，明确了省海洋局、市县级海洋主管部门以及各级行政审批部门职责。最后，要求提高政治站位、严格占用岸线论证。[①]

四、小结

2023 年，中国发布一系列海洋政策性文件，支持海洋资源开发和产业发展，推进海洋环境保护与生态建设。中国的沿海地区是国民经济和社会发展的重要区域，沿海省市各级政府部门制订和出台海洋政策和规划，强化和完善海洋管理，为海洋经济高质量发展保驾护航。“十四五”时期是中国向基本实现社会主义现代化迈进的关键时期，也是加快推进生态文明建设和经济高质量发展的攻坚克难期，需研究分析面临的国内外发展机遇与挑战，统筹谋划适应世情、国情、海情的海洋政策规划，探索提高海洋资源开发能力、加强海洋生态环境保护、维护海洋权益和安全以及深度参与全球海洋治理等领域的重点任务。

① 《山东省海洋局关于建立实施自然岸线占补制度的通知》（鲁海发〔2023〕4 号），山东省海洋局，2023 年 8 月 22 日，http://hyj.shandong.gov.cn/zwgk/fdzdgk/tzgg/202308/t20230822_4398684.html，2024 年 1 月 23 日登录。

第三章　中国的海洋资源管理

海洋资源是经济社会发展的重要基础，中国高度重视海洋资源可持续利用。2013 年 7 月 30 日，习近平总书记在主持十八届中共中央政治局第八次集体学习时强调，要进一步关心海洋、认识海洋、经略海洋，要提高海洋开发能力，扩大海洋开发领域，保护海洋生态环境，着力推动海洋开发方式向循环利用型转变。2019 年 4 月，习近平主席在集体会见出席海军成立 70 周年多国海军活动外方代表团团长时指出，要实现海洋资源有序开发利用。同年 10 月，习近平总书记在致 2019 中国海洋经济博览会的贺信中强调，要高度重视海洋生态文明建设，加强海洋环境污染防治，保护海洋生物多样性，实现海洋资源有序开发利用。习近平总书记关于海洋资源的重要论述为海洋资源保护与利用指明了方向，是新时期海洋资源管理的根本遵循。

一、海洋资源管理概述

海洋资源是指分布在海洋地理区域内，在当前和可预见的未来，可供人类利用并产生经济价值，带给人类福利的物质、能量和空间。海洋资源是一个集合概念，不同的资源门类形成了不同的管理制度。海洋资源管理是政府部门和具有权限的机构对从事海洋资源开发利用与保护活动的企事业单位、组织和个人及其相关活动的调控、干预的行政行为。

（一）海洋资源分类

中国海域辽阔，跨越热带、亚热带和温带，海岸线长度约 3.2 万千米。中国共有海岛 11 000余个，海岛总面积约占中国陆地面积的0.8%。[①]海洋资源种类繁多，海洋生物、石油天然气、固体矿产、可再生能源、滨海旅游、海洋空间等资源丰富，开发潜力巨

① 《2022 中国自然资源统计公报》，自然资源部，2023 年 4 月，https://www.mnr.gov.cn/sj/tjgb/202304/P020230412557301980490.pdf，2023 年 12 月 10 日登录。

大。根据《资源科学技术名词》，海洋资源按其属性可分为海洋生物资源、海底矿产资源、海水资源、海洋能资源和海洋空间资源；按其有无生命分为海洋生物资源和海洋非生物资源；按其能否再生分为海洋可再生资源和海洋不可再生资源。随着经济社会发展与科技进步，人类能够开发利用的海洋资源种类和数量还在不断增加。

（二）海洋资源管理原则

在节约资源的基本国策和习近平生态文明思想的指导下，中国海洋资源管理的总体要求是科学有序开发，节约集约利用。中国高度重视包括海洋资源在内的自然资源开发与保护，将节约资源作为一项基本国策长期坚持。

中国坚持陆海统筹、绿色低碳和合作共赢等海洋资源管理原则，推动海洋资源可持续利用。一是坚持陆海统筹原则。统筹陆海资源配置、产业布局、生态保护、灾害防治，促进陆海协同发展。二是坚持可持续发展原则。坚持开发与保护并重，协调推进海洋资源保护与开发，强化海洋环境污染源头控制，切实保护海洋生态环境。三是坚持节约集约利用原则。以海洋资源环境承载力为基础，统筹兼顾海洋资源开发实际需求和生态影响，严守生态保护红线，落实生态用海要求，全面提高海域资源利用效率。实行自然岸线保有率制度，加强海洋生态保护修复。四是坚持合作共赢原则。主动参与国际海洋资源保护与利用合作，推动构建海洋命运共同体，以增进人民福祉，共享海洋资源利用成果。

二、海洋资源管理制度

海洋资源管理制度是指国家为可持续利用和科学保护海洋资源所制定实施的各项准则，主要由法规规章、政策规划和管理措施所组成。本章所涉海洋资源管理制度主要是指国家立法机关和行政管理部门制定的关于资源管理的行为准则，包括海岸带保护利用、海域保护利用、海洋渔业、海港和海上交通等领域的主要管理原则和制度。

（一）海岸带保护利用制度

海洋为中国经济社会可持续发展提供广阔的空间资源。中国拥有滩涂、海岸线、海岛、港口岸线资源等类型多样的海洋空间资源。中国濒临渤海、黄海、东海、南海及台湾以东海域，跨越温带、亚热带和热带。大陆海岸线北起鸭绿江口，南至北仑河口，长达 1.8 万余千米，岛屿岸线长达 1.4 万余千米。随着中国海洋经济由高速发展向高质量发展阶段迈进，以及生态文明建设的深入推进，海洋空间管理的主要任务是统筹协调海洋开发利用和生态环境保护修复，合理配置海域资源，优化海洋空间开发布局，促进海洋经济高质量发展。中国海洋空间资源管理的总原则是严格保护、有效修复、集约利用。中国海洋空间管理制度不断调整优化，从海洋功能区划、海洋主体功能区规划制度发展到统一的国土空间规划制度，不断加强陆海统筹协调，划定海洋生态红线，加强对自然岸线的保护修复，全面禁止新增围填海。

1. 海洋生态红线制度

海洋生态红线制度是指为维护海洋生态健康与生态安全，将重要海洋生态功能区、生态敏感区和生态脆弱区划定为重点管控区域并实施严格分类管控的制度安排。2016 年，国家海洋局印发《关于全面建立实施海洋生态红线制度的意见》，并配套印发《海洋生态红线划定技术指南》，建立实施海洋生态红线制度，守住海洋生态安全根本底线。海洋生态红线划定的基本原则是保住底线、兼顾发展、分区划定、分类管理、从严管控；组织形式是国家指导监督、地方划定执行，由各沿海省（自治区、直辖市）按照国家下达的指标和要求，划定红线并制定管控措施；管控指标包括海洋生态红线区面积、大陆自然岸线保有率、海岛自然岸线保有率、海水质量 4 项。全国海洋生态红线划定已基本完成，全国 30% 的近岸海域和 35% 的大陆岸线共约 15 万平方千米海域纳入红线管控范围，筑牢了海洋生态环境保护防线。

2. 自然岸线保有率控制制度

海岸线是海洋与陆地的分界线，具有重要的生态功能和资源价值，是发展海洋经济的前沿阵地。为保护自然岸线资源，保障公众亲海空间，国家海洋局于 2017 年印发实施《海岸线保护与利用管理办法》，明确国家建立自然岸线保有率控制制度，确立了以自然岸线保有率目标为核心的管理机制。该制度将全国大陆自然岸线保有率不低于 35% 的目标分解落实到各沿海省（自治区、直辖市），省级制定自然岸线保护与控制的年度计划，并分解落实[①]。国家“十四五”规划和《“十四五”海洋生态环境保护规划》

① 《海岸线保护与利用管理办法》，2017 年 1 月 19 日印发。

均将自然岸线保有率不低于35%确定为一项主要指标。

3. 海岸建筑退缩线制度

为有效降低海洋灾害风险、保护海岸生态环境，促进人与自然和谐共生，国家“十四五”规划明确提出“探索海岸建筑退缩线制度”。海岸建筑退缩线是根据岸线属性和自然环境特征，综合考虑海洋灾害影响、生态系统完整性保护、亲海空间拓展等因素，以海岸线为基准，向陆一侧后退一定的距离，划定的禁止或限制建筑活动的控制线。海岸建筑退缩线为海岸带地区开发建设提供规划控制依据。[①]海岸建筑退缩线参照生态保护红线管理要求，结合实际情况制定避让区域内建设活动准入清单，严格限制规划建设滨海公路。分析避让区内建筑物现状，按照拆除、迁移或保留等类型提出处置要求。[②]海岸建筑退缩线制度已在山东、广东和大连等沿海省市的海洋治理实践中逐步实施。

（二）海域保护利用制度

海域保护利用制度由一系列具体制度构成，包括海域有偿使用制度、海洋功能区划制度、海域使用权登记制度、用海项目环境影响评价制度、海域使用论证制度等。这些制度主要由《中华人民共和国海域使用管理法》确立。

1. 海域有偿使用制度

海域有偿使用制度规定单位和个人使用海域，应当按照国务院的规定缴纳海域使用金。海域使用金应当按照国务院的规定上缴财政。根据不同的用海性质或者情形，海域使用金可以按照规定一次缴纳或者按年度逐年缴纳。

2. 海域使用权登记制度

海域使用权登记制度是《中华人民共和国海域使用管理法》建立的三大基本制度之一，规定依法登记的海域使用权受法律保护。海域使用申请经依法批准后，国务院批准用海的，由国务院海洋行政主管部门登记造册，向海域使用申请人颁发海域使用权证书；地方人民政府批准用海的，由地方政府登记造册，向海域使用申请人颁发海

① 《省级海岸带综合保护与利用规划编制指南（试行）》，第48页。

② 同上，第11-12页。

域使用权证书。[①]

3. 海域等自然资源确权登记制度

国家实行自然资源统一确权登记制度。由自然资源部、财政部等五部门于 2019 年 7 月联合印发的《自然资源统一确权登记暂行办法》确立了包括海域等自然资源在内的确权登记制度。该制度要求对滩涂、海域、无居民海岛以及探明储量的矿产资源等自然资源的所有权和所有自然生态空间统一进行确权登记。自然资源统一确权登记以自然资源登记单元为基本单位。其中，海域可单独划定自然资源登记单元，范围为中国的内水和领海。以海域作为独立登记单元的，依据沿海县市行政管辖界线，自海岸线起至领海外部界线划定登记单元。无居民海岛按照“一岛一登”的原则，单独划定自然资源登记单元，进行整岛登记。海域范围内的自然保护地、湿地、探明储量的矿产资源等，不再单独划定登记单元。[②]

（三）海洋渔业管理制度

中国海岸线漫长，近海拥有以舟山、闽东等 52 个传统渔场为主的丰富渔业资源。海洋渔业资源利用包括海水养殖、海洋捕捞、远洋捕捞、海洋渔业服务业和海洋水产品加工等活动。为实现海洋渔业可持续发展，中国制定实施渔业捕捞许可制度和海洋伏季休渔等制度。

1. 渔业捕捞许可制度

渔业捕捞许可制度指在中国管辖水域从事渔业捕捞活动，以及中国籍渔船在公海从事渔业捕捞活动，应当经审批机关批准并领取渔业捕捞许可证，按照渔业捕捞许可证核定的作业类型、场所、时限、渔具数量和规格、捕捞品种等作业。对已实行捕捞限额管理的品种或水域，应当按照规定的捕捞限额作业。禁止在禁渔区、禁渔期、保护区从事渔业捕捞活动。海洋渔业捕捞许可证的使用期限为 5 年。[③]

---

① 《中华人民共和国海域使用管理法》，第 19 条。

② 《自然资源部 财政部 生态环境部 水利部 国家林业和草原局关于印发〈自然资源统一确权登记暂行办法〉的通知》，中国政府网，2019 年 7 月 23 日，https://www.gov.cn/xinwen/2019-07/23/content_5413117.htm，2024 年 5 月 5 日登录。

③ 参见《渔业捕捞许可管理规定》，2022 年 1 月 7 日修订。

2. 海洋伏季休渔制度

海洋伏季休渔制度是为保护中国周边海域鱼类等生物资源在夏季繁殖生长而采取的季节性禁捕措施，自 1995 年全面实施。实施过程中，渔业主管部门根据中国海洋渔业资源状况、保护管理和生态文明建设需要，多次对休渔制度进行调整完善。休渔范围、时间和作业类型不断扩大，目前海洋伏季休渔制度覆盖渤海、黄海、东海及北纬 12 度以北的南海（含北部湾）海域，休渔时间为三个半月到四个半月。①

（四）海港和海上交通管理制度

中国是航运大国和全球最大货物贸易国，约 95% 的进出口贸易货物量通过海运完成，海运航线和服务网络遍布世界主要国家和地区，港口和海运船队规模等位居世界前列。为加强港口岸线资源利用和海上交通安全，中国建立并实施港口岸线使用和海上交通安全等重要管理制度。

1. 港口岸线使用管理制度

《港口岸线使用审批管理办法》规定，港口岸线的开发利用应当符合港口规划，坚持深水深用、节约高效、合理利用、有序开发的原则。②港口岸线分为港口深水岸线和非深水岸线。交通运输部主管全国的港口岸线工作，会同国家发展改革委具体实施对港口深水岸线的使用审批工作。需要使用港口岸线的建设项目，应当在报送项目申请报告或者可行性研究报告前，向港口所在地港口行政管理部门提出港口岸线使用申请。港口岸线使用有效期不超过五十年。超过期限继续使用的，港口岸线使用人应当在期限届满三个月前向原批准机关提出申请。

2. 海上交通安全管理制度

海上交通安全管理主要依据《中华人民共和国海上交通安全法》建立的六项法律制度，主要包括船员管理、货物与旅客运输安全管理、维护海洋权益有关法律制度、海上搜寻救助、交通事故调查处理等制度。在外国籍船舶管理方面，相关法律规定，外国籍非军用船舶，未经主管机关批准，不得进入中华人民共和国的内水和港口。

---

① 《农业农村部关于调整海洋伏季休渔制度的通告》（农业农村部通告〔2023〕1 号），农业农村部，2023 年 3 月 13 日，https://www.gov.cn/zhengce/zhengceku/2023-03/15/content_5746783.htm，2024 年 2 月 18 日登录。

② 《港口岸线使用审批管理办法》，2021 年 12 月 23 日第二次修订。

外国籍军用船舶，未经中国政府批准，不得进入中国领海。外国籍船舶进出中国港口或在港内航行、移泊以及靠离港外系泊点、装卸点站等，必须由主管机关指派引航员引航。①

三、海洋资源管理进展

2023 年，自然资源等主管部门和沿海地方遵循陆海统筹和节约集约利用等原则，在海域海岛保护利用、海洋渔业管理、海港和海上交通管理、海洋生态环境保护修复等方面取得重要进展，探索推进海域立体分层设权，完成生态保护红线划定，启动海洋污染基线调查。

（一）海域海岛保护利用

2023 年，自然资源部和沿海地方继续加强海域海岛保护利用工作，完善无居民海岛开发利用方式，推进“和美海岛”创建示范，提高海岛地区可持续发展能力与水平。

探索推进海域立体分层设权。为落实党中央、国务院关于自然资源资产产权制度改革及要素市场化配置综合改革的决策部署，规范海域立体开发活动用海管理，2023 年 11 月，自然资源部制定出台《自然资源部关于探索推进海域立体分层设权工作的通知》，推进海域立体分层设权工作。该通知是首份国家层面海域立体分层设权政策文件，明确了分类管理思路。一是在不影响国防安全、海上交通安全、工程安全及防灾减灾等前提下，鼓励对跨海桥梁、养殖、温（冷）排水、海底电缆管道、海底隧道等用海进行立体分层设权，生产经营活动存在冲突的除外。二是完全改变海域自然属性的填海，排他性较强或具有安全生产需要的海砂开采等开发活动不予立体分层设权。该通知是深化海域物权制度建设的一次有益探索，对于促进海域资源节约集约利用和有效保护、推动海洋经济高质量发展、加强海洋生态文明建设具有重要意义。②

有序推进“和美海岛”创建示范。2023 年 6 月，自然资源部公布“和美海岛”名单，

① 《中华人民共和国海上交通安全法》第 11 条、第 13 条，2021 年 4 月 29 日修订。

② 《自然资源部 11 月份例行新闻发布会》，自然资源部，2023 年 11 月 20 日，https://www.mnr.gov.cn/dt/zb/2023/lxxwfbh_11/，2024 年 2 月 18 日登录。

对于入选的33个海岛统一授予证书、颁发牌匾。通过“和美海岛”评比表彰工作，打造海岛高质量发展典范，推动构建海岛地区形成岛绿、滩净、水清、物丰的“人岛和谐”新格局。[①] 2022年12月28日，福建省宁德市印发实施《关于支持海岛振兴的九条措施》，支持有居民海岛乡村振兴，积极创建“生产美、生活美、生态美”的和美海岛。该文件涉及九个方面的重点工作，包括提升海岛规划水平、推动海岛交通设施升级、巩固提升海岛饮水安全、推进数字海岛建设、提升海岛公共服务水平、促进海岛渔业发展、支持海岛旅游产业发展、改善海岛人居环境以及推进海岛生态修复。[②]

完善海域海岛监管体制机制。2023年，山东省印发《关于进一步加强用海监管工作的通知》，全面部署海域海岛监管工作，建立“早发现、早处置”机制，督促沿海各市依法依规做好海域海岛监管，制止违法用海行为。[③]

调整近岸海域环境功能区划。2023年4月，广西印发《广西壮族自治区近岸海域环境功能区划调整方案》，依据近岸海域生态保护形势和钦州、北海、防城港三市经济社会发展需要对近岸海域环境功能区划进行调整，充分兼顾保护和发展的要求。该方案将广西近岸海域调整为111个环境功能区，明确了各环境功能区的水质保护目标要求，并对开发建设活动提出了相应的管理要求。[④]

（二）海洋渔业管理

海洋渔业是现代农业和海洋经济的重要组成部分。2023年，中国海洋渔业管理坚持养护水域生态资源，实施伏季休渔制度，采取公海自主休渔措施，促进渔业可持续发展。积极推动渔业对外合作，与越南合作开展渔业资源增殖放流活动。

---

① 《自然资源部公布“和美海岛”名单》，自然资源部，2023年6月9日，http://news.mnr.gov.cn/dt/ywbb/202306/t20230609_2790913.html，2023年8月11日登录。

② 《宁德市人民政府办公室关于印发支持海岛振兴九条措施的通知》（宁政办规〔2022〕11号），宁德市人民政府，2022年12月28日，http://www.ningde.gov.cn/zfxxgkzl/zfxxgkml/fggzhgf/xzgfxwj/202301/t20230117_1729274.htm，2023年8月10日登录。

③ 《山东海洋强省建设纪实》，自然资源部，2023年2月13日，https://www.mnr.gov.cn/dt/hy/202302/t20230213_2775720.html，2024年2月18日登录。

④ 《广西壮族自治区生态环境厅关于印发广西壮族自治区近岸海域环境功能区划调整方案的通知》（桂环发〔2023〕9号），广西壮族自治区生态环境厅，2023年3月7日，http://sthjt.gxzf.gov.cn/zfxxgk/zfxxgkgl/fdzdgknr/hjglywxx/ssthhysthjgl/t15973911.shtml，2023年8月15日登录。

调整完善海洋伏季休渔制度。2023 年 3 月，农业农村部印发《关于调整海洋伏季休渔制度的通告》，延长北纬35度至北纬26度30分之间的黄海和东海海域内桁杆拖虾、笼壶类、刺网、灯罩（敷）网等4类渔船的休渔期，进一步调整完善海洋伏季休渔制度。在休渔期间，上述 4 种类型渔船可以申请开展专项捕捞。该调整维护了海洋伏季休渔制度的统一性，在兼顾渔民生产作业需要的同时促进渔业资源科学的合理利用。

开展公海自主休渔。2023 年 6 月，农业农村部发布《农业农村部关于实施 2023 年公海自主休渔措施的通知》，调整大西洋、北印度洋、东太平洋部分公海作业海域的休渔时间，科学养护公海渔业资源，促进公海渔业资源长期可持续利用，进一步推进中国远洋渔业规范有序高质量发展。①

推进深远海养殖。2023 年 6 月，农业农村部等八个部门联合印发中国首部《关于加快推进深远海养殖发展的意见》，围绕深远海养殖发展的重点领域和关键环节，提出全产业链全环节加快推进深远海养殖发展的重点任务。该意见提出，要优化养殖空间布局、推动全产业链发展、加强生态环境保护、推进产业科技创新、落实检验登记要求、强化安全生产措施、健全监管协作机制，为规范和支持深远海养殖发展提供政策依据。②

推进现代化海洋牧场建设。为贯彻落实国家生态文明建设部署，推进现代化海洋牧场建设，促进海洋渔业资源养护与生态环境修复，农业农村部公布了第八批国家级海洋牧场示范区名单，通过示范引领，推动中国海洋牧场整体建设和管理水平的提高。③

逐步降低近海渔业捕捞强度。2023 年 4 月，福建省海洋与渔业局、福建省财政厅联合发布《福建省海洋捕捞渔民减船转产项目 2023—2024 年实施方案》，通过中央渔业发展补助资金支持渔民和企业资源退出海洋捕捞业，降低捕捞强度，养护渔业资源。同时，积极引导捕捞渔民转产转业，带动增养殖业、休闲渔业和其他产业发展，优化

① 《农业农村部关于实施 2023 年公海自主休渔措施的通知》，农业农村部，2023 年 6 月 2 日，http://www.moa.gov.cn/govpublic/YYJ/202306/t20230606_6429509.htm，2023 年 8 月 15 日登录。

② 《农业农村部　工业和信息化部　国家发展改革委　科技部　自然资源部　生态环境部　交通运输部　中国海警局关于加快推进深远海养殖发展的意见》，农业农村部，2023 年 6 月 12 日，http://www.moa.gov.cn/govpublic/YYJ/202306/t20230612_6430042.htm，2023 年 8 月 16 日登录。

③ 《第八批国家级海洋牧场示范区公布》，自然资源部，2023 年 3 月 1 日，https://m.mnr.gov.cn/dt/hy/202303/t20230301_2777078.html，2023 年 8 月 13 日登录。

渔业生产结构。①

合作开展渔业资源增殖放流活动。2023 年 5 月，农业农村部、广西壮族自治区政府和越南农业与农村发展部联合主办 2023 年中越北部湾渔业资源增殖放流活动，向北部湾放流真鲷等 8 种水产苗 1.005 5 亿尾，利用卫星跟踪、环境 DNA 检测等先进手段对其中 3 万尾苗进行标记，对放流结果进行科学评估。增殖放流活动在保护水域生态环境的同时，对于提升渔业可持续发展水平具有重要意义。②

（三）海港和海上交通管理

2023 年，中国积极推进交通强国建设，强化水运绿色智慧转型，并加强海上交通管理，开展“商渔共治 2023”专项行动，保障海上交通安全和运行效率。

积极推进交通强国建设。2023 年 4 月，交通运输部发布《交通运输部关于创新海事服务支持全面深化前海深港现代服务业合作区改革开放的意见》，聚焦建设海上安全示范区的目标，完善水上交通安全管理制度，牢固树立绿色发展理念，推动引领航运绿色转型，推进科技赋能航运发展，以智慧海事服务助推航运“智慧化”转型，建立健全现代航运业与港澳协调联动、市场互联互通、创新驱动支撑的发展模式。③

开展“商渔共治 2023”专项行动。交通运输部、农业农村部于 2023 年 5 月联合印发《“商渔共治 2023”专项行动实施方案》，开展深化“商渔共治”机制、突出重点精准防控和鼓励举措创新等三方面防控工作，防范化解商渔船舶碰撞危险，保障海上交通和渔业生产安全形势。④

---

① 《福建省海洋与渔业局福建省财政厅关于印发海洋捕捞渔民减船转产项目 2023—2024 年实施方案的通知》（闽海渔规〔2023〕4 号），福建省海洋与渔业局，2023 年 4 月 29 日，http://hyyyj.fujian.gov.cn/xxgk/zfxxgk/zfxxgkml/zcfg_310/gfxwj/202305/t20230522_6173400.htm，2023 年 8 月 16 日登录。

② 《中越联合开展渔业资源增殖放流活动》，广西壮族自治区海洋局，2023 年 5 月 11 日，http://hyj.gxzf.gov.cn/gzdt/qnkb_66841/t16482729.shtml，2023 年 8 月 14 日登录。

③ 《交通运输部关于创新海事服务支持全面深化前海深港现代服务业合作区改革开放的意见》（交海发〔2023〕35 号），交通运输部，2023 年 4 月 26 日，https://xxgk.mot.gov.cn/2020/jigou/haishi/202304/t20230426_3811624.html，2023 年 8 月 16 日登录。

④ 《交通运输部农业农村部关于印发〈“商渔共治 2023”专项行动实施方案〉的通知》（交海函〔2023〕259 号），交通运输部，2023 年 5 月 31 日，https://xxgk.mot.gov.cn/2020/jigou/haishi/202305/t20230531_3837615.html，2023 年 8 月 16 日登录。

（四）海洋生态环境保护修复

2023 年，中国继续推动海洋生态环境保护修复，完成生态保护红线划定，启动海洋污染基线调查，稳步提升局部海域生态功能，加强海洋生态环境保护法律制度建设，推动中国海洋生态保护修复步入高质量发展新阶段。

完善海洋生态保护红线制度。党的十八大以来，自然资源部坚决贯彻党中央、国务院决策部署，落实牵头部门主责，会同生态环境部、林业和草原局等部门，结合《全国国土空间规划纲要（2021—2035 年）》编制，完成全国生态保护红线划定，并纳入国土空间规划“一张图”并上图入库，作为项目用地用海审批依据。①

完成近岸海域生态分类分区。自然资源部不断提升基于生态系统的海洋综合管理能力，大力推进反映中国海洋生态特征的分类分区工作。2023 年 12 月，《中国近岸海域生态四级分区（试行）》在首届自然资源与生态文明论坛上正式发布。海洋生态分类分区深化了对海洋生态系统的认识，最新成果已在海洋生态制图、生态问题清单编制、生态状况评价等工作中开展试点应用，对于推动现代海洋管理具有重要意义。②

实施海洋污染基线调查。2023 年 5 月，生态环境部启动第三次海洋污染基线调查并开展春季航次海上调查工作。此次调查更加注重陆海统筹、注重传统污染物和新污染物并重，调查中国管辖海域环境介质中各类污染物本底状况，注重受人为活动影响最为直接和集中的近岸 283 个海湾的精细化调查。此次调查旨在全面掌握海洋生态环境基本情况及变化规律，将为“十四五”乃至今后一个时期深入打好重点海域综合治理攻坚战，为推动中国海洋生态环境改善从量变到质变提供重要支撑。③

开展海洋生态保护修复行动。2023 年 1 月，海南省自然资源和规划厅印发《海南省珊瑚礁生态保护修复三年行动方案（2023—2025 年）》，对未来三年海南省的珊瑚礁生态保护修复工作提出路线规划和技术指导。方案提出了 19 项重点任务，涉及调查评

---

① 《我国生态保护红线划定工作全面完成》，中国海洋信息网，2023 年 4 月 24 日，https://www.nmdis.org.cn/c/2023-04-24/78890.shtml，2023 年 8 月 12 日登录。

② 《我国全面完成陆海生态分区》，自然资源部微信公众号，2023 年 12 月 4 日，https://mp.weixin.qq.com/s/cNLHNS2tq1tSKBGihRzGKA，2023 年 12 月 10 日登录。

③ 《生态环境部启动第三次海洋污染基线调查工作》，生态环境部，2023 年 5 月 6 日，https://www.mee.gov.cn/ywdt/hjywnews/202305/t20230506_1029163.shtml，2023 年 8 月 17 日登录。

估、生态保护、生态修复等多个方面。[①] 2023 年，广东省深入开展海岸线整治修复、魅力沙滩打造、海堤生态化、滨海湿地恢复以及美丽海湾建设等生态保护修复“五大工程”，推动实现海洋空间生态整体保护、系统修复和综合治理。[②]

（五）海洋生态系统碳汇资源管理

红树林、盐沼、海草床等生态系统具有重要的碳汇功能。改善中国海岸、海域和海岛生态环境功能，在海岸带及近海形成科学、可持续的碳循环系统，对于增强中国的海洋碳汇（蓝碳）能力，促进实现碳达峰碳中和的气候治理目标具有重要意义。2023 年，中国有序推进海洋碳汇工作，编制完成蓝碳技术规程，加强碳汇科学研究，积极推动海洋绿色低碳发展。

加快构建海洋碳汇工作新格局。2023 年，《生态系统碳汇能力巩固提升实施方案》印发，方案提出整体推进海洋、湿地、河湖保护和修复，是今年一段时期中国生态系统碳汇工作的指导和依据。

编制完成蓝碳技术规程。2023 年 5 月，自然资源部印发实施 6 项蓝碳技术规程，对红树林、滨海盐沼和海草床三大蓝碳生态系统储量调查评估、碳汇计量检测的方法和技术要求作出规范，指导蓝碳生态系统检测工作，填补了调查监测技术规程的空白，助力中国实现降碳减排目标。[③] 11 月，滨海盐沼、海草床两项碳汇项目开发技术指南印发实施，支撑海洋碳汇交易探索。

加强海洋碳汇调查和科学研究。2023 年，河北省首次完成典型蓝碳生态系统分布和碳储量调查评估。调查结果显示，河北省典型蓝碳生态系统主要为盐沼和海草床，盐沼生态系统总碳储量为（2.11 ± 0.62）万吨，曹妃甸海草床总碳储量为（4.30 ± 1.44）万吨。[④] 2023 年 1 月，河北省印发《河北省海水养殖双壳贝类固碳项目方法学》，结合

---

① 《海南珊瑚礁生态保护行动方案出炉》，自然资源部，2023 年 3 月 1 日，https://www.mnr.gov.cn/dt/hy/202303/t20230301_2777077.html，2023 年 8 月 16 日登录。

② 《广东：海洋生态保护修复“五大工程”奏响人海和谐蓝色乐章》，中国海洋信息网，2023 年 8 月 16 日，https://www.nmdis.org.cn/c/2023-08-16/79327.shtml，2023 年 9 月 19 日登录。

③ 《自然资源部发布蓝碳系列技术规程》，自然资源部，2023 年 5 月 17 日，https://www.mnr.gov.cn/dt/ywbb/202305/t20230517_2786665.html，2023 年 8 月 17 日登录。

④ 《河北完成典型蓝碳生态系统调查》，自然资源部，2023 年 3 月 27 日，https://www.mnr.gov.cn/dt/hy/202303/t20230327_2779365.html，2023 年 8 月 17 日登录。

河北省实际情况，在适用条件、固碳核算等方面进行了积极的探索和创新，制定了基线情景碳储量、项目碳储量、项目碳汇量等参数的核算方法。①

四、小结

2023 年是全面贯彻党的二十大精神的开局之年，是实施“十四五”规划承前启后的关键一年。自然资源部等有关部门和沿海省（自治区、直辖市）以习近平经济思想、习近平生态文明思想和习近平总书记涉海重要论述为指导，坚持陆海统筹、绿色低碳和集约节约等海洋资源管理原则，完善海洋资源管理制度，持续推动海洋资源可持续利用，在海域海岛、海洋渔业、海港和海上交通、海洋促进碳达峰碳中和等方面取得重要进展，加快建设海洋强国。党的二十大和全国生态环境保护大会等重要会议对海洋资源管理提出了新的更高要求，需要结合新形势新任务，更好协调海洋开发与保护之间的关系，加强用海要素保障，促进海洋经济高质量增长，助力中国式现代化建设。

① 《河北海洋碳汇领域降碳产品方法学公布》，自然资源部，2023 年 2 月 23 日，https://www.mnr.gov.cn/dt/hy/202302/t20230223_2776667.html，2023 年 8 月 17 日登录。

第二部分

新发展格局下的海洋经济与科技

第四章　新发展格局下的海洋经济高质量发展

党的十九届五中全会通过的《中共中央关于制定国民经济和社会发展第十四个五年规划和二〇三五年远景目标的建议》提出，要加快构建以国内大循环为主体、国内国际双循环相互促进的新发展格局。海洋是经济社会发展的重要依托和载体，海洋经济在扩展发展空间和保持经济持续稳定增长方面具有重要作用。“十四五”以来，国家和沿海地区以习近平新时代中国特色社会主义思想为指导，立足新发展阶段，完整、准确、全面贯彻新发展理念，构建新发展格局，切实推动海洋经济高质量发展。随着海洋经济空间布局不断优化、现代海洋产业体系加速构建、海洋科技创新能力持续提高，海洋经济对中国宏观经济的支撑和保障能力不断强化。在新发展格局下，中国海洋事业发展迈上新台阶。

一、中国海洋经济总体发展

2023 年是全面贯彻党的二十大精神的开局之年，在扩大内需、优化结构、提振信心、防范化解风险等政策的综合作用下，国内需求持续释放，海洋资源供给能力稳步提升，自主创新能力持续增强，海洋经济复苏强劲，量质齐升。①

（一）中国海洋经济发展概况

据初步核算，2023 年海洋生产总值为 99 097 亿元，较上年增长 6.0%，比国民经济增速高 0.8 个百分点，呈现强劲复苏态势。海洋生产总值占国内生产总值的 7.9%，较上年增加 0.1 个百分点。其中，海洋产业增加值 40 711 亿元，海洋科研教育增加值 6345 亿

① 崔晓健：《2023 年海洋经济复苏强劲，量质齐升——解读 2023 年海洋经济情况》，自然资源部，2024 年 3 月 20 日，https://www.mnr.gov.cn/dt/ywbb/202403/t20240320_2840073.html，2024 年 4 月 11 日登录。

元，海洋公共管理服务增加值 16 606 亿元，带动海洋相关产业增加值 35 435 亿元。①

海洋制造业增速高于全国制造业水平。2023 年，海洋制造业增加值 29 861 亿元，比上年增长 7.0%，比全国制造业增速高 2 个百分点。其中，海洋船舶工业增加值 1150 亿元，比上年增长 17.6%，船舶制造高端化、智能化、绿色化发展路线稳步推进，已进入产品全谱系发展新时期。海洋工程装备制造业发展良好，国际市场份额继续保持全球领先，2023 年实现增加值 872 亿元，比上年增长 5.9%。国内外市场对我国化工产品需求旺盛，产销增加，海洋化工业增加值 4343 亿元，比上年增长 10.0%。②

海洋服务业助推国民经济增长。2023 年，海洋服务业增加值 58 968 亿元，占国内生产总值比重为 4.7%，拉动国民经济增长 0.3 个百分点，助力国民经济增长。接触型、聚集型服务业呈现较快恢复态势，海洋交通运输业增加值 7623 亿元，较上年增长 8.5%，沿海港口货物吞吐量近 110 亿吨。海洋旅游业增加值 14 735 亿元，较上年增长 10.0%，居民旅游需求得到释放，多家邮轮港实现邮轮复航。海洋旅游消费市场明显回暖，带动沿海地区住宿、餐饮、交通等服务性消费快速恢复。2023 年海洋客运量、海洋旅客周转量同比分别增长 122.3%、125.4%。2023 年江苏、海南旅游收入同比分别增长 45.7%、71.9%，已超过 2019 年的水平。海洋旅游消费趋向多元化，融合业态不断涌现。“演艺 + 海洋旅游”“博物馆 + 海洋旅游”等模式成为新热点。③

海洋领域资源供给为海洋经济高质量发展提供坚实保障。2023 年，全国新增审批用海用岛项目 2162 个、313.3 万亩，同比分别增加 30.2%、7.3%，涉及投资超 1 万亿元，油气、核电、液化天然气等重大基础设施用海用岛需求保障有力，海洋空间资源要素保障持续增强。此外，海洋能源、食物和水资源的供给能力也呈现平稳上升态势。一是海洋油气增储上产成效显著，渤中 26-6 亿吨级油田等勘探取得新发现，海洋原油、天然气产量同比分别增长 5.8% 和 9.1%，海洋原油增产量连续 4 年占全国原油总增量的 60% 以上，成为能源上产的关键增量。海上风电发电量同比增长超 17%，为保障国家能源安全提供有力支撑。二是深远海养殖加快推进，优质海产品供给能力不断提

① 崔晓健：《2023 年海洋经济复苏强劲，量质齐升——解读 2023 年海洋经济情况》，自然资源部，2024 年 3 月 20 日，https://www.mnr.gov.cn/dt/ywbb/202403/t20240320_2840073.html，2024 年 4 月 11 日登录。

② 同上。

③ 同上。

高，海洋水产品产量超3500万吨，同比增长近3%，国家级海洋牧场示范区数量达到169个，比2022年增加16个，沿海各地深远海养殖装备制造和投产运营不断取得新进展。三是海水淡化工程规模持续扩大，海水淡化规模化利用积极推进，天津、山东、浙江等地海水淡化项目稳步推进，在建和新开工项目规模超30万吨/日。[①]

海洋对外贸易量质双升。2023年，面对国际需求低迷和国际地缘政治的不确定性等多重风险挑战，中国海洋船舶工业的海船完工量、新接海船订单量、手持海船订单量三大指标全球领先，船舶出口到191个国家和地区，出口金额同比增长35.4%，随着中国新能源汽车出口规模大幅增长，汽车运输船新接订单量占到全球总量的82.7%。2023年，中国沿海港口国际航线集装箱吞吐量同比增长超4%，沿海港口完成外贸货物吞吐量同比增长近10%。[②]

（二）中国海洋经济发展特点

2023年，中国海洋经济实现强劲恢复，海洋产业结构持续优化，海洋制造业发展势头旺盛，海洋服务业明显回暖，海洋领域资源供给能力平稳提升，海洋经济满足人民需求的能力不断提升，高质量发展成效显著，切实助推国民经济增长。

1. 海洋经济强劲复苏

海洋生产总值（GOP）是海洋经济生产总值的简称，指按市场价格计算的沿海地区常住单位在一定时期内海洋经济活动的最终成果，是海洋产业和海洋相关产业增加值之和。从2001年起，中国海洋经济统计开始采用海洋生产总值统计口径，至2023年已有连续23年的统计数据。2001年，中国海洋生产总值为9 518.4亿元，2002年突破万亿元；五年后的2006年实现翻倍增长；2012年海洋生产总值突破5万亿元；2019年中国海洋生产总值达到最高值，为84 191.3亿元；[③]2020年受国内外多种因素的影响，中国海洋生产总值出现自2001年以来的首次负增长，降为79 549.8亿元。[④]滨海旅游业受新冠疫情冲击最大，旅游景区关停，游客锐减，该产业增加值较2019年下降

---

① 崔晓健：《2023年海洋经济复苏强劲，量质齐升——解读2023年海洋经济情况》，自然资源部，2024年3月20日，https://www.mnr.gov.cn/dt/ywbb/202403/t20240320_2840073.html，2024年4月11日登录。

② 同上。

③ 2019年数据为再次修订数据。

④ 2020年数据为初步核实数据。

了 24.5%，是 2020 年海洋经济总量下降的主要原因之一；[①] 2021 年中国海洋经济总量再上新台阶，实现 89 521 亿元；[②] 2022 年在国内外纷繁复杂的形势下，中国海洋经济保持平稳增长，展现出良好的发展韧性，海洋生产总值首次突破 9 万亿，达 94 628 亿元。2023 年，在多重困难挑战交织叠加的情况下，中国海洋经济实现强劲复苏，海洋生产总值达 99 097 亿元（图 4-1）。

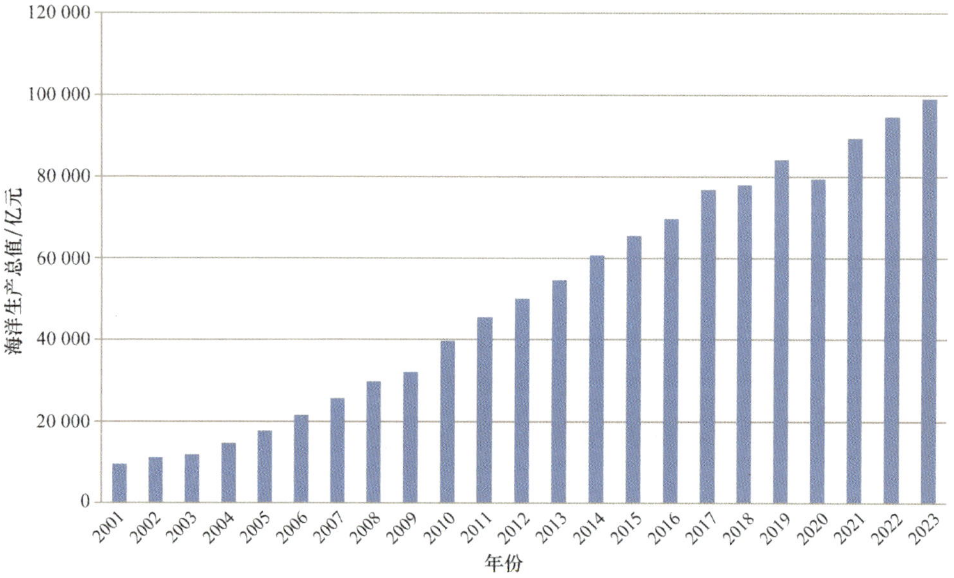

图 4-1　全国海洋生产总值（2001—2023 年）

数据来源：《中国海洋统计年鉴》（2021）、《中国海洋经济统计公报》（2021—2022）、自然资源部官网数据（2023）[③]

“十二五”前，就增速而言，除个别年份以外，全国海洋生产总值总体高于同期国内生产总值，其中 2002 年、2004 年和 2006 年三个年份海洋生产总值增速均比同期国内生产总值增速高 5% 以上，2002 年甚至高出 10.7 个百分点。由此可见，多年来海洋经济在中国总体经济中颇具活力，发展水平基本高于同期国民经济整体水平。

① 何广顺：《海洋经济稳健复苏，高质量发展态势不断巩固——〈2020 年中国海洋经济统计公报〉解读》，自然资源部，2021 年 3 月 31 日，http://www.mnr.gov.cn/dt/ywbb/202103/t20210331_2618721.html，2021 年 4 月 2 日登录。

② 2021 年数据为核实数，核实后的 2021 年海洋生产总值为 89 521 亿元。

③ 部分数据通过计算得出。

“十二五”以来，中国海洋经济进入深度调整期，除 2020 年外，海洋生产总值增速基本与同期国内生产总值增速趋近（图 4-2）。

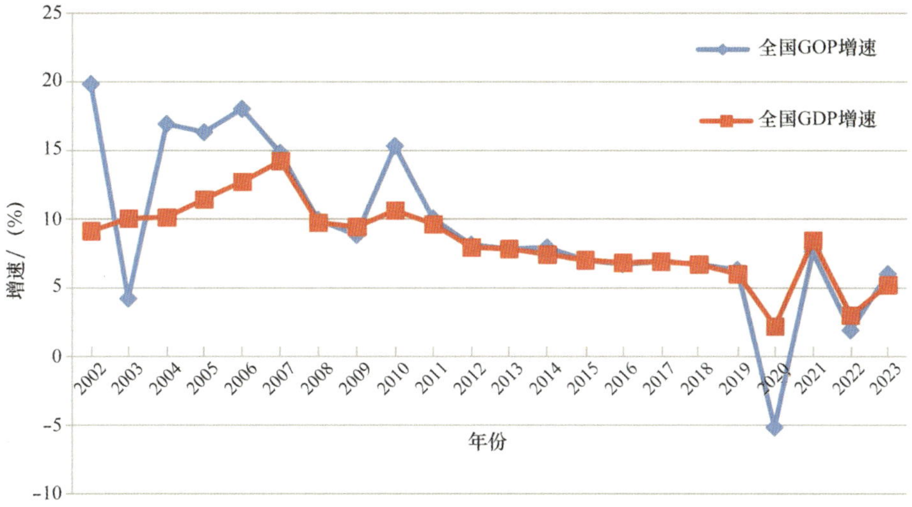

图 4-2　全国海洋生产总值与国内生产总值同比增速（2002—2023 年）

数据来源：《中国海洋统计年鉴》（2021）、《中国海洋经济统计公报》（2021—2022）、自然资源部官网数据（2023）

2. 海洋产业结构持续调整

海洋产业结构反映海洋经济发展的进程和水平，可通过海洋生产总值的三次产业结构表达，即海洋经济的全部生产和服务活动按三次产业划分的结构比例。

2022 年统计数据显示，中国海洋经济发展平稳，海洋产业结构持续调整。“十三五”至“十四五”时期，海洋经济三次产业比重由 2016 年的 5.1∶39.7∶55.2 调整为 2019 年的 4.6∶33.3∶62.2，受新兴服务业市场需求增加等因素的带动，这段时期海洋第三产业比重持续上升。近年来，为了破解“卡脖子”难题，改善部分核心关键技术受制于人的现状，实现“制造业立国”的目标，海洋领域亦积极调整产业结构，第二产业比重有所提升，海洋三次产业结构由 2020 年的 5.2∶33∶61.8 再进一步调整为 2022 年的 4.6∶36.5∶58.9（图 4-3、图 4-4）。

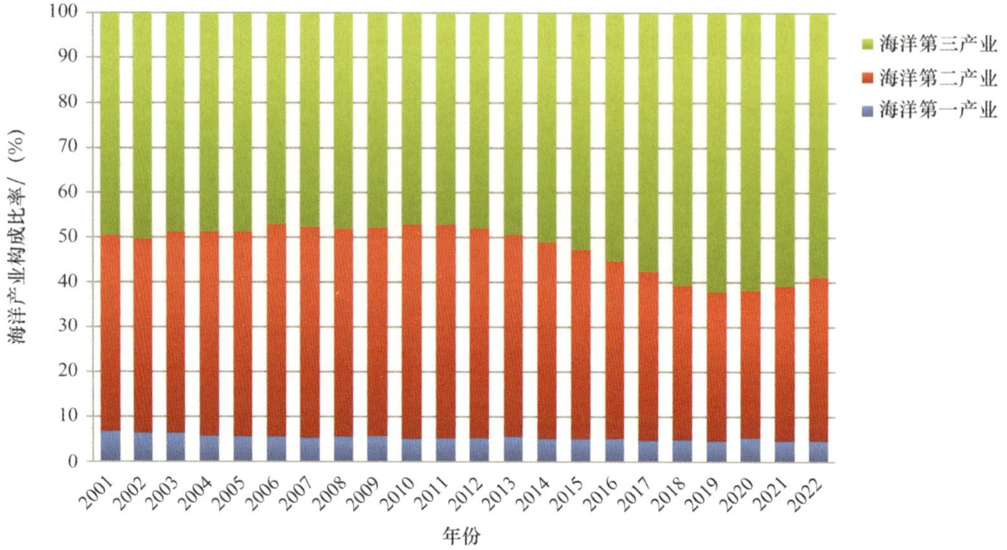

图 4-3　全国海洋生产总值三次产业构成（2001—2022 年）

数据来源：《中国海洋统计年鉴》（2021）、《中国海洋经济统计公报》（2021—2022）

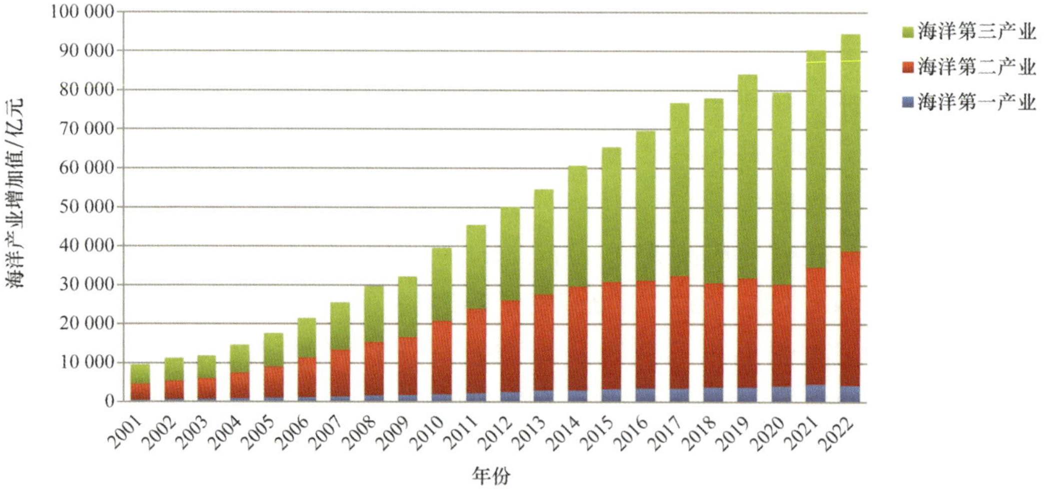

图 4-4　全国海洋生产总值三次产业增长（2001—2022 年）

数据来源：《中国海洋统计年鉴》（2021）、《中国海洋经济统计公报》（2021—2022）

3. 海洋经济对国民经济贡献显著

海洋经济贡献率是反映海洋经济在国民经济中地位和作用的指标，可以从两个层次表达：一是海洋经济总贡献率，即海洋生产总值与国内生产总值的比值，这个指标用来表征海洋经济活动最终结果的总和对全国经济的贡献；二是区域海洋经济贡献率，即海洋生产总值与沿海地区国内生产总值（GRP）的比值，用来表征海洋经济对沿海地区经济的贡献。

海洋经济的核心内容是海洋产业，海洋产业贡献率可以更加客观真实地反映海洋经济对国民经济以及沿海地区经济的直接贡献。海洋产业贡献率也可以从两个层次表达：一是海洋产业总贡献率，即主要海洋产业增加值与国内生产总值的比值；二是区域海洋产业贡献率，即主要海洋产业增加值与 GRP 的比值。

（1）海洋经济贡献率

数据显示，海洋经济总贡献率由 2001 年的 8.59% 提高到 2017 年的 9.22%，2018 年回落至 8.49%，2019 年有小幅提升，为 8.53%。受新冠疫情冲击，2020 年和 2021 年海洋经济总贡献率分别回落至 7.85% 和 7.79%，随后海洋经济顶住压力，实现平稳增长，2022 年海洋经济总贡献率提升至 7.85%，2023 年进一步增至 7.86%。多年来区域海洋经济贡献率指标一直居于海洋经济总贡献率之上，这表明，海洋经济对于沿海地区经济的贡献更为显著，2001 年为 15.7%，2015 年最高，达到 17.5%，2016 年与 2017 年略回落至 17.2%，2018 年与 2019 年分别降至 16.1% 与 16.2%，因新冠疫情影响，2020 年与 2021 年区域海洋经济贡献率分别降至 14.8% 和 14.7%，仍高于该年海洋经济总贡献率。2022 年，区域海洋经济贡献率回升至 14.9%，2023 年该数值保持不变。23 年来，中国海洋经济总贡献率保持在 7.79%~9.84%，区域海洋经济贡献率保持在 14.7%~17.5%（见图 4-5）。由此可见，海洋经济对于全国国民经济特别是沿海地区经济具有举足轻重的地位和作用。

（2）海洋产业贡献率

2001—2023 年，中国主要海洋产业对全国国民经济发展的贡献率保持在 2.9% ~ 4%，对沿海地区经济发展的贡献率保持在 5.5% ~ 7.2%（见图 4-6）。由此可见，海洋产业已经成为中国国民经济和沿海地区经济的支柱产业。

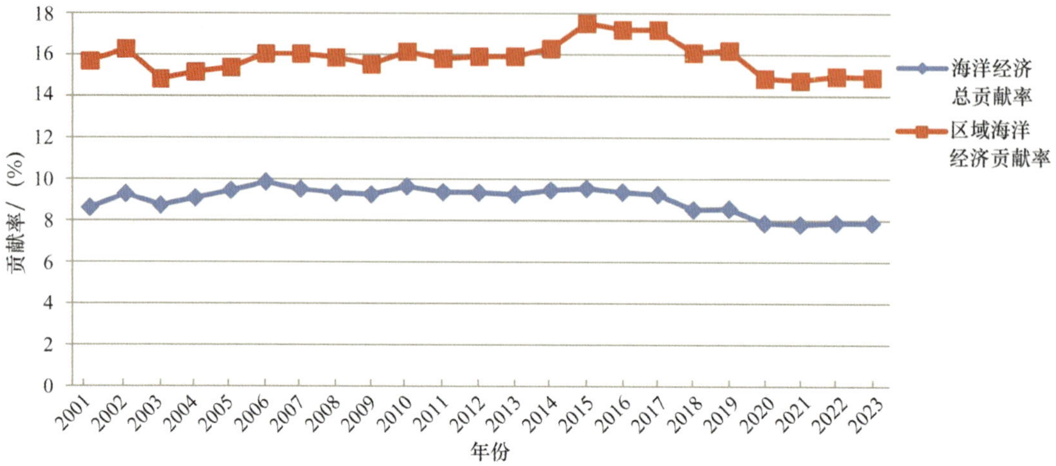

图 4-5　海洋生产总值对全国 GDP 和沿海 GRP 的贡献（2001—2023 年）

数据来源：《中国海洋统计年鉴》（2021）、《中国海洋经济统计公报》（2021—2022）、自然资源部官网数据（2023）、国家统计局分省年度数据（2001—2022）、沿海地区统计局官网数据（2023）

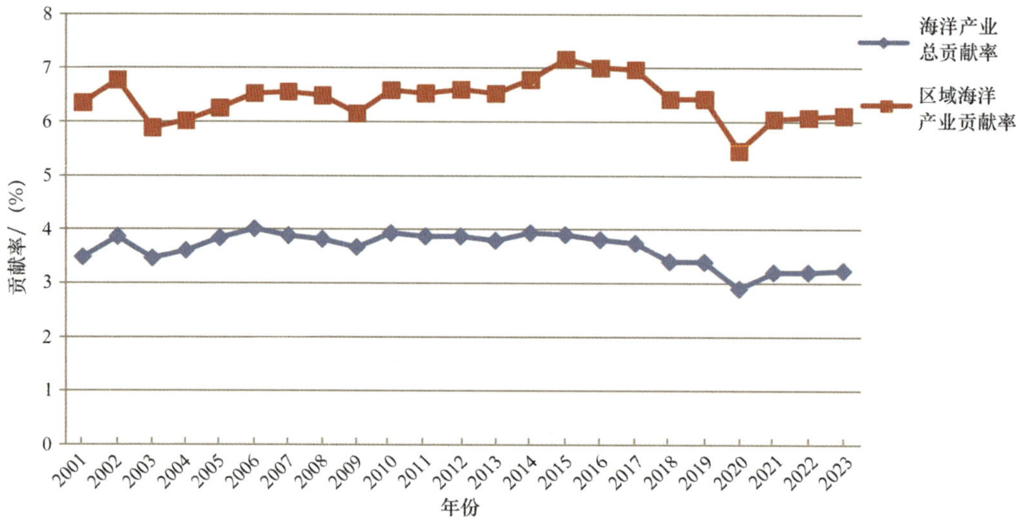

图 4-6　主要海洋产业增加值对全国 GDP 和沿海地区 GRP 的贡献（2001—2023 年）

数据来源：《中国海洋统计年鉴》（2021）、《中国海洋经济统计公报》（2021—2022）、自然资源部官网数据（2023）、国家统计局分省年度数据（2001—2022）、沿海地区统计局官网数据（2023）

二、区域海洋经济发展

按照《“十四五”海洋经济发展规划》的总体要求以及各沿海省份海洋经济“十四五”规划要求，围绕北部、东部、南部沿海省份打造海洋经济圈，各沿海省份认真贯彻新发展理念，以建设海洋强国为目标，以落实区域协调发展为导向，准确把握沿海地区在服务、融入双循环格局中的区位优势和比较优势，着力构建现代海洋产业体系，努力打造可持续的海洋生态环境，加快构建新发展格局。

北部海洋经济圈新旧动能转换提速，东部海洋经济圈一体化步伐加快，南部海洋经济圈集聚带动力明显提升。海洋科技创新实现质的飞跃，核心部件国产化率大幅提升。海运船队运力规模位居世界前列，国内各大主要港口的吞吐量均刷新历史纪录；海上开放合作不断拓展，积极构建蓝色伙伴关系，推动构建海洋命运共同体，务实推进“一带一路”建设海上合作；着力打好重点海域综合治理攻坚战，美丽海湾建设开启。

（一）北部海洋经济圈

北部海洋经济圈是由辽东半岛、渤海湾和山东半岛沿岸地区所组成的经济区域，主要包括辽宁省、河北省、天津市和山东省的海域与陆域。该区域海洋经济发展基础雄厚，具备雄厚的工业产业基础，技术、资源、人才方面具有显著优势。在地理位置上连接东北亚和冰上丝绸之路，是中国北方地区对外开放的重要平台，肩负开放发展的重要责任，也是中国参与经济全球化的重要区域。北部海洋经济圈以发展港口物流、海洋船舶、海水淡化、海洋生物医药等产业为主。

辽宁省是中国最北端的沿海省份，是东北唯一的陆海双重通道，坐拥黄海、渤海，由大连、丹东、锦州、营口、盘锦、葫芦岛 6 个城市构成辽宁沿海经济带。沿海经济带发挥全面推进更高水平对外开放，积极参与东北亚经济循环以及推动东北振兴取得新突破的重要作用。[①] 2023 年 3 月通过的《辽宁全面振兴新突破三年行动方案（2023—

---

① 《辽宁沿海经济带高质量发展规划》，辽宁省人民政府，http://big5.www.gov.cn/gate/big5/www.gov.cn/zhengce/zhengceku/2021-10/26/5644950/files/051c311db0064fa7aa07c30104d239a5.pdf，2023 年 10 月 15 日登录。

2025 年）》再次提出高质量建设沿海经济带相关举措。[①] 2021 年，辽宁省沿海经济带经济总量达到 1.35 万亿元，进出口总额增长 10.9%，实际利用外资增长 79.4%。[②] 近年来，辽宁省有效对接《区域全面经济伙伴关系协定》（RCEP），积极构建东北海陆大通道，2022 年 10 月出台《关于加快推进建设东北海陆大通道建设的意见》，2022 年海铁联运量增长 4.7%[③]，总投资 540 亿元的营口国家物流枢纽及口岸设施等 46 个项目加快建设。持续推进高水平开放合作，太平湾合作创新区等开放平台加快建设，总投资 630 亿元的 SK 海力士、65 亿元的日本电产新工厂等一批先进头部企业项目布局沿海。构建现代产业体系，世界级石化及精细化工产业基地建设取得积极进展，船舶与海工装备、数控机床等产业集群加快集聚，新材料、电子信息等新兴产业加速发展，国内首台超大型曲轴等“大国重器”在辽宁问世。

河北省地处环渤海核心地带，沿海地区毗邻京津、连接三北（西北、华北、东北），海洋区位条件独特，现有 3 个沿海市和 11 个沿海县（市、区）、7 个经济开发区。“十四五”以来，河北省坚持向海图强、向海发展，积极发挥海洋资源要素的支撑作用，海洋经济呈较快恢复态势。2022 年前三季度河北省海洋生产总值 2039 亿元，同比增长 4%，高于全国平均增速 1.9 个百分点。[④] 顶层设计方面，2022 年，河北启动海洋资源管理三年行动计划，确保重大项目用海实现应保尽保。河北省致力于建设临港产业强省，打造港产城融合发展新格局。2023 年 4 月，《河北省加快建设临港产业强省行动方案（2023—2027 年）》正式发布，明确了今后 5 年河北临港产业发展的总体思路和重点任务。环渤海港口群建设提质增速，临港产业基础设施建设逐步完善，2022 年以来，黄骅港散货港区矿石码头一期续建工程、综合港区泰地液体化工码头工程建成投运，唐山港曹妃甸港区东区二港池多用途泊位工程、黄骅港综合港区液体化工码头

① 《以中国式现代化辽宁实践推动全面振兴取得新突破——辽宁全面振兴新突破三年行动方案（2023—2025 年）》，辽宁省人民政府，2023 年 3 月 13 日，https://www.ln.gov.cn/web/qmzx/lnsqmzxxtpsnxd/tt/2023031314300973172/index.shtml，2023 年 10 月 15 日登录。

② 《“辽宁这十年”主题系列新闻发布会（第三场）》，辽宁省人民政府，https://www.ln.gov.cn/web/spzb/2022xwfbh/77497FA6E3FF4025822B7BDDFB5F8E35/index.shtml，2023 年 10 月 15 日登录。

③ 《一图读懂——2023 年辽宁省政府工作报告》，辽宁省人民政府，2023 年 1 月 12 日，https://jtt.ln.gov.cn/jtt/xw/zcjd/2023011216224573500/index.shtml，2023 年 10 月 15 日登录。

④ 《2022 年前三季度河北省海洋生产总值》，河北省自然资源厅（海洋局），2022 年 11 月 9 日，http://zrzy.hebei.gov.cn/heb/gongk/gkml/tjxx/zygk/hygk/10808032576891940864.html，2023 年 10 月 15 日登录。

工程等开工建设；持续提速港口集疏运体系建设，京唐铁路、京秦高速遵化—秦皇岛段等建成通车。2022 年沿海港口完成货物吞吐量 12.8 亿吨，居全国第 4 位，同比增长 3.4%；完成集装箱吞吐量 498.3 万标准箱，同比增长 3.7%。[①]临港产业转型升级扎实推进。精品钢铁、绿色石化、高端装备等一批大项目好项目向沿海临港聚集，海水综合利用产业加速发展，截至 2022 年年底，河北省现有海水淡化工程规模 390 700 吨 / 日，居全国第三位。[②]

天津市是北部海洋经济圈的重要节点城市，是京津冀“出海口”。近年来，在京津冀协同发展、国家自主创新示范区、“一带一路”建设等叠加下，天津海洋经济发展良好。据初步核算，2021 年天津市海洋生产总值为 4 702.8 亿元，占天津市地区生产总值的比重超过三成。[③]港产城融合发展效果显著。以天津港保税区临港区域为核心的海洋工程装备制造基地初步形成。现有海水淡化工程规模 306 000 吨 / 日[④]，继续保持全国前列。港口引领作用持续增强，2022 年天津港港口货物吞吐量 5.49 亿吨，集装箱吞吐量 2102 万标准箱，分别位居全国第八和第六位。[⑤]船舶海工租赁产业加速聚集，天津东疆综合保税区率先形成了服务“中国造”船舶海工设备全生命周期的租赁链条。

2022 年是山东省开启新一轮海洋强省建设之年，按照《海洋强省建设行动计划》，积极推进“十大创新”“十强产业”“十大扩需求”海洋领域重点任务，高质量落实海洋强省建设十大行动，力争引领全国海洋经济发展。2022 年山东省海洋生产总值达到 16 302.9 亿元，保持在全国第二，同比增长 7.6%，高于全国增速 1.9 个百分点。山东省海洋生产总值占全国海洋生产总值的 17.2%，占全省地区生产总值的 18.6%；三产占比分别为 5.7%、44.0% 和 50.3%，海洋渔业、海洋水产品加工业、海洋矿业、海洋盐

① 王燕苹、谷伟光：《建设临港产业强省打造港产城融合发展新格局》，载《共产党员》，2023 年第 9 期。

② 《2022 年全国海水利用报告》，中国政府网，2023 年 9 月 27 日，https://www.gov.cn/govweb/lianbo/bumen/202309/content_6906531.htm，2023 年 10 月 15 日登录。

③ 《天津市海洋空间规划（天津市海域海岛保护利用规划）（2021—2035 年）（征求意见稿）》，天津市规划和自然资源局，2022 年 10 月，https://ghhzrzy.tj.gov.cn/zmhd_143/jcyjzj/202210/t20221017_6011062.html?type=2，2023 年 10 月 15 日登录。

④ 同②。

⑤ 《2022 年 12 月全国港口货物、集装箱吞吐量》，交通运输部，2023 年 1 月 30 日，https://xxgk.mot.gov.cn/2020/jigou/zhghs/202301/t20230130_3747863.html，2023 年 10 月 15 日登录。

业、海洋化工业、海洋电力业、海洋交通运输业七个海洋产业增加值位居全国第一。①2022 年，山东省各个沿海港口完成货物吞吐量共 18.9 亿吨，首次跃居全国第一位。海洋生物医药等产业增加值全国第一，国家级海洋牧场示范区占全国近 40%。深远海养殖取得突破性进展，“深蓝 1 号”深水网箱完成全球首次低纬度养殖大西洋鲑规模化收鱼。海洋预制菜成为新的产业增长点，2022 中国水产品预制菜及新零售大会在济南开幕。全年海洋原油和天然气产量分别为 358.28 万吨、1.58 亿立方米。重大项目扎实推进，埕岛油田全年投产新井 29 口，新建产能 25.1 万吨，中国最大规模海上岸电应用项目——渤中–垦利油田群岸电应用工程项目在青岛完工装船，助力“双碳”目标实现。绿色制造能力不断提升，符合 IMO Tier-Ⅲ标准的全球最大的 Y-Type 半潜式游艇运输船、全球最大双燃料冰级滚装船完成交付。海洋工程装备制造业稳步提升，2022 年海洋工程装备制造业实现增加值 129.1 亿元，比上年增长 6.3%。深远海养殖装备有序发展，全球首艘 10 万吨级智慧渔业大型养殖工船“国信 1 号”交付运营并获批全国唯一深远海养殖工船运营试点。全年建成并网海上风电 200 万千瓦，并网规模居沿海各省第一位。积极探索“海洋新能源 +”模式，如昌邑海洋牧场与三峡 300 MW 海上风电融合试验示范项目实现 30 万千瓦全容量并网发电的“蓝色能源 + 海上粮仓”模式。②

（二）东部海洋经济圈

东部海洋经济圈是长江三角洲沿岸地区组成的经济区域，包含江苏省、上海市和浙江省。东部海洋经济圈连接亚太和新亚欧大陆桥，肩负亚太国际门户和“一带一路”与长江经济带枢纽的重要责任。东部海洋经济圈在远洋渔业、海洋交通运输业、海洋船舶工业和海洋工程装备制造业等方面在国内处于领先地位，是中国主要的海洋工程装备及配套产品研发与制造基地。

江苏省处于“一带一路”和长江经济带建设的交汇点，区位优势独特，海洋经济发展潜力巨大。经初步核算，2022 年江苏省实现海洋生产总值 9 046.2 亿元，比上年增

① 《2022 年山东省海洋经济统计公报》，山东省海洋局，2023 年 6 月，http://hyj.shandong.gov.cn/zwgk/fdzdgk/hyzlghyjj/202306/P020230621386152002635.pdf，2023 年 10 月 15 日登录。

② 同上。

长 7.4%，占地区生产总值的比重为 7.4%，占全国海洋生产总值的比重为 9.6%。其中，海洋经济三次产业增加值占海洋生产总值的比重分别为 3.2%、41.6% 和 55.2%。[①]江苏省船舶与海洋工程装备产业体系较为完善，产业链条长，产业规模、质量、发展速度稳居全国前列，近年来，江苏加快建设世界级船舶与海工装备先进制造业集群，推动从造船大省向造船强省转变。2022 年，全省造船完工量 1 743.3 万载重吨，实现增加值 234.6 亿元。海洋工程装备产业集群集聚效应明显，产业链竞争力进一步提升，2022 年实现增加值 253.4 亿元，比上年增长 12.0%。海洋电力业 2022 年实现增加值 88.5 亿元，至 2022 年年底海上风电装机容量累计达 1 183.3 万千瓦，海上风电发电量 300.9 亿千瓦时，累计装机容量、年发电量均居全国前列。为做大做强优势产业，补足海洋经济发展短板，2023 年 8 月江苏省政府印发《江苏省海洋产业发展行动方案》，明确到 2025 年要初步培育形成具有一定影响力的十大海洋产业、10 家海洋产业特色园区、20 家涉海创新平台以及 30 家海洋产业重点企业，海洋产业增加值由 2022 年的 3415 亿元提升至 4200 亿元以上，2030 年突破 6800 亿元。[②]

上海市 2022 年实现海洋生产总值 9 792.4 亿元，同比增长 1.8%，占当年全市生产总值的 21.9%，占当年全国海洋生产总值的 10.3%。其中，海洋第一产业、第二产业、第三产业增加值分别为 7.1 亿元、2 605.5 亿元、7 179.8 亿元。最主要的海洋产业为海洋旅游业和海洋交通运输业，全年分别实现增加值 1 305.1 亿元和 1 119.9 亿元，分别占全市海洋产业增加值的 48.6% 和 41.7%。[③]上海拥有全世界最大的集装箱港口，营商政策友好，是重要的国际航运中心。根据《新华·波罗的海国际航运中心发展指数报告（2023）》，全球航运中心城市综合实力中上海连续四年位列全球第三名，港口集装箱吞吐量已实现十三连冠。沪港两地在航运方面开展多层次全方位合作，利用香港在东亚地区以及国际物流领域的资源优势与行业生态，进一步增强上海国际航运中心要素和资源的集聚发展和能级提升，打造上海自贸区临港新片区与香港“两港合作，共

---

① 《2022 年江苏省海洋经济统计公报》，江苏省自然资源厅，2023 年 5 月，http://zrzy.jiangsu.gov.cn/upfile/File/202305/16/10352690.pdf，2023 年 10 月 15 日登录。

② 《省政府关于印发江苏省海洋产业发展行动方案的通知》，江苏省人民政府，2023 年 8 月 17 日，http://www.jiangsu.gov.cn/art/2023/8/29/art_84418_10998230.html，2023 年 10 月 15 日登录。

③ 《2022 年上海市海洋经济统计公报》，上海市海洋局，2023 年 6 月，https://hyj.sh.gov.cn/cmsres/75/751c422c58fe4a95aa7055c7796718cd/d2ab65e01782417bddda5a99b446acd7.pdf，2023 年 10 月 16 日登录。

赢发展”的新格局。2022 年 7 月，上海电气 Petrel“海燕”平台首台 EW11.0-208 机组完成吊装，这是目前已吊装的亚洲最大容量海上风机，中国海上风电产业翻开崭新一页，正式跨入 11 兆瓦时代。近年来，上海市在临港海洋高新园区打造海洋特色产业，不断培育“海洋 + 工业互联网、人工智能、大数据”等产业，实现蓝色经济智能化发展。此外，上海长兴岛也不断推进世界一流海洋装备制造基地建设。

据浙江省海洋科学院统计，2022 年浙江省海洋经济增加值 10 499 亿元，占全省 GDP 的 13.5%。浙江充分利用港口物流优势，不断加快开发大港口、建设大通道、发展大物流，形成以宁波舟山港为枢纽，温州、嘉兴、台州港为骨干，各类中小港口为基础的沿海港口体系、现代物流系统和与港口物流密切相关的产业体系。2022 年，宁波舟山港完成货物吞吐量超 12.5 亿吨，连续 14 年位居全球第一；完成集装箱吞吐量 3335 万标准箱，稳居全球第三。① 为规范对海域使用权的管理，浙江印发《关于推进海域使用权立体分层设权的通知》《浙江省海域使用权立体分层设权宗海界定技术规范（试行）》等，探索海域管理从“平面”向“立体”的转变，并解决海域使用权立体分层设权中存在的技术难题。为统筹兼顾海上光伏产业发展和海洋资源保护利用，制定出台了《关于规范光伏项目用海管理的意见》。2022 年，浙江省自然资源厅开展违法用海用岛“双清零”行动，落实海域海岛疑点疑区发现、核查、查处、整改工作机制，实现违法用海用岛移交—查处—整改—销号的工作闭环。海洋防灾减灾方面，开发了“海灾智防”重大应用，并在平湖、玉环、洞头开展了海洋灾害智防试点工作。涉海金融方面，国家开发银行牵头 6 家金融机构与温州洞头区签订了 2023 年 23 亿元贷款合同，标志着全国首批海洋生态修复类 EOD 项目（以生态环境为导向的开发模式）落户，解决了生态环境治理项目融资难等问题。

（三）南部海洋经济圈

南部海洋经济圈主要包括福建省、广东省、广西壮族自治区和海南省的海域与陆域。该区域面向东盟建设经济走廊，坐拥南海的广袤海域及其丰富的资源，是中国保护开发南海资源、维护国家海洋权益的重要基地。南部海洋经济圈在远洋渔业、滨海

① 《宁波舟山港年货物吞吐量连续 14 年居全球第一》，新华社，2023 年 1 月 30 日，https://www.gov.cn/govweb/xinwen/2023-01/30/content_5739298.htm#1，2023 年 10 月 15 日登录。

旅游、海洋交通运输、海洋生物制药等领域具有发展优势。

福建省是“一带一路”的重要节点、重要枢纽和重要通道，是“海上丝绸之路核心区”。2022年，福建省海洋生产总值预计超1.2万亿元。[①]全省水产品总量862.4万吨，其中海水养殖产量548.9万吨，居全国第一；水产品人均占有量200余千克，居全国第一；水产品出口额85亿美元，连续十年居全国首位。渔民人均纯收入2.75万元，同比增长6.6%，继续保持全国前列。[②]深海装备养殖、海工装备、海洋生物医药、海洋新能源等海洋新兴产业取得新进展。全球单机容量最大的16兆瓦海上风电机组建成下线，在全国率先开展100万千瓦海上风电市场化竞争配置试点。全国首创租赁新模式的首台（套）渔旅融合深海养殖装备“闽投1号”建成投产，漳州东山、莆田秀屿等4台（套）开工。全国最大的半潜式深海养殖平台“宁德1号”在宁德福安下水。全国首艘入级中国船级社（CCS）的电动游艇“时代创新号”顺利交付，全省首艘由宁德时代电机整船自主研制电动船舶“白海豚1号”首航成功。全省首个海洋领域国家基础科学中心——海洋碳汇与生物地球化学过程基础科学中心成功启动。2022年，福建省编制实施《福建省海洋经济促进条例》，加快培育海洋生物医药、海洋工程装备、智慧海洋等新兴产业，海洋经济持续高质量发展。2023世界航海装备大会在福州举办，近年来，福建通过强化科技研发、龙头带动、产业延伸，推动航海装备产业高端化、绿色化、智能化。

2023年4月习近平总书记在广东考察时强调：“要加强陆海统筹、山海互济，强化港产城整体布局，加强海洋生态保护，全面建设海洋强省”。为推动海洋强省建设，广东省制定了《海洋强省建设三年行动方案（2023—2025年）》。据初步核算，2022年全省海洋生产总值1 8033.4亿元，同比增长5.4%，占地区生产总值的14.0%，占全国海洋生产总值的19.1%[③]，连续28年居全国首位。截至2022年，广东省已建成海洋清洁能源、海洋油气化工、海洋旅游、高端船舶与海工、海洋生物

---

① 《关于福建省2022年国民经济和社会发展计划执行情况及2023年国民经济和社会发展计划草案的报告》，福建省发展和改革委员会，2023年1月30日，http://fujian.gov.cn/szf/gzbg/gmjjhshfzjhbg/202301/t20230130_6099563.htm，2023年10月15日登录。

② 《2022年福建省预计实现海洋生产总值1.2万亿元》，中国自然资源报，2023年2月24日，https://www.ndrc.gov.cn/fggz/dqjj/qt/202302/t20230224_1349433_ext.html，2023年10月15日登录。

③ 《广东海洋经济发展报告（2023）》，广东省自然资源厅、广东省发展和改革委员会。

等 5 个千亿级以上的海洋产业集群。科技创新方面，2022 年，广东省重点监测涉海单位研发经费投入增长 19.45%，涉海高新技术企业数量相比 2020 年增加了 317 个，海洋智能装备制造、海洋高端船舶制造等多个领域共 21 个项目获海洋科学技术奖和中国航海学会科学技术进步奖。全球首艘具有远程遥控和开阔水域自主航行功能的科考船"珠海云"号母船下水。全球最大的抗台风半直驱海上机组——MySE12MW 机组正式下线，可用于全国 98% 的海域。中国自主设计建造的亚洲第一深水导管架"海基一号"正式投产，填补了国内超大型深水导管架设计建造的多项技术空白。自主研发的国产地波雷达在国际上首次突破了异型雷达组网关键技术，实现了海洋监测组网技术自主可控。5G 服务向海延伸，全球首个江海铁多式联运全自动化码头——广州港南沙港区四期全自动化码头进入设备调试期。广东省印发了《广东省"十四五"智慧港口建设指导意见》。港口对外贸易方面，2022 年，广东对"一带一路"共建国家进出口总额约 2.25 万亿元，同比增长 10.3%，位居全国前列。广东与《区域全面经济伙伴关系协定》成员国家进出口总额为 2.4 万亿元，同比增长 3.8%。已缔结的国际友好港口数为 89 对，其中与"一带一路"共建国家港口结对 50 对。海洋渔业方面，国内首个珊瑚主题的国家级海洋牧场开建。国内最大、种类最齐全的珊瑚种质资源库开建。粤港澳大湾区首个国家级沿海渔港经济区试点——广州市番禺区渔港经济区揭牌。海洋公共服务业方面，2022 年 8 家海洋领域首次公开发行（IPO）股票企业完成上市，融资规模达 79.55 亿元。广东首笔海洋碳汇预期收益权质押贷款落地。

近年来，广西壮族自治区按照"向海而兴、向海图强"的决策部署，大力发展向海经济，建设海洋强区。经初步核算，2022 年广西壮族自治区海洋生产总值达 2 296.9 亿元，同比增长 4.2%，占全区地区生产总值的比重为 8.7%。其中，海洋第一产业增加值 236.5 亿元，海洋第二产业增加值 690.6 亿元，海洋第三产业增加值 1369.8亿元，分别占海洋生产总值的10.3%、30.1%、59.6%。[①]海洋电力业表现亮眼，全年实现增加值 8.6 亿元，比上年增长 50.9%。广西首个海上风电示范项目防城港海上风电示范项目于 2023 年 3 月 25 日开工建设，2024 年 1 月首批机组并网发电。在

① 《2022 年广西海洋经济统计公报》，广西壮族自治区海洋局，2023 年 6 月 8 日，http://hyj.gxzf.gov.cn/zwgk_66846/hygb_66897/hyjjtjgb/t16674869.shtml，2023 年 10 月 15 日登录。

海洋工程建筑业方面，全年实现增加值 158.1 亿元，比上年增长 18.0%。为进一步推动北部湾门户港建设，广西壮族自治区人民政府办公厅印发《西部陆海新通道北部湾国际门户港基础设施提升三年行动计划（2023—2025 年）》，全面加强基础设施建设，进一步提高北部湾港综合竞争力。海洋交通运输业因西部陆海新通道建设稳步推进，2022 年海洋交通运输业实现增加值 202 亿元，比上年增长 9.9%。随着平陆运河开工建设，海铁联运班列增至 8820 列，北部湾港港口货物吞吐量完成 37 133.93 万吨、集装箱吞吐量完成 702.08 万标准箱，集装箱航线达 75 条，通达全球 100 多个国家和地区的 200 多个港口。

海南省是全国管辖海域面积最大的省份，海洋经济是海南经济的重要组成部分，也是加快构建自贸港现代化产业体系的重要力量。海洋渔业是其支柱产业之一，2022 年海南全省渔业产值466.57亿元，同比增长3.6%。[①]海南省大力发展海上风电，在《海南省风电装备产业发展规划（2022—2025 年）》中明确了“一园两基地”的产业布局，提出打造海上风电千亿级产业集群的发展目标。2022 年年底，东方明阳项目实现首台漂浮式风机和首台大兆瓦风机同时下线；2023 年 1 月，申能（集团）有限公司和上海电气集团股份有限公司共同投资的洋浦风电主机项目顺利投产；中国大唐集团有限公司联合中国东方电气集团有限公司投资建设的洋浦项目一期于 2023 年 12 月正式施工建设。除了海上风电装备，海上油气也是海南大力发展的新兴产业。《海南省油气产业发展“十四五”规划》提出，重点推进陵水 17-2 气田全面投产并实现年产天然气 30 亿立方米，连接全国天然气管网向海南及广东、香港等地稳定供气，带动周边陵水 25-1 等深水气田开发形成新的气田群；将中国海油澄迈油气勘探生产服务基地打造成具有行业先进水平的油气勘探生产服务基地。旅游业方面，海南出台了《关于加强海洋旅游业用海要素保障和服务管理的若干意见》，这是全国第一个专门从用海要素保障和活动规范层面支持海洋旅游业发展的政策文件。实施琼港澳游艇自由行，简化游艇入境手续、创新建立“定点停靠、就近联检”的口岸管理模式，推进海南成为国际游艇旅游的好去处。

---

① 《2022 年海南省国民经济和社会发展统计公报》，海南省人民政府，2023 年 2 月 27 日，https://www.hainan.gov.cn/hainan/ndsj/202302/ca8dec78f2394f1c906d6cdf8984662a.shtml?eqid=ee7fdd8d0000c94500000000664741933，2023 年 10 月 15 日登录。

（四）沿海地区海洋经济“十四五”中期进展

2023年各沿海省份的海洋经济发展“十四五”规划进入中期阶段。按国家相关部门要求，可适时开展“十四五”规划中期评估工作。对各省海洋经济发展状况与规划实施效果进行横向对比，以客观认识“十四五”时期各省海洋经济发展态势和定位。

1. 沿海各省海洋经济总体发展情况

各沿海省份的海洋经济发展“十四五”规划均对海洋生产总值或其增速设置了相关目标。根据现有数据，广东、山东和海南已达到规划目标GOP年均增速，且均超过全国的8.75%。山东省海洋生产总值占地区生产总值的比重已达到2025年预期目标。从海洋生产总值规模来看，广东以18 033.4亿元居首，山东、福建和浙江位居其后，分别达到16 302.9亿元和12 000亿元左右和10 499亿元（图4-7、表4-1）。天津和海南海洋生产总值占地区生产总值的比重超过30%。

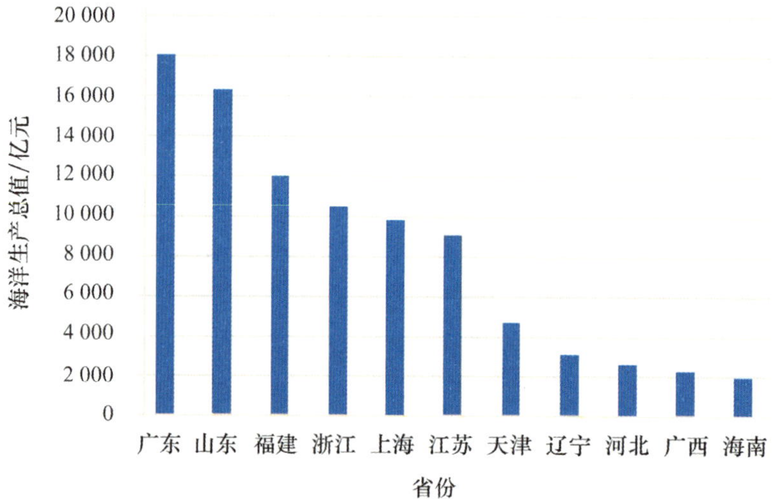

图4-7　2022年沿海各省（自治区、直辖市）海洋生产总值①

① 其中天津、河北、海南为2021年数据，辽宁为2020年数据。

表 4-1　2022 年沿海各省（自治区、直辖市）海洋经济总体发展情况

省份	2022 年 GOP/ 亿元	规划目标 GOP/ 亿元	GOP 年均增速 /（%）	规划目标 GOP 年均增速 /（%）	GOP 占地区生产总值的比重 /（%）	GOP 占地区生产总值的比重规划目标值 /（%）
广东	18 033.4	—	9.4	6.5	14	16
山东	16 302.9	—	11.18	6	18.6	18.46
福建	约 12 000	—	2.15	8	—	—
浙江	10 499	12 800	6.83	—	13.5	15
上海	9 792.4	15 000	0.44	—	21.9	—
江苏	9 046.2	约 11 000	7.5	—	7.4	≥ 8
天津	4 702.8（2021）	—	6.83	—	超 30%	—
辽宁	3 125（2020）	—	0.44	—	—	—
河北	2 651.6（2021）	—	2.15	—	—	—
广西	2 296.9	—	9.4	10	8.7	—
海南	1 989.6（2021）	3 000	17.95	14.3	30.7	—
全国	94 628	—	8.75	—	7.8	—

2. 港口发展情况

港口经济是国际经贸交流的重要推动力量，对海洋经济和对外开放发挥重要的带动作用。大部分省份在规划中设置了集装箱吞吐量或港口货物吞吐量的目标值。从 2022 年数据来看，福建省港口货物吞吐量已达到 2025 年设定目标，其他省份虽未达到 2025 年预期目标，但已接近目标值。从港口集装箱吞吐量来看，广东省以 7064.83 万标准箱遥遥领先，上海、浙江分列第二、第三位，分别为 4730 万和 3796 万标准箱。港口货物吞吐量前三名为广东 20.48 亿吨、山东 18.9 亿吨、浙江 15.41 亿吨（表 4-2）。

表 4-2　2022 年沿海各省（自治区、直辖市）港口发展情况

省份	港口集装箱吞吐量 / 万标准箱		港口货物吞吐量 / 亿吨	
	2022 年实际值	2025 年目标值	2022 年实际值	2025 年目标值
广东	7 064.83	—	20.48	—

续表

省份	港口集装箱吞吐量 / 万标准箱		港口货物吞吐量 / 亿吨	
	2022 年实际值	2025 年目标值	2022 年实际值	2025 年目标值
上海	4 730	—	—	—
浙江	3 796	4 000	15.41	16
山东	3 757.5	—	18.9	20
江苏	2 393.7	—	5.6	6
天津	2 102	2 200	5.49	—
福建	1 800.21	2 150	7.14	≥ 7.0
辽宁	1 195	—	7.4	—
广西	702.08	1 000	3.71	5
河北	498.3	700	12.8	—
海南	391.8	—	1.88	—

广东省与“一带一路”共建国家的进出口总额年均增速为 13.3%，远超目标值 5%。广西对东盟国家进出口总额为 2 811.13 亿元，接近目标值 3000 亿元。天津口岸对“一带一路”共建国家进出口 6708 亿元，虽与目标值 8000 亿元有一定差距，但增速较快，同比增长 41.2%。

3. 海洋科技创新情况

沿海各省份大多以本省的海洋科技创新中心为依托，围绕产业链、创新链和价值链的发展建设更高水平的海洋研究平台，打造集“产学研金服用”为一体的高水平产业创新体系，形成以龙头企业为创新主体、辐射带动周边中小企业的集聚集群创新发展模式，同时大力汇聚海洋人才，构筑海洋人才集聚高地。例如，山东提出深入实施创新驱动发展战略和科技兴海战略，加强海洋重大科技基础设施和高端创新平台建设，聚焦核心关键技术，完善全链条海洋科技创新体系，推动海洋领域原始创新、颠覆性技术创新，促进海洋科技成果高效转化；浙江提出通过提升海洋科创平台能级、培育海洋科技型企业、强化国际合作、增强海洋院所及学科研究能力等措施，强化产业发展的科技支撑能力；天津提出抢抓新一轮科技革命和产业变革机遇，建成全国海洋科技创新和成果转化集聚区。

4. 海洋经济绿色低碳发展情况

“十四五”时期，各省份践行可持续发展理念，探索高水平保护与高效率利用海洋资源、提升海洋生态价值、促进海洋经济绿色高效转型。大力发展海洋牧场建设“蓝色粮仓”、挖掘蓝碳资源应对气候变化、科学布局海上风电、滩涂光伏发电、潮流能、波浪能等海洋能发电利用项目等。例如，山东提出通过进一步完善陆海统筹治理体系，持续改善海洋生态环境，不断提升海洋自然再生产能力；广东提出“推动海洋经济绿色高效发展”；江苏提出“打造全国海洋经济绿色发展先行区”；上海提出“统筹推动海洋绿色低碳发展”。

各省规划发展目标几乎都对近岸海域优良水质比例做了相关要求。总体来看，海南、广西、山东、广东、江苏已提前完成2025年目标（表4-3）。

表4-3　2022年沿海各省（自治区、直辖市）近岸海域优良水质情况

省份	近岸海域优良水质比例/（%）	
	2022年实际值	2025年目标值
海南	99.6	＞98
广西	94.5	达到国家考核目标
山东	93.3	92
河北	91.8	98
广东	89.7	86
江苏	88.9	达到国家下达指标
福建	85.8	86
辽宁	85.7	92
天津	71.7	—
浙江	54.9	—
全国	81.9	—

5. 海水淡化产业发展情况

河北、辽宁、山东、天津四省（直辖市）在规划中明确了海水淡化产业发展目标。其中天津市计划到2025年海水淡化年供水量达到1亿立方米，2022年天津市海水淡化日产能力为 30.60 万吨，换算后年供水量可达到 1.12 亿立方米，已完成预期目标。其他三省与目标值还有较大差距（表 4-4）。

表 4-4　2022 年沿海各省（直辖市）海水淡化产业发展情况

省份	指标	2022 年实际值	2025 年目标值
河北	海水淡化日产能力（万吨 / 日）	39.07	49
辽宁		16.2	＞ 45
山东		60.32	120
天津	海水淡化水年供水量（亿立方米）	1.12	1

三、海洋产业发展

（一）海洋传统产业

1. 海洋渔业[①]

2023 年 4 月，习近平总书记视察广东时指出：中国是一个有着 14 亿多人口的大国，解决好吃饭问题、保障粮食安全，要树立大食物观，既向陆地要食物，也向海洋要食物，耕海牧渔，建设海上牧场、“蓝色粮仓”。习近平总书记的重要讲话为新时期中国海洋渔业发展指明了方向。

海洋渔业生产作为海洋经济的“稳定器”，保持稳中有进的发展势头。从产值规模看，2022 年海洋捕捞产值为 2 488.91 亿元，海水养殖产值为 4 638.84 亿元。渔业产值中，海水产品与淡水产品的产值比例为 46.7∶53.3。

从产量规模看，2022 年全国水产品总产量为 6 865.91 万吨，比上年增长 2.62%。海水产品产量 3 459.53 万吨，同比增长 2.13%，淡水产品产量 3 406.38 万吨，同比增长 3.13%，海水产品与淡水产品的产量比例为 50.4∶49.6（表 4-5、表 4-6）。远洋渔业产量 232.98 万吨，同比增长 3.71%，占水产品总产量的 3.39%。

① 《2022 年全国渔业经济统计公报》，农业农村部渔业渔政管理局，2023 年 6 月 24 日，http://www.yyj.moa.gov.cn/yqxx/202306/t20230628_6431131.htm，2023 年 10 月 20 日登录。

表 4-5　2022 年全国水产养殖产量

指标	养殖产量 / 万吨	海水养殖		淡水养殖	
		产量 / 万吨	同比增长 /（%）	产量 / 万吨	同比增长 /（%）
全国总计	5 565.46	2 275.7	2.92	3 289.76	3.35
鱼类	2 903.04	192.56	4.44	2 710.48	2.66
甲壳类	684.84	195.25	5.26	489.59	6.8
贝类	1 588.56	1 569.58	2.85	18.97	–3.19
藻类	272.39	271.39	–0.03	1	19.98
其他类	116.64	46.92	7.28	69.72	8.69

表 4-6　2022 年国内捕捞产量

指标	国内捕捞产量 / 万吨	海洋捕捞		淡水捕捞	
		产量 / 万吨	同比增长 /（%）	产量 / 万吨	同比增长 /（%）
全国总计	1 067.47	950.85	–0.06	116.62	–2.64
鱼类	731.7	641.87	–0.51	89.83	–2.39
甲壳类	200.89	188.53	1.29	12.36	0.33
贝类	49.46	36.29	0.99	13.17	–6.7
藻类	1.94	1.94	–4.4	—	—
头足类	59.15	59.15	1.02	—	—
其他类	24.33	23.07	–2.46	1.26	–3.43

从生产能力看，2022 年，全国水产养殖面积 710.75 万公顷，同比增长 1.40%（图 4-8、图 4-9）。其中，海水养殖面积 207.44 万公顷，同比增长 2.41%，海水养殖与淡水养殖的面积比例为 29.2：70.8。截至 2022 年年末，渔船总数为 51.10 万艘、总吨位 1 031.33 万吨。其中，机动渔船 34.24 万艘，总吨位 1 007.36 万吨，总功率 1 837.02 万千瓦。机动渔船中，生产渔船 32.90 万艘，总吨位 886.13 万吨，总功率 1 590.47 万千瓦。辅助渔船 1.35 万艘，总吨位 121.23 万吨，总功率 246.54 万千瓦。

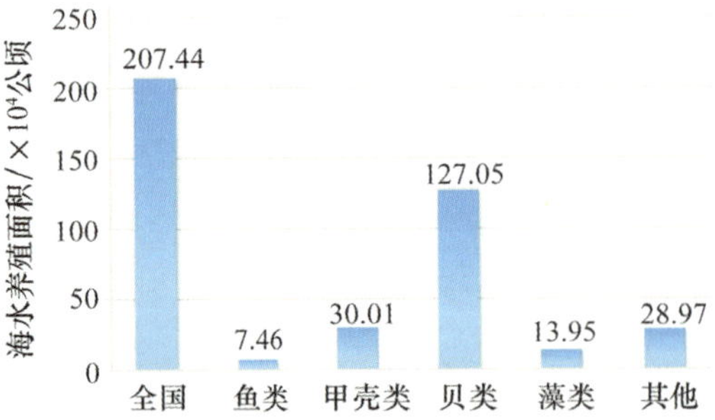

图 4-8　2022 年全国海水养殖面积

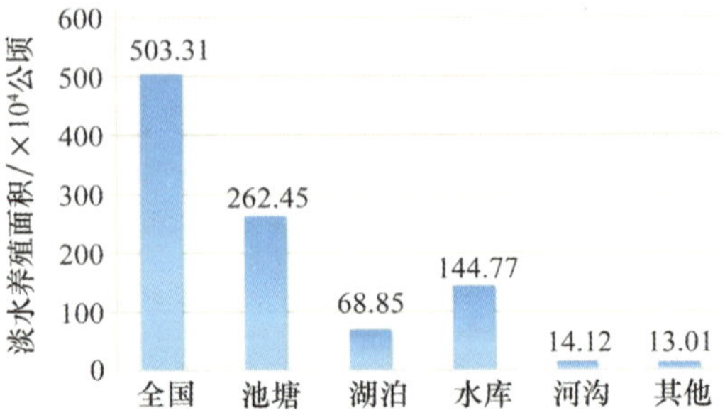

图 4-9　2022 年全国淡水养殖面积

从加工和贸易看，截至 2022 年年底，全国水产加工企业 9331 个，水产冷库 8675 座。水产加工品总量 2 147.79 万吨，同比增长 1.07%。其中，海水加工产品 1 709.15 万吨，同比增长 0.02%；淡水加工产品 438.64 万吨，同比增长 5.39%。用于加工的水产品总量 2 556.13 万吨，同比增长 1.33%。其中，用于加工的海水产品 1 976.32 万吨，同比增长 1.29%；用于加工的淡水产品 579.81 万吨，同比增长 1.44%。

为践行海洋命运共同体理念，科学养护和可持续开发公海渔业资源，中国于 2020 年起已连续三年在部分公海海域实施自主休渔措施，取得了积极成效。中国实行公海自主休渔，是积极履行国际勤勉义务、科学养护公海渔业资源、深入参与国际海洋治理的重要举措。

2. 海洋油气业

海洋油气是海洋能源的重要组成部分，在过去的几十年里，海洋油气业的发展取得了巨大的成就。随着世界能源需求的增长，海洋油气业将继续发挥重要作用，为世界经济发展提供支持。

2022 年，中国不断加大海洋油气开发投资力度（表 4-7），加快产能建设步伐，不断提升生产能力，推进稠油规模化和低渗油等低品位储量规模效益开发，同时积极开展“两提一降”及稳油控水等工作，优化生产调整井布局，提高采收率，提升单井产量，控制递减率。

表 4-7　2022 年海洋油气主要投产项目 [1]

油气田	作业者	当前状态	产量高峰/（桶油当量/天）	海域
垦利 6-1 油田 10-1 北区块开发项目	中国海油	已投产	7100	渤海中部海域
垦利 6-1 油田 5-1、5-2、6-1 区块开发项目	中国海油	安装	36 100	渤海中部海域
渤中 29-6 油田开发项目	中国海油	安装	15 300	渤海南部海域
锦州 31-1 气田开发项目	中国海油	调试	2100	渤海海域
涠洲 12-8 油田东区开发项目	中国海油	已投产	4700	南海北部湾海域
东方 1-1 气田东南区及乐东 22-1 气田南块开发项目	中国海油	已投产	2900	南海莺歌海
恩平 15-1、10-2、15-2、20-4 油田群联合开发项目	中国海油	调试	35 500	南海东部海域

2023 年 4 月 12 日，国家能源局发布的《2023 年能源工作指导意见》强调，夯实化石能源生产供应基础，积极推动玛湖、巴彦及渤海等原油产能项目上产。抓紧抓实“五油三气”重点盆地及海域的油气增产上产，推动老油气田保持产量稳定，力争在陆地深层、深水、页岩油气勘探开发、碳捕集、利用与封存（CCUS）促进原油绿色低碳开发等方面取得新突破。[2]

充分依托岸电保障油气产业与海上风电融合发展是实现能源转型的重要举措。2023 年国家能源局印发的《加快油气勘探开发与新能源融合发展行动方案（2023—2025 年）》（以下简称《方案》）强调，大力推动油气勘探开发与新能源融合发展，积极扩大油气企业开发利用绿电规模。统筹推进海上风电与油气勘探开发，形成海上风电与油气田区域电力系统互补供电模式，通过海上风电开发为油气平台提供绿色电力，替代分散式燃气或燃油发电，提高能源使用效率、降低碳排放，形成海上风电与油气田区域电力系统互补供电模式，逐步实现海上风电与海洋油气产业融合发展。

为贯彻落实绿色可持续发展的理念，《方案》提出四方面的保障措施：一是健全体制机制，强化政策支持；二是提高油气勘探开发与新能源融合项目备案效率；三是加大油气勘探开发与新能源融合发展技术创新攻关力度；四是大力推广生态修复类新能

① 根据《2022 年中国海洋能源发展报告》整理。
② 根据《2023 年能源工作指导意见》整理。

源产能配套项目。①

海洋油气业未来发展前景广阔，但仍面临一些挑战。海洋油气业需要不断提高技术水平，提高效率，降低成本，以应对市场竞争和环境保护的挑战。同时，政府也需要采取有效的措施来支持海洋油气业的发展，以促进海洋经济的增长。

3. 海洋船舶工业

船舶工业是现代综合性产业，能够为海洋开发、水上交通运输、能源运输、国防建设等提供必要的技术装备，是国家装备制造业中重要的组成部分，是现代化大工业的缩影，也是关乎国民经济发展与国防安全的战略型产业。

2023 年中国造船完工量 4232 万载重吨，同比增长 11.8%，新承接订单量 7120 万载重吨，同比增长 56.4%。截至 2023 年年底，手持订单量 13 939 万载重吨，同比增长 32%。18 种全球主要船型中，我国有 10 种船型手持订单位列全球第一（图 4-10）。

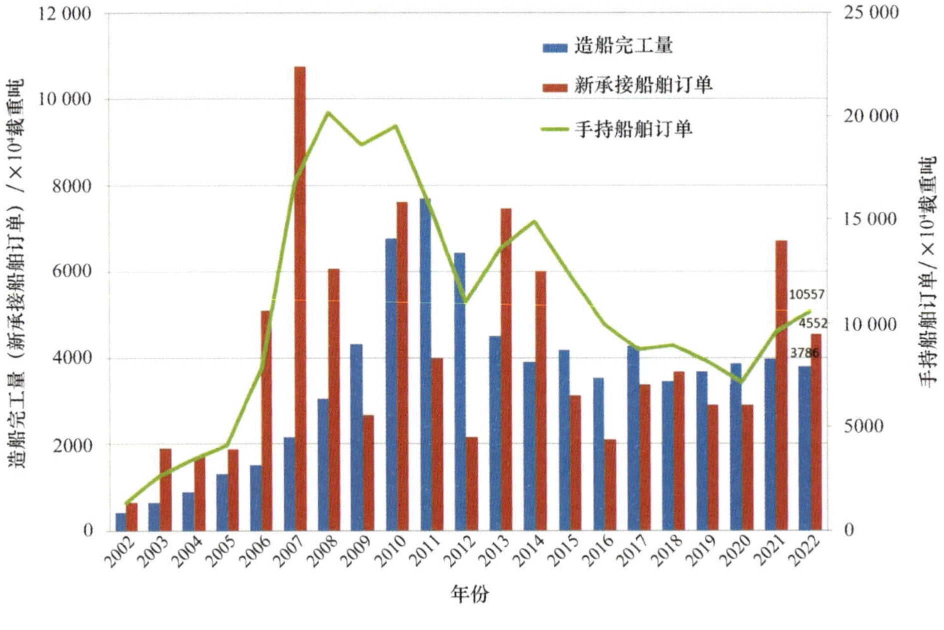

图 4-10 2002—2022 年中国造船三大指标 ②

① 根据《加快油气勘探开发与新能源融合发展行动方案（2023—2025 年）》整理。

② 《2002—2023 年中国造船三大指标》，中国船舶工业协会，2024 年 2 月 3 日，http://www.cansi.org.cn/index.php/cms/document/10854.html，2023 年 10 月 20 日登录。

2023 年 8 月，工业和信息化部等四部门联合印发《新产业标准化领航工程实施方案（2023—2035 年）》。该方案主要聚焦新兴产业与未来产业标准化工作，明确船舶与海洋工程装备等 8 个新兴产业重点标准研制方向。该方案提出全面推进新兴产业标准体系建设，如聚焦高技术船舶领域，研制重点船型总体设计、总装建造标准，关键零部件和系统标准，以及绿色管理标准。聚焦海洋工程装备领域，研制总体设计、总装建造、关键系统标准，研制潜水器标准。

为推进船舶工业科学、高质量、高标准地发展，该方案提出五方面的保障措施：一是加强组织领导，统筹推进各项任务实施；二是加大资源投入，推动国家科技计划项目和重大产业化专项加大对标准研究的支持力度；三是动态考核评估，加强方案实施情况的动态监测和效果反馈，做好新产业标准化工作新进展、新成效的总结和推广；四是健全人才队伍，鼓励标准化研究机构培养和引进高端人才，加强国际标准化研究机构建设；五是注重宣传激励，支持在新产业标准化工作方面作出突出贡献的单位和个人参与国家级奖励的评选。①

在新的产业竞争和科技大发展的环境下，船舶工业的发展已经向着绿色化、智能化和高端化的方向发展。绿色船舶将成为未来造船业的发展方向。绿色船舶将在设计、建造、运营和报废等全生命周期内，尽可能减少对环境的影响，实现资源节约和循环利用的船舶，主要包括低碳排放船、清洁能源船、智能节能船等类型。随着信息技术和人工智能等新一代技术的快速发展和广泛应用，智能船舶将成为未来造船业的发展方向。智能船舶将具有自主控制、远程操作、自适应学习等功能，能够根据环境变化和任务需求进行自主决策和执行的船舶，主要包括无人驾驶船、远程控制船、自适应控制船等类型。高端船舶将成为未来造船业的发展方向。高端船舶具有高技术含量、高附加值、高性能、高品质等特点，是能够满足特殊需求和挑战的船舶。主要包括海洋工程船、军用舰艇、科考船、极地船等类型。

未来，中国将继续落实船舶行业发展规划，持续聚焦“十四五”发展目标和重点任务，进一步巩固优势，补齐弱项，分类施策，坚持智能绿色和高质量发展方向，突破瓶颈制约，提升核心竞争力，加快推动由造船大国向造船强国迈进。

① 根据工业和信息化部等四部门联合印发《新产业标准化领航工程实施方案（2023—2035 年）》整理。

（二）海洋新兴产业

与传统产业相比，海洋战略性新兴产业最大的优势在于高新技术支撑、资源消耗低、综合效益好、市场前景广阔和易于吸纳高素质劳动力等。国家和地方海洋经济相关规划明确将海洋装备制造业、海洋药物和生物制品业、海水利用业等列为海洋新兴产业重点培育。

1. 海洋装备制造业[①]

过去，在海洋经济统计中，海洋装备制造业增加值统计一般计入海洋船舶工业，但由于其在海洋经济的重要地位，政府部门和研究机构都很关注该领域的发展。根据最新的《海洋及相关产业分类》，“海洋工程装备制造业”被单列为一大类。

2023 年，预计全球移动钻井装备、大于 4000 马力[②]三用工作船、大于 1000 载重吨平台供应船需求量分别为 557 座（同比增长 7.3%）、1360 艘（同比增长 7.2%）、1237 艘（同比增长 5.5%）。但由于新交付装备数量仍处于较低水平，且老旧装备拆解力度加大，上述三类油田服务装备利用率再创近五年新高，分别达到 90%、74% 和 77%，比上一年分别提高 27 个百分点、4 个百分点和 7 个百分点。海上浮式生产储卸油装置（FPSO）是海洋油气田全海式开发模式的核心设施，依托海上油气田开发决策进行建造或改装，2023 年全球需求量为 178 艘（同比减少 1.1%），利用率为 77%，比上一年略有下降，供需整体保持相对稳定。

新交付装备数量基本持平但持续保持低位。高油价推动作业经费和装备利用率增长，全球油服公司装备交付进度加快，交付意愿增强。2023 年，全球移动钻井装备、大于 4000 马力三用工作船、大于 1000 载重吨平台供应船、FPSO 预估新交付数量分别为 22 座、32 艘、23 艘、5 艘，整体装备交付数量与 2022 年基本持平，相比于 2014 年的历史高位仍有较大差距。

中国海洋油田服务装备和工程服务装备表现优异。海洋油田服务和工程服务的装备利用率均远高于全球平均水平，起重船尤为突出。中海油服 12 艘液化天然气船（LNG）/ 柴油双燃料动力油田守护船投入运营近 1 年，4 艘双燃料油田工作船进

① 王震、鲍春莉：《中国海洋能源发展报告 2023》，北京：石油工业出版社，2023 年，第 15 页。

② 马力为非标准计量单位，1 马力≈ 735.5 瓦。

入可研阶段，标志着我国油田服务装备清洁低碳水平已坐稳世界第一阵营，引领全球发展。

海上风电工程装备方面，全球海上风电专用工程船平稳发展，运维船稳步增长。海上风电专用工程船主要包括风电安装船（WTIV）和运维船。WTIV 是专门从事风机安装的船舶，含部分中国改装的自升式平台；运维船可分为尺寸较大的运维母船（CSOV/SOV）、步行作业船（W2W）、人员转运用普通运维船（CTV）。2023 年，预计全球共有海上风电专用工程船 855 艘，同比增加 14.0%。其中，WTIV103 艘，CSOC/SOV41 艘，W2W46 艘，CTV665 艘。风电建设服务船主要分为风场建设船、支持与调查船两类，承担地质勘查、基础安装、运输、铺缆等任务。其中，风场建设船包括起重船、铺缆船、多用途船、自升式平台、挖泥船等，支持与调查船包括调查船和海上支持船。2023 年，全球共有风电建设服务船 655 艘。其中，起重船 162 艘、铺缆船 54 艘、多用途船 78 艘、自升式平台 37 艘、挖泥船 21 艘、调查船 61 艘，海上支持船 150 艘。

中国海上风电工程装备船数量全球第一。所有类型在役船共计 71 艘，约占全球的 70%；现有风场建设类船舶 197 艘，占全球近 45%；海上风电运维市场空间逐步释放，运维船舶投资加速发展，上海电气集团股份有限公司所属 2 艘运维母船于 2023 年和 2024 年年初交付服役，填补国内海上风电运维领域专业运维母船的空白。

2. 海洋药物和生物制品业

海洋药物和生物制品业以海洋生物资源为研发对象，以海洋生物技术为主导技术，以海洋药物为主导产品，包括海洋创新药物、生物医用材料、功能食品等产业体系。作为战略性新兴产业的重要组成部分，海洋药物和生物制品业发展迅速，中国已成功开发一批农用海洋生物制品、海洋生物材料、海洋化妆品及海洋功能食品、保健品等。中国海洋药物和生物制品业 2022 年增加值为 746 亿元，2023 年为 739 亿元，同比下降 0.4%（图 4-11）。国家对海洋生物医药的政策支持和研发力度不断加大，产业化进程加快。海洋药物临床试验稳步推进，海洋生物制品生产规模不断提高。此外，产业集聚效应凸显，逐渐形成以青岛、厦门、广州、深圳为代表的海洋药物和生物制品产业集聚区。

中国在海洋药物研发领域给予了大力扶持，企业也在不断加大研发投入，产业化进程逐步加速，但药物研发的周期较长，投资风险较高，导致许多企业难以承受。中国产业政策仍需持续支持，以降低企业负担，推动海洋药物研发领域的发展。

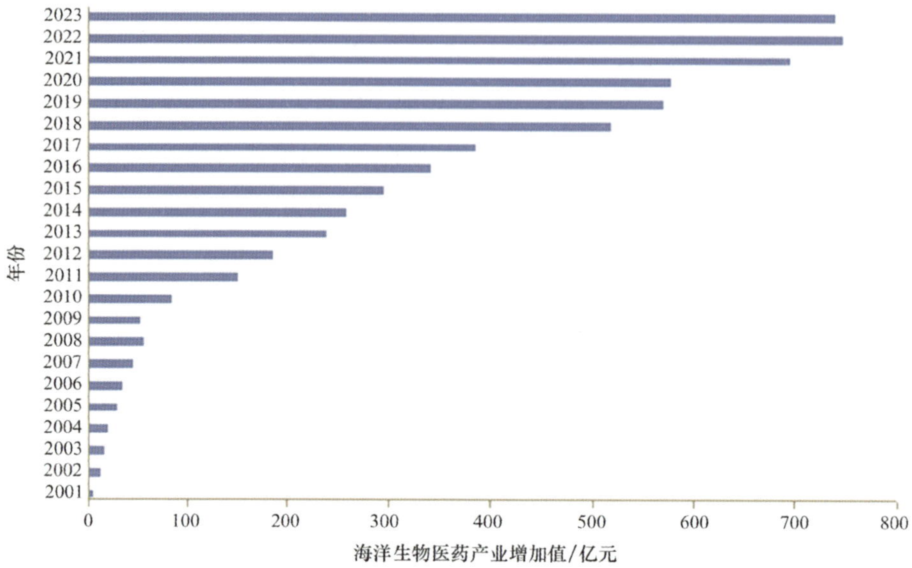

图 4-11　2001—2021 年海洋生物医药产业增加值变化

数据来源：《中国海洋统计年鉴》（2020）、《中国海洋经济统计公报》（2020—2021）

3. 海水利用业

2022 年，海水利用工作进展显著。中共中央、国务院印发的《扩大内需战略规划纲要（2022—2035 年）》提出，在沿海缺水城市推动大型海水淡化设施建设。天津市、山东省、海南省、青岛市等沿海省市结合地方实际，出台了有关促进海水淡化产业发展的地方性法规、实施方案、奖补政策，海水淡化工程规模稳步增长。截至 2022 年年底，全国现有海水淡化工程 150 个，工程规模 24 万吨 / 日，比 2021 年增加了 50 万吨 / 日，是中国迄今为止新增海水淡化工程规模最大的一年；年海水冷却用水量 1770 亿吨，比 2021 年减少了 4.6 亿吨。

截至 2022 年年底，全国海水淡化工程分布在沿海 10 个省（自治区、直辖市）水资源严重短缺的城市和海岛。海水淡化工程规模居前两位的是山东和浙江，日淡化海水分别约 60 万吨和 76 万吨；上海和广西居最后两位。海水冷却用水量最高的省份是广东，每年约为 567 亿吨，最少的是天津，不足 10 亿吨（图 4-12）。

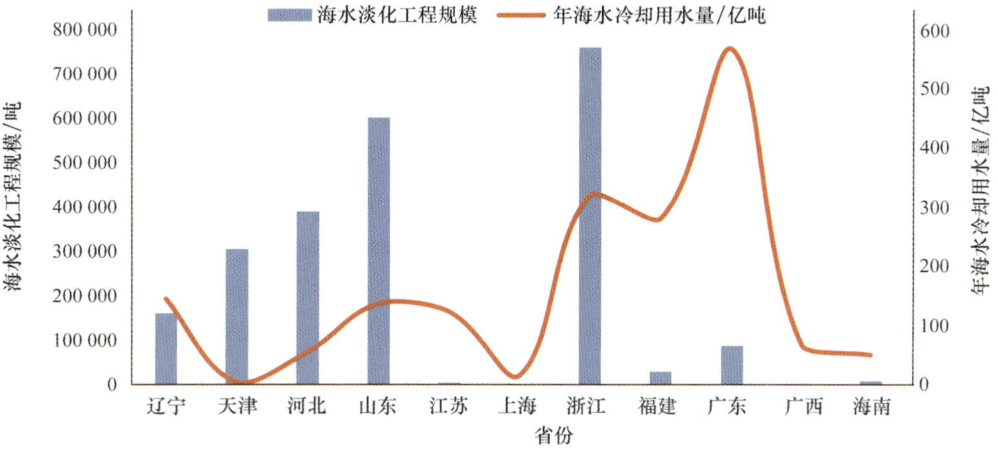

图 4-12　海水淡化和直接利用情况

数据来源：《2022 年全国海水利用报告》

4. 海洋电力业

海上风电产业链条长、溢出效益显著。作为清洁能源供给方，海上风电可改善重型运输、钢铁、化工、航运等能源大户的供给结构，利用海上风能生产氢，可作为沿海地区和海上活动的能源供给。此外，海上风电还能带动海洋新材料、海底电缆管道、运维船舶等关联产业的发展。全球风能理事会（GWEC）发布的《2022 全球海上风电报告》显示，2022 年全球海上风电新增装机容量达 8.8 吉瓦，占全球风电新增装机总量的 11.3%，比 2020 年增加 4.3%。国际能源署认为，未来海上风电在风电中的份额将从 5% ~ 7% 增长到 20% 以上。据国际可再生能源机构（IRENA）统计，过去 10 年，全球海上风电市场年均增长 22%。2020 年以前，全球海上风电市场一直由欧洲主导，全球海上风电装机总量的七成在欧洲。2020 年，亚洲反超欧洲，登顶海上风电新增装机容量榜首。

从当前发展形势预判，到 2030 年，海上风电市场将会迎来更加蓬勃的发展前景。很多国家纷纷制定发展规划，将海上风电作为脱碳目标下最有竞争性的能源之一进行培育。漂浮风电的商业化进程也持续推进，预计 2025 年将实现年新增装机总量 20 吉瓦。预计每年海上风电新增装机容量将从 2021 年的 21.1 吉瓦提高至 2031 年的 54.9 吉瓦以上，使海上风电在全球风电装机总量的份额从目前的 23% 提升至 2031 年的 32%。

截至 2022 年年底，中国沿海省（自治区、直辖市）共规划海上风电项目 202 项。海上风电项目规划总装机容量 80 256.55 兆瓦，涉海面积 10 112.62 平方千米，项目总投资 13 968.25 亿元。其中，广东、江苏、福建海上风电项目数量分别为 61 项、58 项、24 项，分列前三位（表 4-8）。

表 4-8　截至 2022 年年底沿海省（自治区、直辖市）海上风电投资情况①

所在省（自治区、直辖市）	项目数 / 个	涉海面积 / 平方千米	装机容量 / 兆瓦	项目总投资 / 亿元
广东	61	4 400.81	37 586.85	7 589.32
江苏	58	2 973.29	15 948.35	2 524.88
福建	24	585.18	6 464.10	1 116.28
浙江	22	965.21	7 047.75	1 021.45
山东	11	551.64	6 316.30	762.12
辽宁	7	425.00	1 698.10	296.65
河北	6	48.00	2 100.00	222.60
上海	6	64.49	922.60	144.70
天津	5	—	472.50	45.25
广西	2	99.00	1 700.00	245.00
合计	202	10 112.62	80 256.55	13 968.25

注：根据公开数据统计整理。

从海上风电并网情况来看（表 4-9），截至 2022 年年底，全国海上风电项目累计并网 113 项，累计并网容量 31 133.65 兆瓦。在已有海上风电并网的 9 个省（直辖市）中，江苏省开发最早，经过多年发展已成为中国海上风电并网项目数与并网容量均居首位的省份，累计并网项目数 47 个，累计并网容量 12 098.35 兆瓦，占据全国“半壁江山”；广东省海上风电起步较晚，但近年来发展势头迅猛，累计并网项目数 25 个，累计并网容量 8 279.65 兆瓦，仅次于江苏省，位居全国第二；福建、浙江、山东海上风电也颇具规模，三省累计并网项目数分别为 12 个、11 个和 7 个，累计并网容量分别为 3 187.70 兆瓦、2 899.35 兆瓦和 2 607.20 兆瓦。

① 由于部分省市项目缺乏涉海面积及项目总投资数据，故相关数据有缺。

表 4-9　沿海省（直辖市）海上发电并网情况

省（直辖市）	2022 年并网		累计并网	
	并网数量 / 个	并网容量 / 兆瓦	并网数量 / 个	并网容量 / 兆瓦
山东	5	2 004	7	2 607.20
广东	4	1 802	25	8 279.65
浙江	2	704	11	2 899.35
福建	1	185	12	3 187.70
江苏	0	0	47	12 098.35
辽宁	0	0	4	1 048.80
上海	0	0	5	622.60
河北	0	0	1	300.00
天津	0	0	1	90.00
合计	12	4 695	113	31 133.65

注：根据公开数据统计整理。

在其他海洋新能源领域，中国潮汐能商业化正加速推进，波浪能、温差能发电技术取得新突破。中国波浪能装备已成功应用于海岛供电、水产养殖、仪器供电等方面，应用领域不断拓展，多次创造世界纪录。国内自主研发的半潜式波浪能养殖平台“澎湖号”首台工程样机配备了 60 千瓦波浪能和 60 千瓦海上光伏发电装置，可提供超过日常所需的绿色电力供给。2023 年，中国地质调查局广州海洋地质调查局牵头研发的 20 千瓦海洋漂浮式温差能发电装置完成海试，发电总时长 4 小时 47 分钟，最大发电功率 16.4 千瓦，有效发电利用率达到 17.7%，标志着我国海洋温差能开发利用已经从陆地试验向海上工程化应用迈出了重要一步。

（三）海洋服务业

1. 海洋旅游业

海洋旅游业加快复苏，2023 年实现产业增加值 14 735 亿元，较上年增长 10%。统计结果显示，2023 年，国内旅游总人次 48.91 亿，同比增长 93.3%。

各地区旅游推介活动密集展开。“2023 东亚海洋博览会”将海洋文旅作为六大展区之一，展示国内外知名滨海城市海洋文化和旅游项目，山东、江苏、福建、上海等参展，展出内容包括海洋及沿黄河文化体验廊道景区景点、旅游商品、文创非遗衍生品、旅游规划服务等。“2023国际海岛旅游大会”以“新丝路、新动能、新机遇”为主题，聚焦新时代国际海岛旅游发展所面临的新情境、新课题、新挑战，依托海岛旅游创新平台，推进海岛旅游国际化发展。内陆省区积极布局涉海研学基地。黑龙江利用自身气候和冰雪资源，建成全国第一家极地海洋研学、游学教育基地，创造性地将冰天雪地搬进了室内，首创南北极冰雪研学。

海洋旅游政策环境不断完善。国家层面，为进一步发挥海洋旅游消费对旅游产业的重要作用，国务院印发文件将“拓展海洋旅游产品”作为加大优质旅游产品和服务供给的主要内容。[①]文件明确提出要深入挖掘海洋海岛旅游资源，完善邮轮、游艇旅游政策，加强邮轮、游艇码头，滨海度假营地，运动船艇码头等旅游配套服务设施建设，引导地方因地制宜发展邮轮旅游、海岛度假、海洋运动、休闲渔业等业态，加强旅游与体育休闲、运动赛事融合发展，促进海洋休闲体育消费。为保障海洋旅游用海需求，文件还要求相关部门积极做好用海用岛要素保障服务，依法依规保障旅游项目合理用海用岛需求，满足公众亲海需要。该文件强化了政策落实力度，并明确了相关部门、地方的任务分工。区域层面，天津、河北、辽宁、山东四省（直辖市）文化和旅游部门签订《津冀辽鲁渤海滨海旅游带建设协同发展战略合作框架协议》，组建渤海滨海旅游带建设联合体，共同推进区域文旅产业高质量发展。协议设计了较为完善的合作发展工作机制，四省（直辖市）将围绕滨海旅游加强政策规划前置沟通与落地衔接，搭建信息共享平台，逐步实现区域信息互通数据共享。此外，协议还提出要联合开发渤海海滨特色文化旅游线路，实施季节主题系列旅游活动；联合开发新业态新产品，组织开展津冀辽鲁环渤海滨海自驾车巡游活动，开发海洋邮轮环线旅游及高铁、文旅班列等产品。

2. 海洋信息服务业

党的二十大报告提出，要加快建设“数字中国”“促进数字经济和实体经济深度融

① 《国务院办公厅印发〈关于释放旅游消费潜力推动旅游业高质量发展的若干措施〉的通知》（国办发〔2023〕36号），文化与旅游部，2023年9月27日，https://zwgk.mct.gov.cn/zfxxgkml/qt/202309/t20230929_947574.html，2023年10月20日登录。

合”。2023 年年初，中共中央、国务院印发《数字中国建设整体布局规划》，进一步提出推动数字技术全面赋能经济社会发展，利用数字技术加快构建智慧高效的生态环境信息化体系，推动山水林田湖草沙一体化保护和系统治理。数字经济已经成为国家经济发展的重要方向，数字化和智慧化已进入从国家顶层设计到具体落实的新阶段。海洋领域智慧化得益于海洋监测与探测技术水平的不断提高。一方面，海洋电子信息技术发展活跃，涉海数据指数级增加，为海洋数字化和智慧化发展搭建了良好的基础。另一方面，信息技术同海洋经济、管理活动融合，推动海洋智慧化趋势不断巩固，新产业、新业态、新模式应运而生。

智慧海洋工程的提出是海洋信息化由数字化迈向智慧化的标志性事件。2018 年 10 月，浙江省印发《浙江省智慧海洋工程建设方案（2018—2022 年）》，在全国率先启动省级海洋大数据中心建设，谋划建设海洋经济高质量发展新抓手。“十四五”期间，沿海地区纷纷将智慧海洋与产业经济发展融合作为发展重点，加大对智慧海洋工程建设的布局力度，抢占海洋信息产业发展先机（表 4-10）。沿海各地区均对未来五到十年智慧海洋建设提出了具体的行动计划和发展目标。

表 4-10　中国沿海省（自治区、直辖市）智慧海洋建设重点内容

省份	智慧海洋建设重点内容
辽宁	加快海洋经济与信息技术融合发展，推进海洋领域新型基础设施建设； 以“智慧海洋”为核心，开发和挖掘海洋大数据应用服务，推进海洋卫星通信、遥感、5G、船用智能终端等技术应用； 加强面向海洋信息监管、海洋信息交易、海洋数据共享、海洋信息预报等服务的平台建设
河北	加大海洋新型基础设施建设力度，推进港口信息化服务； 加快海洋信息网络体系建设，构建统一开放的物流信息和交易平台，实现信息资源共享； 完善电子口岸物流环境，加快推进建立区域公共物流信息服务平台
天津	航运服务业：提升航运物流组织服务能力，探索“互联网＋航运”模式； 海洋交通运输业：着力打造世界一流的智慧港口、绿色港口； 健全海洋科技创新平台：打造海洋生态环境监测装备科技创新和成果孵化平台
山东	统筹推进海洋基础设施建设，建设海洋智能超算平台，加快构建超算与大数据产业互联网体系，共同打造国家级分布式超算中心； 实施智慧海洋工程，加快现代信息技术同海洋产业的深度融合，积极运用大数据、云计算、人工智能等新一代信息技术赋能海洋产业发展； 深入推进交通强国智慧港口试点，加快自动化码头、智慧管理平台等重点项目建设

续表

省份	智慧海洋建设重点内容
江苏	加快构建覆盖全省近岸海域、滩涂湿地和自然岸线的空天岸海底立体观测网； 加强海洋大数据平台建设，推进超算中心建设，对接国家海洋大数据中心和共享云平台； 深入实施智慧海洋工程，加快现代信息技术同海洋产业的深度融合
上海	构建海洋数字化综合监管场景，丰富海洋管理专题屏建设场景； 推动现代信息技术与海洋产业深度融合，支持发展海洋信息服务，海底数据中心建设
浙江	深入实施数字经济“一号工程”2.0 版； 加强国家卫星海洋应用系统、海洋信息感知技术装备的研发制造；实施全省港口智慧化升级改造，开展智能理货、智能堆场管理、智慧引航等建设； 大力培育航运电子商务平台，拓展“物联网＋航运物流”产业链
福建	加快建设海洋信息通信网，实施“光纤上岛”工程； 构建管理与服务数据综合资源库，提升海洋气象服务中心，搭建海洋云服务平台、大数据计算平台和云安全平台； 建设福建“智慧海洋”大数据中心，推进海洋信息设备研发制造
广东	深入推进粤港澳大湾区“智慧海洋”工程； 打造“智慧＋海洋产业”，加速海洋产业数字化发展
广西	加快构建广西“智慧海洋”平台； 加快海洋信息网络体系建设，促进海洋信息服务业与海洋渔业、海洋制造业等产业有机融合，推动信息服务业与海洋物流市场的有机结合； 积极拓展海洋智慧旅游、智能养殖、智能船舶、智慧海上风电运维等设备制造和应用服务领域
海南	推进港口基础设施数字化改造； 推进通信、导航、遥感三类卫星地面站及数据中心建设，加快建设海南海底数据中心； 构建集海洋行政办公、海洋环境监测、海洋预报减灾、海洋科技服务、海域海岛监管、海洋经济统计分析、海洋行政许可办理、海洋信息分析应用等于一体的海洋大数据平台

3. 涉海金融服务业

海洋经济的高质量发展离不开金融赋能，2023 年涉海金融在服务海洋产业发展方面进行了大量有益探索。

一是充分利用市场力量提供海洋金融一站式服务模式。2023 年 8 月，福州市鼓楼区设立海洋金融产业联盟，并成立海洋金融服务中心，推动金融机构将更多资源投入海洋领域。其目的是形成以政府为引导、市场为主导、企业为主体，组织有力、对接高效、产品丰富的海洋金融服务体系。金融服务窗口邀请了银行、保险、基金等金融机构常态化轮值入驻，根据海洋初创企业不同发展阶段，提供信贷申请受理、融资方案定制、金融产品推介、产权和要素交易、股权融资对接等金融服务。综合服务窗口则可以为企业提供主体资质许可、经济合同、资产重组并购、海事服务咨询、产学研合作等“一站式”综合服务。

二是强化政府引导，实施“金融＋海洋”重点产业扶持模式。广东在2023年年初发布的《2023年广东金融支持经济高质量发展行动方案》中明确提出，通过强化政策引领、加大信贷支持力度、创新金融产品服务，撬动资金不断流入重点产业。具体措施包括，指导银行机构加大对海洋经济发展重大项目的中长期信贷支持，通过产业投资基金等方式，积极吸引外资和保险资金、养老基金和社会资本，投入海洋设备融资租赁、供应链金融等领域。此外，央行广州分行还指导广东省内多家银行机构试点设立海洋金融服务中心，成立海洋牧场专项小组，提高海洋牧场金融服务可获得性。数据显示，截至2023年3月末，广东沿海各地市银行机构海洋牧场产业贷款余额71.6亿元，较上年同期增长3.4亿元。2023年前三个月，广东沿海各地市银行机构为海洋牧场产业（包括水产养殖、水产加工、休闲渔业、涉海装备等）新发放贷款金额22.12亿元，加权平均利率4.4%，较上年同期下降68个基点。

三是涉海金融产品创新步伐加快。一方面针对海洋传统产业的金融产品不断创新推出，如“海洋牧场贷”“水产致富贷”“养蚝贷”“深海养殖贷”等。另一方面，探索开展海洋碳汇预期收益权、海域使用权、知识产权等多样化抵质押贷款服务。比如，广东省阳江市对花蛤可形成的碳汇量进行核算评估，并参考市场价格将养殖花蛤可实现的预期碳汇收益权质押作为增信手段，成功为该企业发放海洋碳汇预期收益权质押贷款。山东威海以海带等海产品养殖每年产生的减碳量远期收益权为质押，为企业办理“海洋碳汇贷”。在涉海保险方面，引导保险机构推广海水网箱水产养殖风灾指数保险、养殖业气象指数保险、水产价格保险、碳汇指数保险等险种，不断提升保险服务海洋牧场能力。比如，湛江市创新推出商业性金鲳鱼水产价格保险，为深水网箱养殖的金鲳鱼提供风险保障；汕尾市利用海水网箱水产养殖风灾指数保险为深海网箱提供风险保障；山东省针对海草床养殖及藻类贝类养殖面临的风险进行先导性、创新性市场需求和险种调研，创新推出海草床碳汇指数保险。

四、小结

2023 年，随着经济社会全面恢复常态化运行，国家宏观经济政策落地显效，中国海洋经济呈现强劲恢复势头，海洋产业转型升级稳步推进，发展潜力持续集聚，高质量发展成效显著。中国海洋经济发展在取得成绩的同时，也存在着一些问题，例如：海洋科技核心技术与关键共性技术自给率不足；海洋领域资源的开发利用层次需进一步提升；部分海洋战略性新兴产业未形成规模效应，尚存在转化率较低的问题。中国应着力在引导海洋资源高效利用、加快培育海洋战略性新兴产业并提升其规模、强化海洋科技成果转化等方面实现突破，进一步提升海洋经济发展质量。

第五章　创新驱动发展战略下的海洋科技发展

海洋科技是科学开发海洋资源、壮大海洋经济的根本要素。2023 年，在国家创新驱动发展战略和科技兴海战略的指引下，海洋科技自主创新能力提升，中国海洋科技在物理海洋学、海洋生物学、海洋地质学、海洋气象学等领域取得重要进展，在深水、绿色、安全的海洋高技术领域取得突破，在推动海洋经济转型升级过程中急需的核心技术和关键共性技术方面取得突破，成为推动新时代海洋经济高质量发展的重要引擎和建设海洋强国的重要支撑力量。

一、海洋科学发展

海洋科学包括物理海洋学、海洋化学、海洋生物学、海洋地质学和环境海洋学等学科方向。2023 年，中国在这些海洋学科领域取得新进展。

（一）物理海洋学

2023 年，中国的物理海洋学研究主要在海洋气象学领域取得了重要进展。中国科学家在海洋热浪发生机制领域取得新进展，该成果在《自然》合作期刊《气候与大气科学》上发表。研究结合多源观测与海气耦合模式，探究了海洋与大气过程共同作用下，2013/2014 冬季东北太平洋强热浪事件的形成机制。[①] 中国科学家在南亚季风演化及驱动机制研究方面取得新进展。研究成果以《1200 万年以来南亚夏季风的减弱与南北半球间冰盖的扩张有关》为题，在国际知名学术期刊《自然通讯》上在线发表。该研究阐明了极地冰盖是控制中新世以来构造尺度上南亚季风变化的重要机制，为季风

① Chen H H，Wang Y T，Yu Y，et al.，Combined oceanic and atmospheric forcing of the 2013/14 marine heatwave in the northeast Pacific. npj Climate Atmospheric Science，2023，6（1）：1-10.

演化的全球变冷观点提供了重要证据。[①]

（二）海洋化学

2023年，中国科学家在极区甲烷研究方面取得重要进展，在国际上首次提出了北极甲烷"自下而上"输运机制和南大洋高纬区甲烷不饱和的观点，对极区甲烷研究具有重要意义。相关成果以题目为《甲烷输运增强：从楚科奇海到北冰洋中心区》[②]和《罗斯海（南大洋）夏季甲烷显著不饱和》[③]的论文，在国际地学期刊《全球生物地球化学循环》和《湖沼学与海洋学》刊发。

中国科学家利用自研的能直接追踪古海洋磷含量波动的碳酸盐结合态磷酸盐（简称CAP）技术，重建了地质关键期埃迪卡拉纪（距今约6.35亿年至5.39亿年之间）古海洋溶解磷含量波动，发现埃迪卡拉纪古海洋生命营养元素磷含量和海洋氧化程度之间具有不同于现代海洋的解耦关系，提出外部因素是埃迪卡拉纪古海洋乃至早期地球缺氧海洋实现氧化的原始驱动力假说。该项研究成果以《解密埃迪卡拉纪磷循环》为题于2023年5月31日在《自然》学术期刊在线发表。[④]

中国科学家在地学领域知名期刊《地球与行星科学通讯》上发表最新研究成果，揭示冷泉系统碳酸盐沉淀过程钙同位素分馏效应。研究成果显示沉淀实验获得的沉淀速率与钙同位素分馏关系并不适用于自然环境中，迫切需要开展现代海洋环境碳酸盐沉淀机制与同位素分馏效应研究，为碳酸盐钙同位素示踪地质过程奠定理论基础。[⑤]

中国科学家在国际知名学术期刊《应用表面科学》刊发题目为《等离子体制备偕胺肟复合材料及其在海水提铀中的潜在应用》的最新研究成果。海水中铀是当前各国

---

① Yao Z Q，Shi X F，Guo Z T，et al.，Weakening of the South Asian summer monsoon linked to interhemispheric ice-sheet growth since 12 Ma. Nature Communications，2023，14（1）：1-9.

② Ye W W，Li Y H，Wen J W，et al.， Enhanced transport of dissolved methane from the Chukchi Sea to the Central Arctic. Global Biogeochemical Cycles，2023，37（2）：e2022GB007368.

③ Ye W W，Damian L. Arévalo-Martínez，Li Y H，et al.， Significant methane undersaturation during austral summer in the Ross Sea （Southern Ocean）. Limnology and Oceanography Letters，2023，8（2）：305-312.

④ Tao F，Huang Y Y，Hungate B A，et al. Microbial carbon use efficiency promotes global soil carbon storage. Nature，2023，618（7967）：981-985.

⑤ Gong S G，Luo M，Griffith Elizabeth M，et al.，Calcium isotopic fractionation during aragonite and high-Mg calcite precipitation at methane seeps. Earth and Planetary Science Letters，2023，622：118419.

争相研究的热点。基于偕胺肟基团修饰的高分子功能材料被认为是目前比较理想的海水提铀材料。研究结果表明等离子体技术制备的偕胺肟化纤维素材料可以显著提升铀酰离子在低浓度情况下的富集。科学家团队对比了不同等离子体气氛、功率与时间，对高效海水提铀中具有偕胺肟基复合材料的性能进行了探索，此创新方法为制备改性海水提铀吸附剂材料提供了新的思路。①

（三）海洋生物学

2023 年，中国海洋生物学研究主要在海洋生物制药、深海生物、海洋生态学、海洋微生物等研究领域取得进展。

在海洋微生物研究领域，中国科学家在国际微生物领域权威杂志《微生物组》上发表最新研究成果，题目为《深海热液区病毒多样性及其与宿主的相互作用》。该研究首次报道了热液病毒与宿主在全球深海热液生态系统中的分布特征，并揭示了热液病毒参与的宿主碳氮硫代谢的过程。②中国科学家在国际海洋学权威期刊《湖沼学与海洋学》上发表有关近岸海水养殖环境中真菌群落结构的重要研究成果。该研究分别在基因（DNA）和转录（RNA）水平上评估了福建省东山湾近岸海水养殖环境中真菌群落的时空分布特征，这也是养殖活动对近岸水域活性真菌分布特征影响的首次报道。研究结果表明，近岸养殖区及周边海域的真菌群落组成与多样性存在明显的季节性变化，但受到养殖活动的外溢扩散影响，不同区域之间的真菌群落结构差异并不显著。③中国科学家在国际权威期刊《自然通讯》发表了有关全球海洋温和病毒的多样性及分布规律的研究论文。该成果构建了海洋原核微生物基因组数据集（MPGD）和海洋温和病毒基因组数据集（MTVGD）。基于这两个数据集，研究人员发现溶原微生物在全球海洋中广泛分布，总覆盖率为 40.4%。这项工作为海洋病毒研究提供了重要的基础数据

---

① Yu S P，Sun C W，Fang S D，et al.，Preparation of cellulose@amidoxime by plasma-induced grafting technology and its potential application for uranium extraction. Applied Surface Science，2023，637：157883.

② Cheng R L，Li X F，Jiang L J，et al. Virus diversity and interactions with hosts in deep-sea hydrothermal vents. Microbiome，2022，10（1）：235.

③ Xu W，Yang C G，Luo Y，et al. Distinct response of total and active fungal communities and functions to seasonal changes in a semi-enclosed bay with mariculture（Dongshan Bay，Southern China）. Limnology and Oceanography，2023，68（5）：1048-1063.

集，促进了对海洋溶原微生物及温和病毒的整体认知，揭示了温和病毒在海洋生物地球化学循环中的潜在生态功能，填补了海洋病毒知识体系中的薄弱环节。①中国科学家在《水产养殖》期刊上发表了有关揭示杀香鱼假单胞菌致病的关键调控机制的研究成果。该研究首次揭示了 PvgAS 系统在杀香鱼假单胞菌的致病力调控中的关键作用，拓展了人们对该鱼类病菌感染与宿主相互作用机制的认识。由于 PvgAS 系统在不同来源的致病菌株中高度保守，因此可以作为潜在的新型抗菌药物或疫苗的靶点，用于防治此类鱼类传染病。②中国科学家在深海微生物多环芳烃代谢与调控机制研究方面取得重要进展，该研究成果在国际权威期刊《细胞》子刊发表。该项研究以海洋环境中广泛分布的多环芳烃降解细菌为研究对象，确定了参与多环芳烃胞外感受、信号传导和代谢过程等不同途径调节的关键基因。该研究首次描述了一种细菌信号通路，不同于以往细菌感应系统和信号通路模式。该研究的结果有助于加深对深海热液生态系统烃降解微生物的认知，同时为深海热液区微生物及基因资源研究和开发提供理论基础。③

在海洋生态学方面，中国科学家首次分析了蓝光在珊瑚热白化中的潜在作用，发现蓝光能够增强珊瑚的热白化耐受性，这一重要发现开启了一种新的在全球气候变化背景下通过光调控进行珊瑚保护和拯救珊瑚礁生态系统的思路，为理解和阐释珊瑚白化现象提供了新的理论依据。相关研究成果发表在国际生态学权威期刊《生态指标》上。④

（四）海洋地质学

2023 年，中国科学家在国际知名地学期刊《地质学杂志》发表关于板缘裂谷（边缘海）初始演化的最新研究成果。该研究基于伍德拉克裂谷所有可用海陆宽频带地震数据，引入非平面波假设下的接收函数方法，获得了此裂谷地区地幔转换带结

---

① Yi Y，Liu S Z，Hao Y L，et al. A systematic analysis of marine lysogens and proviruses. Nature Communications，2023，14（1）：6013.

② Tao Zhen，Ye Haoda，Zhang Chaozheng，et al.，PvgAS：A novel two-component system that controls type Ⅲ and type Ⅵ secretion systems and virulence in the fish pathogen Pseudomonas plecoglossicida. Aquaculture，2023，578：740102.

③ Wang W P，Xia J Y，Wang Z N. Bacterial cell sensing and signaling pathway for external polycyclic aromatic hydrocarbons（PAHs）. iScience，2023，26（10）：107912.

④ Gong S Q，Liang J Y，Xu L J，et al.， Blue light increases thermal bleaching tolerance of coral via remodeling host-Symbiodiniaceae symbiosis. Ecological Indicators，2023，155：111020.

构信息，为深入理解汇聚构造背景下板缘张裂的初始演化机制提供了更多深部构造证据。①

（五）环境海洋学

2023 年，中国科学家在《自然通讯》发表揭示全球蓝碳可持续发展水平的研究论文。该项研究结果表明，近 20 年来，全球蓝碳可持续发展水平呈现出总体上升的趋势，美洲、亚洲和欧洲大部分国家进步明显。全球合作情景模拟发现，与“一切照旧”情景相比，在全球深度合作的情景下，沿海国家海岸带蓝碳生态系统在 2030 年可增加 296 万吨的年碳封存量，并产生超过 1 亿美元的经济效益。②

二、海洋调查、考察和海洋管理

近年来，中国开展的海洋调查活动主要包括海洋基础地质调查、海洋油气资源调查、极地科学考察和大洋科学考察等。2023 年，中国在海洋基础地质调查和极地科学考察方面取得多项进展。

（一）海洋基础地质调查

中国海洋基础地质调查包括海域海岸带综合地质调查、海洋区域地质调查等。中国于 1999 年启动 1∶100 万的海洋区域地质调查工作，到 2020 年实现 1∶100 万海洋区域地质调查全覆盖。③“十四五”期间乃至更长时间，中国重点在大比例尺海洋地质调查领域开展工作。自 2021 年开始，中国已有部分沿海地区完成本地区的海底基础数据调查。

2023 年，福建省完成“福建浮头湾—诏安湾地区 1∶10 万海岸带综合地质调查”，主要取得四项成果。一是较系统地收集了海岸带地区地质基础数据，基本查

① Yu Y Q，Tilmann Frederik，Stephen S. et al.，Insights into initial continental rifting of marginal seas from seismic evidence for slab relics in the mid-mantle of the Woodlark rift，southwestern Pacific. Geology，2023，151（12）：1117-1121.

② Feng C C，Ye G Q，Zeng J N. Sustainably developing global blue carbon for climate change mitigation and economic benefits through international cooperation. Nature Communications，2023，14（1）：6144.

③ 秦绪文，等：《中国海域 1∶100 万区域地质调查主要成果与认识》，载《中国地质》，2020 年第 5 期。

明了海岸带地区海岸线类型及利用现状、地形地貌、底质类型及分布、浅地层结构和第四纪沉积环境演化等特征，全面掌握浮头湾—诏安湾地区海岸带基础地质数据。二是基本查明了海岸带地区海洋水动力条件、海域工程地质条件及生态环境质量，初步掌握了调查区海底表层沉积物微塑料、重金属和海水营养盐、石油类等富集情况，发现了15处疑似地层断点。三是初步对调查区内重砂矿物进行评价，根据海底表层沉积物重矿物测量圈定了7个锆石、钛铁矿等有用重砂矿富集区，区内石英砂矿找矿潜力较大。四是研究提出了制约区内发展的地质资源环境负面清单，梳理出优化国土空间功能和促进生态环境保护的建议，为该区国土空间规划、海岸带生态保护与修复、自然资源规划管理提供基础数据和技术支撑，推动福建省国家级生态文明试验区建设。①

（二）极地科学考察

自1984年以来，中国已成功完成39次南极科学考察，13次北极/北冰洋科学考察。2023年度，中国完成了第39次南极科学考察和第13次北冰洋科学考察，并启动第40次南极科学考察。

2022年10月31日至2023年4月6日，中国开展了第39次南极科学考察，历时163天，总行程6万余海里，主要围绕南大洋重点海域对全球气候变化响应与反馈等重大科学问题开展考察，取得多项成果。一是以生态系统调查为重点，全面开展了宇航员海和阿蒙森海生态系统调查，为探明南极海洋生态系统现状，评估全球气候变化及人类活动对南极重点海域特殊生境的关键物种、关键生态过程的影响提供了科学支撑。二是围绕气候变化等全球热点问题，在普里兹湾、罗斯海和南极半岛邻近海域开展业务化调查，积累了南极海洋环境长期监测数据。三是依托“雪龙”号和“雪龙2”号开展环南极走航监测，获取了珍贵数据和样品。四是使用无人机完成了4套潜/浮标回收任务，成功将无人机技术应用到极地海域生态潜标和延绳钓的回收工作中，大大提高了中国在极地极端条件下的作业能力。五是布放了自主研发的高精度海底观测系统，实现了南极近岸海底生态图像与环境参数实时观测。这是中国自主研制的海底观

① 《我省一海岸带综合地质调查项目如期完成》，福建省自然资源厅，2023年9月13日，http://zrzyt.fujian.gov.cn/zwgk/xwdt/zrzyyw/202309/t20230913_6256266.htm，2023年11月5日登录。

测装备在极地海洋中的成功应用。六是建成中国首个南极冰雪机场——中山冰雪机场。该机场的建成，代表着中国有能力在南极冰盖环境建设并运行雪橇式固定翼飞机起降机场，使中国极地航空事业进入机场自主时代。六是本次南极内陆考察执行了昆仑站、泰山站和格罗夫山 3 个区域的考察任务，完成了业务化、科研和后勤等 11 项调查项目，涵盖冰川、气象、测绘、天文、空间物理等学科。考察期间首次实现中国自主研制太赫兹探测设备在南极内陆极端环境下的成功运行，精确测定了冰穹 A 地区 0.5 太赫兹观测窗口大气透过率，证实了冰穹 A 是地面上最佳的太赫兹观测台址和开展下一代黑洞成像等前沿科学的重要台址。①

2023 年 7 月 12 日至 9 月 27 日，中国圆满完成第 13 次北冰洋科学考察，历时 78 天，总行程 1.5 万余海里。此次科学考察在中北冰洋太平洋扇区和加克洋中脊两大区域，顺利完成了四大任务。一是在环境关键要素长期观监测方面，此次考察开展了海面气象、大气成分、气溶胶、海漂垃圾、重力、海水表层温盐、剖面海流、冰区海冰和船舶应力测试等工作，取得大量有效数据。二是在洋中脊调查方面，此次考察开展了地质地球物理海底定点观测、地球物理海面走航观测等，完成海底地震测量、大地电磁测量、地质取样、潜标布放在内的 8 项作业。三是在科学研究方面，此次考察完成了海冰、环流、黑碳等国家科技计划项目 44 项。借助自主研发的相关观测设备布放，获取了浮冰漂移过程中冻结、融化、挤压破碎或断裂分离的内部信息，精细化揭示了海冰热力学和动力学季节性演化特征和内在机理，为海冰模式的优化发展提供了观测支持；采用新兴和前沿技术，首次开展了海冰厚度无人化智能观测；首次开展多波段合成孔径雷达海冰观测，为北极海冰现场考察提供了新的观测手段；获取了长时间连续的高分辨率生态环境信息，为北极快速变化下北冰洋生态系统快速响应提供了科学数据支撑。四是在国际合作方面，此次考察围绕大气、表层海水和沉积物中的微塑料等立体调查要素，首次在北冰洋考察中开展了中泰合作，为全球微塑料污染的研究和治理提供借鉴和参考；围绕多波束、海底地震、重力磁力等多种测量方式，进一步深化了中俄加克洋中脊地球物理合作调查，为双方共同开展北冰洋地质构造研究合作奠定了坚

① 《南极归来话科考——中国第 39 次南极考察成果综述》，国家海洋局极地考察办公室，2023 年 4 月 28 日，https://chinare.mnr.gov.cn/catalog/detail?id=5817fad48f204ee4a7e92aa33d3131ac&from=zxdtmtdt&currentIndex=2，2023 年 10 月 24 日登录。

实的基础。①

（三）大洋科学考察

2022 年 10 月 6 日至 2023 年 3 月 11 日，“探索一号”科考船搭载着“奋斗者”号载人潜水器，圆满完成了国际首次环大洋洲载人深潜科考任务。该航次历时 157 天，环大洋洲航行 22 000 余海里。该航次期间，科考队在西南太平洋克马德克海沟区域开展了国际首次大范围、系统性的载人深潜调查，并在人类历史上首次抵达东南印度洋蒂阿曼蒂那深渊和瓦莱比—热恩斯深渊底部开展实地观察和取样，采集的深渊宏生物、岩石、结核、沉积物和水体样品，为深入理解深渊生命演化与适应机制、深渊沉积环境演变等提供了重要支撑。该航次的成功实施，充分展现了中国载人深潜作业能力和运维水平。②

2023 年 9 月 10 日至 12 月 1 日，中国科学院海洋科考船队的“实验 6”科考船圆满完成 2023 年东印度洋综合科学考察共享航次科考任务。该航次历时 83 天，总航程达 13 700 海里，完成调查设计断面 6 条，大面 CTD 站位 87 个，采集海水 154 次，主要开展水文气象观测、海洋沉积物采集、生物化学、大气气溶胶及海底地震采集调查等工作，涉及海洋科学领域多个学科，获得了大量的现场观测数据和样品。该航次通过对热带东印度洋进行多学科综合交叉调查，增强了对该海域环流的季节和季节内特征的理解，阐释了生物地球化学关键因子的循环过程及环流系统对该过程的贡献，揭示了该海域地质特征，推进了印度洋沉积与古海洋环境学的研究。③

（四）海洋标准化建设

海洋标准化是海洋治理体系的重要组成部分。自 1982 年第一部海洋国家标准发布以来，中国海洋标准化事业经过 40 多年的发展，已经建立了比较完善的海洋标准化管

① 《中国第 13 次北冰洋科学考察圆满收官》，国家海洋局极地考察办公室，2023 年 9 月 28 日，https://chinare.mnr.gov.cn/catalog/detail?id=4c127e4445a64b36a5765b9a038595a5&from=zxdtmtdt&currentIndex=2，2023 年 10 月 24 日登录。

② 《“奋斗者”号完成国际首次环大洋洲载人深潜科考任务》，国家自然科学基金委员会，2023 年 3 月 14 日，https://www.nsfc.gov.cn/csc/20340/20289/64463/index.html，2023 年 12 月 5 日登录。

③ 《“实验 6”科考船圆满完成 2023 年东印度洋综合科学考察任务》，扬子晚报，2023 年 12 月 1 日，https://www.yangtse.com/zncontent/3403340.html，2023 年 12 月 4 日登录。

理运行体系和贯彻实施体系。

截至 2023 年 12 月，现行海洋国家标准 181 项、行业标准 413 项，合计 594 项。正在制修订海洋国家标准 24 项、行业标准 350 项，合计 374 项。①2023 年 9 月 1 日起，《船载海陆地形地貌一体化调查技术要求》等 24 项行业标准实施。

三、海洋高技术发展

根据国家海洋行业标准②，海洋高技术包括海洋探测技术、海洋开发技术、海洋装备制造技术、海洋新材料技术、海洋高技术服务技术共五个领域。

（一）海洋探测技术

海洋探测技术包括海洋资源勘探技术和海底物体探测技术。海洋资源勘探技术包括海洋矿产地质勘查技术和海洋生物资源勘查技术。海洋矿产地质勘查技术包括海洋石油天然气地质勘查、海底天然气水合物地质勘查、海洋固体矿产地质勘查、海洋地热资源勘查、大洋多金属结核和富钴结壳勘查、海底热液硫化物勘查等。海洋生物资源勘查技术包括深海生物资源勘查和极地生物资源勘查。海底物体探测技术主要包括沉船探测等。③

2023 年 7 月，中国自主研发的海底地震勘探采集装备“海脉”在渤海海域投入使用。该设备攻克了高灵敏度检波器和超低噪声采集电路等技术，能够捕捉到万米地层相当于蚊子声 1/150 大小的地震波信号，并据此描绘高清油气藏数据信息。这标志着中国在高端海洋油气勘探技术上迈出关键一步。④

2023 年 8 月，中国地质调查局广州海洋地质调查局“海洋地质十号”船首次在南海北部陆架开展 302.07 米进尺全取岩芯科学钻探，刷新了中国陆架海域第四系全取岩芯的深度纪录。此次科考利用了自主研发的液压活塞取芯器和沉积物绳索锤击取芯器，

① 《更好发挥海洋标准化的基础支撑作用》，海洋财富网，2023 年 9 月 15 日，http://www.hycfw.com/Article/234771，2023 年 12 月 5 日登录。

② 《海洋高技术产业分类 HY/T 130-2010》，中华人民共和国海洋行业标准，2010 年 3 月 1 日实施。

③ 同上。

④ 《我国自研海底地震勘探采集装备“海脉”投用》，载《人民日报》，2023 年 7 月 28 日第 7 版。

创新了海洋深孔钻井工艺，在松散—半固结砂层上实现了地质钻探技术方法新突破，实现黏土取芯率约 91%，钻孔砂层取芯率约 79%，为科研获取高质量样品提供了保障，为中国自主开展深海钻探提供了重要技术支撑和经验储备。①

2023 年 9 月，中国科学院南海海洋研究所和中国地质大学（北京）合作，在南海中央海盆水深约 4000 米的地方，通过使用中国自主研发的电磁发射和接收装备，进行了中国第一条跨洋中脊深海人工源电磁与大地电磁联合探测剖面的实验。此次跨洋中脊海洋电磁法联合探测作业取得了质量较好的电磁数据，标志着中国在复杂的深海地形条件下，大功率人工源电磁探测技术取得进一步突破，将显著提升中国利用海洋电磁法探测海底地质结构和资源的实力。②

2023 年 10 月，在位于珠江口盆地 3000 米超深水区块，“海洋石油 720”深水物探船搭载中国自主研发制造的海洋拖缆地震勘探采集装备“海经”系统，首次完成超深水海域地震勘探作业，发布了中国首张超深水三维地质勘探图，标志着中国深海油气勘探关键核心技术装备研制取得新进展。③

（二）海洋开发技术

海洋开发技术包括海洋生物资源开发技术、海洋矿产资源开采技术、海洋可再生能源技术、海水综合利用技术和海洋工程技术。④ 2023 年，中国主要在海洋矿产资源开发技术、海洋可再生能源利用技术方面取得进展。

1. 海洋矿产资源开发技术

2023 年，中国在海洋油气开采技术领域取得了长足进展。2023 年 9 月，中海油研究总院有限责任公司发布了自主开发的“深海一号”能源站浮式设施实时动态孪生系统。该系统涵盖了监测数据可视化再现及预警、实时动态机理模型孪生、作业决策智能辅助、在役设施全状态评估等系列化智能技术。各项智能化技术完成了技术鉴定，

---

① 《“海洋地质十号”船刷新我国陆架海域第四系全取岩心深度纪录》，中国海洋信息网，2023 年 8 月 28 日，https://www.nmdis.org.cn/c/2023-08-28/79371.shtml，2023 年 10 月 23 日登录。

② 《我国取得深海大功率人工源电磁探测技术新突破》，载《中国科学报》，2023 年 9 月 7 日第 1 版。

③ 《我国自研海洋地震勘探装备首次实现超深水作业》，中国海洋信息网，2023 年 10 月 12 日，https://www.nmdis.org.cn/c/2023-10-12/79528.shtml，2023 年 10 月 23 日登录。

④ 《海洋高技术产业分类 HY/T 130-2010》，中华人民共和国海洋行业标准，2010 年 3 月 1 日实施。

均达到世界先进水平。[①]

2．海洋可再生能源技术

海洋可再生能源技术主要包括海洋风能开发利用技术、潮汐能开发利用技术、波浪能开发利用技术、潮流能开发利用技术、海流能开发利用技术和温差能开发利用技术。2023 年 9 月，中国地质调查局广州海洋地质调查局牵头研发的 20 千瓦海洋漂浮式温差能发电装置在南海成功完成海试。这是中国首次在实际海况条件下实现海洋温差能发电原理性验证和工程化运行，标志着中国海洋温差能开发利用已经从陆地试验向海上工程化应用迈出了关键一步，有力推进中国深海能源开发利用。[②]2023 年 6 月，中国自主研发的首台兆瓦级漂浮式波浪能发电装置“南鲲”号，在广东珠海投入试运行，标志着中国兆瓦级波浪能发电技术正式进入工程应用阶段。[③]

（三）海洋装备制造技术

海洋装备制造技术包括海洋探测装备制造技术、海洋开发装备制造技术、海洋观测装备制造技术、海洋环境保护装备制造技术。[④]中国海洋装备制造始于 20 世纪 60 年代，重点用于海洋油气资源开发利用。目前，中国在浅水油气装备方面已基本实现自主设计建造，深海装备制造技术也已取得一定突破，部分海工船舶品牌效应明显，装备技术水平持续提高。2023 年，中国主要在海洋开发装备制造、海洋观测装备制造方面取得进展。

在海洋开发装备制造技术方面，2023 年 7 月，由海洋石油工程股份有限公司（以下简称“海油工程”）牵头研制的首条国产“永久系泊钢缆”成功应用于“南海奋进”海上浮式生产储卸油装置系泊系统，这一成果填补了国产永久系泊钢缆产业链空白，

① 《“深海一号”能源站浮式设施实时动态孪生系统发布》，中国海洋信息网，2023 年 9 月 19 日，https://www.nmdis.org.cn/c/2023-09-19/79456.shtml，2023 年 10 月 23 日登录。

② 《我国海洋温差能发电取得新突破》，自然资源部，2023 年 9 月 12 日，https://www.mnr.gov.cn/dt/ywbb/ 202309/t20230912_2800004.html，2023 年 10 月 23 日。

③ 《“南鲲”号投入试运行我国波浪能发电技术水平再上新台阶》，光明网，2023 年 9 月 11 日，https://m.gmw.cn/2023-06/15/content_1303406935.htm，2023 年 12 月 4 日登录。

④ 《海洋高技术产业分类 HY/T 130-2010》，中华人民共和国海洋行业标准，2010 年 3 月 1 日实施。

标志着中国海上油气行业在国产单点系泊系统技术方面又取得重要进展。[①] 2023 年 10 月，由海油工程牵头研发的首套国产深水钢悬链线立管（SCR）全自动焊接设备完成海试，具备工程项目应用条件，标志着中国 SCR 全自动焊接设备自主研发制造技术实现重要突破。SCR 是海底油气从水下输送到浮式生产平台的关键通道，是深水油气田开发的“咽喉”设施。一直以来，国际上 SCR 全自动焊接装备研发制造技术掌握在少数国际公司手中，制约了中国 SCR 高效铺设装备技术自主化发展步伐。[②]

在海洋观测装备制造技术方面，2023 年 2 月，中国科学家研制出新一代全球导航卫星系统（GNSS）海洋表层漂流浮标，具有低成本、高精度、智能型等特点，可以精准获取浮标的空间位置、时间、波高、周期、波向、表层流速、表层流向、表层海洋温度、表层海洋盐度、大气水汽含量 10 个参数。中国科学家已对该设备开展了十余次现场观测试验，并与目前通用的海洋经典观测设备进行了多次比对。结果显示，该浮标的观测精度与“波浪骑士”等精密测量设备的差别仅为厘米量级，但观测成本大幅降低，新一代 GNSS 浮标的成本只有国际通用观测设备的 10%。该浮标的推广应用对于深化海洋过程的科学认知，提高对海洋和气候的精准预测预报能力具有重要价值。[③] 2023 年 9 月，海油工程总承包的多圈层立体塔基观测平台建造完成，标志着中国这一海洋科学观测重大科技基础设施即将投入使用。观测平台投入使用后，将为中国海洋气候演变研究、海洋灾害预警预报和海洋经济发展等提供海洋大数据服务。[④]

2023 年 10 月，中国科学院西安光学精密机械研究所牵头联合国内多家科研机构自主研制的多类海洋生物化学原位传感器（硝酸盐、叶绿素、多环芳烃、溶解氧、下行辐照度等）搭载国产“海燕”水下滑翔机在南海西沙海槽盆地区域顺利完成海试，成功实现了高时空分辨率的海洋环境长期原位观测，连续获取最大深度达 1000 米的生化

---

① 《我国首条国产海上系泊钢缆成功安装》，中国科技网，2023 年 7 月 28 日，http://stdaily.com/index/kejixinwen/202307/e125107a8ecb4e97a26e8c25d3e94ac7.shtml，2023 年 10 月 31 日登录。

② 《国内首套深水钢悬链线立管全自动焊接设备完成海试》，中国科技网，2023 年 10 月 16 日，http://m.stdaily.com/index/kejixinwen/202310/77699e844edb43dd9fb43eb1a11a4eb9.shtml，2023 年 10 月 31 日登录。

③ 《我国新一代漂流浮标“浮出海面”成本仅为国际通用观测设备的百分之十》，中国海洋信息网，2023 年 2 月 17 日，https://www.nmdis.org.cn/c/2023-02-17/78446.shtml，2023 年 10 月 24 日登录。

④ 《我国一海洋科学观测重大科技基础设施建造完成》，中国海洋信息网，2023 年 9 月 11 日，https://www.nmdis.org.cn/c/2023-09-11/79411.shtml，2023 年 10 月 23 日登录。

参量深海剖面 17 个，有效验证了温度、压力等环境因素对参数观测的影响、传感器长期漂移、深海光学探头高集成度封装等多项关键技术。这是中国首次通过水下滑翔机搭载自研传感器的方式获取深海生物化学剖面数据。联合团队所研制的适合移动观测的海洋生物化学传感器为首创，填补了中国空白，将显著提升中国海洋自主观测能力。突破的传感器多项关键技术，对推动国产海洋高端传感器产业化应用提供了坚实基础。①

（四）海洋新材料技术

海洋新材料是指专属用于海洋开发的各类特殊材料，主要包括海洋防护防污材料、海工用钢材料、海洋工程复合材料、海洋用有色金属及合金材料等。②海洋新材料是海工装备制造的基础和支撑，其发展直接关系到中国海洋强国建设和海洋安全。经过多年发展，中国海洋新材料产品国产化程度有了很大提高，部分产品实现了完全国产化。2023 年，中国海洋新材料主要在海洋防护涂料技术、海工用钢材料技术方面取得进展。

1. 海洋防护涂料技术

海洋防护涂料的两大基础系列是海洋防污涂料与海洋防腐涂料，前者主要解决生物附着，后者则是应对海水的化学侵蚀。相比海洋防污涂料，海洋防腐涂料国内工业化已经相对成熟。2023 年，中国在高性能海洋防污涂料技术领域取得突破。浙江飞鲸新材料科技股份有限公司牵头研发的“抗菌型低表面能海洋防污涂料组合物”，荣获第二十四届“中国专利优秀奖”。该项成果兼具有机氟和有机硅聚合物的低表面能与季铵盐的抗菌性能，并且与海洋船舶底材有良好的结合性，固化后涂膜的力学性能及强度得到增强，具有很好的实际应用价值，可广泛应用于海洋船舶、海上油气平台、海上桥梁和滨海建筑的防污。该项成果实现量产不仅可以满足目前国内对高效环保防污漆的需求，也将打破目前国内高端海洋防污涂料市场主要被国外企业垄断的局面。③

---

① 《我国自主研制的多类海洋生物化学原位传感器搭载水下滑翔机顺利完成海试》，中国科学院西安光学精密机械研究所，2023 年 10 月 7 日，http://opt.cas.cn/gb2019/xwzx/tpxw/202310/t20231007_6889761.html#，2023 年 10 月 23 日登录。

② 《海洋高技术产业分类 HY/T 130-2010》，中华人民共和国海洋行业标准，2010 年 3 月 1 日实施。

③ 《突破防污涂料技术壁垒 飞鲸冲刺海洋新材料高地》，载《舟山日报》，2023 年 8 月 30 日第 3 版。

2．海工用钢材料技术

2023 年 3 月，中国自主研制的能够应用于二氧化碳液货舱制造的低温钢面向全球首发，填补了液化二氧化碳存储材料领域的国际空白。最新研发的超高强低温钢技术要求极其严苛，主要体现在强度级别达到全球造船海工用钢标准的最高等级 690 兆帕级，低温韧性达到全球造船海工用钢标准的最高质量等级 –60℃级，抗开裂性能达到 –35℃级，远低于现有国际标准的 –10℃级。此次研发的二氧化碳运输船液货舱用 690 兆帕级低温钢将应用于两艘全球首制世界最大 7500 立方米液化二氧化碳运输船。此前，低温钢应用于二氧化碳液货舱制造在国内外尚无实践范例。①

2023 年 3 月，山东钢铁股份有限公司莱芜分公司开发的 80 毫米厚 EH690Z35 超高强海洋工程用钢板通过中国船级社检验，性能全部合格，标志着该批订单生产任务顺利完成。该系列产品应用于自主设计研发的国内最大的自升式风电安装船，实现了进口替代。②

2023 年 10 月，由江西理工大学、新余钢铁股份有限公司等单位完成的高性能海洋工程用钢板高效制造关键技术创新及产业化获江西省科学技术进步奖一等奖。该项目成功研制出系列高性能海洋工程用钢板并产业化。该项目主要突破了两项技术，一是“连铸 + 轧制”流程制造特厚海工钢板工艺技术取得新突破。解决了特厚板坯容易出现中心疏松偏析和表面裂纹等质量缺陷难题，研制出 EH690 钢板船级社认证厚度达到 115 毫米。二是集成创新海工钢板制造流程工艺技术。开发了“高效精炼（LF+RH）+ 连铸坯大压下 + 高温低速大压下耦合轧制 + 新介质亚温热处理”流程工艺集成技术，研发钢坯轧制温度、速度、压下量多场耦合轧制新技术，系统优化淬火介质、回火温度等热处理工艺。该产品通过国际十大船级社认证，不仅在国内成功替代了原先进口的高性能海工钢，更进一步畅销海外，形成了具有自主知识产权的高性能海工钢绿色高效制造关键技术集成。③

2023 年 10 月，江阴兴澄特种钢铁有限公司成功开发了直弧型连铸工艺替代模铸工艺制造 180 毫米厚超高强海洋工程用 F690 钢板，并通过 CCS、ABS 和 BV 三国船级社

① 《二氧化碳运输船液货舱用低温钢全球首发》，载《科技日报》，2023 年 3 月 9 日第 4 版。

② 《山钢超高强海洋工程用钢板实现进口替代》，载《中国冶金报》，2023 年 3 月 30 日第 4 版。

③ 《稀土如何走向蔚蓝》，中国科技网，2023 年 10 月 25 日，http://www.stdaily.com/index/kejixinwen/202310/a89dcead5de54dd3a65ea83cbd472a1f.shtml，2024 年 1 月 24 日登录。

认证。这项成果填补了国内外技术空白，标志着中国在超大厚度超高强度海洋工程用钢领域取得了重大突破。该钢板用于海洋平台桩腿和吊机制造，是海工装备制造的核心关键材料。目前该钢板已通过三国船级社认证，实现了批量替代进口，推动了中国高性能特厚钢板生产技术的进步。①

（五）海洋高技术服务技术

海洋高技术服务包括海洋信息技术、海洋环境观测预报技术、海洋环境治理与修复技术、海洋专业技术服务。②2023 年，中国主要在海洋信息技术、海洋环境观测预报技术领域取得多项进展。

在海洋信息技术方面，2023 年中国首个海洋监视监测雷达卫星星座正式建成，实现实时厘米级导航定位服务，发布了研制的自主海洋卫星融合产品，首个商用海底数据中心首舱在海南入水。

2023 年 2 月，海洋监视监测卫星（1 米 C-SAR）01 星、02 星在轨测试通过专家评审，标志着海洋监视监测“双星”在轨测试工作圆满结束，具备了在轨交付及投入业务使用的条件。海洋监视监测卫星 01 星、02 星在成像质量、探测效能、定量化应用等多个方面进行了提升。“双星”与 2016 年发射的高分三号卫星成功组网观测后，标志着中国首个海洋监视监测雷达卫星星座正式建成，在海洋环境监测与海上目标监视、自然灾害与安全生产事故应急监测、土地利用、地表水体等多要素观测方面，能够提供高时效、稳定、满足业务化应用的定量遥感数据，适用于海洋、应急管理、国土、地质、生态环保、水利、农业、气象等主用户业务应用。③

2023 年 3 月，自然资源部南海调查中心牵头的“北斗海洋厘米级全球星基增强关键技术及其产业化应用”通过验收，该成果实现了海洋实时厘米级导航定位服务。④

---

① 《兴澄特钢国际首创 180 毫米厚超高强海洋工程用 F690 钢板制造新工艺》，机经网，2023 年 10 月 26 日，http://www.mei.net.cn/zxks/202310/4844539484601445 33.html，2023 年 10 月 27 日登录。

② 《海洋高技术产业分类 HY/T 130-2010》，中华人民共和国海洋行业标准，2010 年 3 月 1 日实施。

③ 《海洋监视监测卫星“双星”在轨测试完成》，自然资源部，2023 年 2 月 27 日，https://www.mnr.gov.cn/dt/hy/202302/t20230227_2776879.html，2023 年 10 月 24 日登录。

④ 《海洋调查实现实时厘米级导航定位》，自然资源部，2023 年 3 月 28 日，https://www.nmdis.org.cn/c/2023-03-28/78792.shtml，2023 年 10 月 24 日登录。

2023 年 3 月，中国发布了研制的自主海洋卫星融合产品。该研究成果解决了单颗海洋卫星观测不能全覆盖、观测网络不规整、直接同化难度大、卫星间观测存在差异等不足，产品精度达到国际先进水平，标志着中国在海洋卫星融合处理关键技术领域取得了跨越式进步。①

2023 年 3 月，中国首个商用海底数据中心首舱在海南陵水入水。数据中心由岸站、水下中继站、水下数据终端和海缆组成。海底数据中心的核心装备海底数据舱是目前全球最大的海底数据舱。海底数据中心是海南省自贸港数字化建设的“新基建”创新示范工程，有助于海南构建海洋新基建体系，服务“智慧海南”建设。②

2023 年 11 月，中国成功发射新一代海洋水色观测卫星，标志着中国海洋水色系列卫星正式升级到第二代观测体系，大幅提升了中国对全球海洋水色等环境要素信息观测能力。该卫星具有高分辨率、宽覆盖、多谱段、高光谱探测能力，在载荷配置、功能性能指标等方面较中国第一代海洋水色卫星均有较大提升和改进，可以实现对全球海洋水色信息的快速覆盖观测，达到了国际先进水平。③

在海洋环境观测预报技术领域，2023 年 5 月，全球风暴潮、海啸预警系统正式投入业务化运行，标志着中国海洋预报实现了“全球监测、全球预报、全球服务”。该系统主要技术均是自主研发，具有实时性、低碳化、智能化和高集成度等特点。④2023 年 9 月，中国科学院海洋研究所建成风暴潮—近岸浪—天文潮耦合漫堤预报决策支持系统，实现了自动化运行和可视化展示，并已成功应用。该系统综合考虑了风暴潮、潮汐和海浪的耦合作用，可实时展示台风运移的路径、强度、气压等信息，并围绕当前台风未来 24 ~ 72 小时的堤坝预警情况自动生成辅助分析报告，提供不同区域、不同时

---

① 《我国自主海洋卫星融合产品发布 解决单颗海洋卫星观测覆盖不全等问题》，自然资源部，2023 年 3 月 24 日，https://www.mnr.gov.cn/dt/ywbb/202303/t20230324_2779279.html，2023 年 10 月 23 日登录。

② 《我国首个商用海底数据舱在海南入水》，自然资源部，2023 年 4 月 11 日，https://www.mnr.gov.cn/dt/hy/202304/t20230411_2780775.html，2023 年 10 月 23 日登录。

③ 《新一代海洋水色观测卫星成功发射 我国海洋观测能力再提升》，中国海洋信息网，2023 年 11 月 16 日，https://www.nmdis.org.cn/c/2023-11-16/79830.shtml，2023 年 12 月 4 日登录。

④ 《全球风暴潮海啸监测预警系统正式投入业务化运行海洋预报“全球监测 全球预报 全球服务”》，自然资源部，2023 年 5 月 16 日，http://vod.mnr.gov.cn/spxw/202305/t20230516_2786552.htm，2023 年 10 月 23 日登录。

刻的漫堤预警信息。[①] 2023年10月，中国成功将云海一号04星发射升空。该卫星主要用于大气海洋环境要素探测、空间环境探测、防灾减灾和科学实验等领域。[②]

四、海洋科研能力发展

在国家高度重视和支持下，中国海洋科学研究面向国民经济和社会发展的重大需求，取得了令人瞩目的成果，中国海洋科研能力显著提高。

（一）海洋科研基础

海洋科研基础是指支持海洋科研发展的专业科研机构数量、科研人员及结构、科研基础设施以及科研经费投入与产出等。随着海洋事业的发展，中国海洋科研机构和从业人员数量不断壮大，经费投入规模持续增长，科研基础设施不断完善，取得了丰硕的科研成果。

目前，中国海洋领域共有1个国家实验室（崂山实验室）、近30个国家重点实验室。

中国海洋科研实力和相关专业人才培育快速发展。截至2021年年底，全国拥有海洋科研机构218个，从事海洋研究和开发的人员51 862人。其中，具有博士学位和硕士学位的人员占70.93%。2021年，海洋科研机构完成海洋研发课题21 267项。海洋基础科学研究、海洋应用研究两类课题经费支出所占比重为62.34%，每年海洋科研机构发表科技论文超25 329篇，出版海洋科技著作545种，拥有有效发明专利总数超过23 141件。[③]中国海洋领域研究水平与国际先进水平的差距逐渐缩小，海洋科技领域的自主创新能力显著提升。

（二）海洋科研的主要成果

2023年，中国科学家在海洋科学领域共发表SCI论文10 499篇。[④]生态环境学、

① 《中国科学院建成风暴潮漫堤预报系统》，中国海洋信息网，2023年9月19日，https://www.nmdis.org.cn/c/2023-09-19/79457.shtml，2023年10月23日登录。

② 《我国成功发射云海一号04星》，自然资源部，2023年10月16日，https://www.mnr.gov.cn/dt/mtsy/2023 10/t20231016_2803650.html，2023年10月23日登录。

③ 数据来源：《中国海洋统计年鉴2022》，北京：海洋出版社，2023年。

④ 根据web of science数据库（https://www.webofscience.com/）查询结果得出。

工程科学、地质学、海洋学、大气科学和海洋生物学六个学科的 SCI 论文篇数最多，单学科篇数都超过 1000 篇，一定程度上反映了这六个学科是海洋科学领域的研究热点。

10 499 篇 SCI 论文分属 6257 个科研机构。中国科学院、自然资源部发表的 SCI 论文篇数位列前茅，两个机构篇数都超过 1000 篇，一定程度上反映了这两个机构较强的海洋科学研究实力。

（三）国家海洋科技专项

中国国家层面的海洋科技专项主要包括国家自然科学基金、国家社会科学基金、国家科技重大专项、国家重点研发计划、技术创新引导计划、基地和人才专项等。涉海项目主要分布于国家自然科学基金、国家社会科学基金、国家重点研发计划。

海洋科技专项的实施为中国的海洋科技发展和壮大提供了稳定支持，为推动海洋科技创新、成果转化及产业化发展创造了机遇。国家自然科学基金每年在面上项目、青年科学基金项目、地区科学基金、重点项目、国家杰出青年科学基金、海外及港澳学者合作研究基金、优秀青年科学基金等主要渠道对海洋科学领域都有投入。2023 年，国家社会科学基金涉海项目共计 41 项。“十四五”时期，国家重点研发计划在海洋领域设立“深海和极地关键技术与装备”和“海洋环境安全保障与岛礁可持续发展”两个重点专项。

（四）中国牵头的联合国“海洋十年”国际合作项目

2017 年，第 72 届联合国大会通过决议宣布 2021—2030 年为“海洋十年”，并授权联合国教科文组织政府间海洋学委员会（UNESCO/IOC）牵头制订实施计划。自“海洋十年”于 2021 年 1 月正式启动以来，已启动了 200 多个行动计划和项目。

中国已有七项主导或发起的大科学计划获联合国教科文组织政府间海洋学委员会批准成为“海洋十年”的行动。这七项计划分别是自然资源部第一海洋研究所牵头发起的“海洋与气候无缝预报系统（OSF）”大科学计划、厦门大学牵头发起的“全球海洋负排放”国际大科学计划、自然资源部第二海洋研究所牵头发起的“多圈层动力过程及其环境响应的北极深部观测”国际合作研究计划、华东师范大学河口海岸学国家重点实验室牵头发起的“大河三角洲计划”、香港城市大学海洋污染国家重点实验室发起的“全球河口污染监测”大科学计划、中国海洋大学和崂山实验室发起的“第二次黑潮及周边海域国际合作研究”（CSK-2）大科学计划以及由中国大洋事务管理局牵头发起的“数字化的深海典型生境”大科学计划。

五、小结

2023 年，中国海洋科技自主创新能力显著提升，海洋科技发展总体较好。中国海洋科学在物理海洋学、海洋生物学、海洋地质学、海洋气象学等领域取得重要进展。在海洋调查、考察和海洋管理方面，中国已完全实现 1∶100 万海洋区域地质调查全覆盖，未来将逐步开展大比例尺海洋地质调查。第 39 次南极科学考察和第 13 次北冰洋科学考察圆满完成，取得丰硕成果。在海洋高技术领域，中国取得诸多突破性进展，突破了一批“卡脖子”问题。如中国自主开发的“深海一号”能源站浮式设施实时动态孪生系统达到世界先进水平，自主研发的首台 20 千瓦海洋漂浮式温差能发电装置和“南鲲”号海试成功标志着中国海洋温差能和波浪能发电进入工程应用阶段，首条国产“永久系泊钢缆”成功应用，超高性能海工用钢技术研制成功，新一代全球导航卫星系统（GNSS）海洋表层漂流浮标研制成功等。

2023 年，中国海洋科技取得诸多突破和进展，但仍存在短板，如海洋无人智能装备技术仍在探索阶段、深海传感器技术仍落后、载人深海潜水器产业化技术不足、无人潜水器自主创新仍不足等。

第三部分

美丽中国图景中的海洋生态文明建设

第六章　中国海洋环境保护

近年来，中国深入贯彻落实习近平生态文明思想和习近平总书记关于海洋生态环境保护的重要指示批示精神，不断加强海洋生态环境治理力度，实施改善海洋生态环境质量的重大举措，坚决打好重点海域综合治理攻坚战，奋力谱写美丽海洋建设新篇章。2022 年，中国加快海洋生态文明建设，统筹实施近岸海域污染防治，全国海水生态环境质量总体稳中向好发展，生态环境总体改善，海洋防灾减灾管理制度体系不断完善，海洋生态文明建设取得显著成效。

一、海洋环境质量变化与海洋灾害

2022 年，中国管辖海域的海水水质总体稳定，近岸海域水质总体持续改善，海洋倾倒区、海洋油气区环境质量总体基本稳定。海洋灾害以风暴潮、海浪和赤潮灾害为主，绿潮灾害影响小，沿海海平面有所升高。

（一）海洋环境与海洋灾害变化

1. 海水环境质量

近 5 年，中国管辖海域水质有所改善，劣于一类海水水质标准的海域面积总体呈下降趋势。2022 年，管辖海域水质总体稳定，夏季符合一类海水水质标准的海域面积占管辖海域面积的 97.4%，同比下降 0.3%，超标污染物主要为无机氮和活性磷酸盐。四大海区中，渤海和黄海劣于一类海水水质标准的海域面积较 2021 年同期有所增加，东海和南海劣于一类海水水质标准的海域面积较 2021 年同期减少（图 6-1）。①

① 《2022 中国海洋生态环境状况公报》，生态环境部，2023 年 5 月 29 日，https://www.mee.gov.cn/hjzl/sthjzk/jagb/202305/P020230529583634743092.pdf，2023 年 11 月 13 日登录。

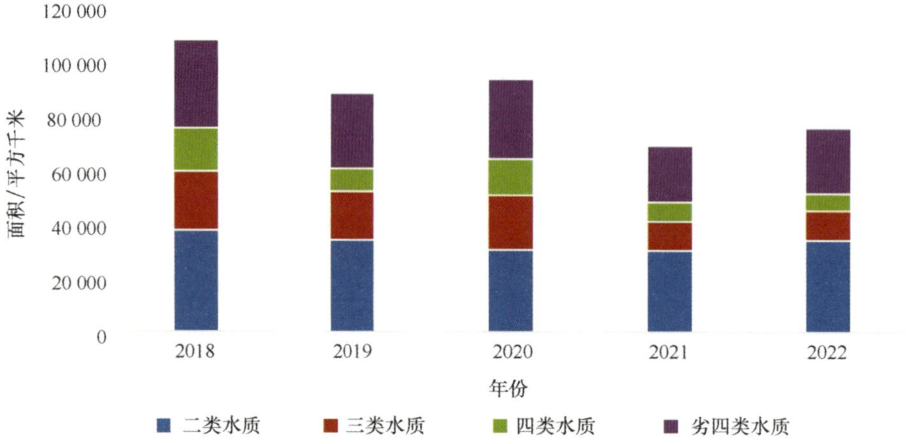

图 6-1　近 5 年中国管辖海域未达到一类海水水质标准的各类海域面积[①]

春、夏、秋三季近岸海域水质总体保持改善趋势，优良（一、二类）水质面积比例平均为 81.9%，较 2021 年同比上升 0.6%，超标污染物主要为无机氮和活性磷酸盐。近岸海域海水中无机氮含量符合优良水质标准的海域面积比例为 82.6%，同比上升 0.6%；劣四类水质面积比例为 8.6%，同比下降 0.6%，主要分布在辽东湾、渤海湾、莱州湾、长江口、杭州湾等近岸海域。活性磷酸盐含量符合优良水质标准的海域面积占比为 92.4%，与 2021 年持平；劣四类水质面积比例为 2.7%，同比上升 2.7%，主要分布在辽东湾、杭州湾等近岸海域。与 2021 年相比，天津、江苏、上海、浙江和广西优良水质面积比例有所上升，福建、广东和海南基本持平，辽宁、河北和山东有所下降。[②]

2. 海水富营养化

近 5 年，中国典型生态系统的海水富营养化情况有所缓解，海水富营养化面积总体呈逐年下降趋势。2022 年夏季，呈富营养化状态的海域面积为 2.88 万平方千米，同比减少 1400 平方千米。其中，呈重度富营养化状态的海域主要集中在辽东湾、长江口、杭州湾、珠江口等近岸区域。在四大海区中，东海富营养化海域面积最大，面积近

① 《2022 中国海洋生态环境状况公报》，生态环境部，2023 年 5 月 29 日，https://www.mee.gov.cn/hjzl/sthjzk/jagb/202305/P020230529583634743092.pdf，2023 年 11 月 13 日登录。

② 同上。

1.5 万平方千米，占比超过 50%；重度富营养化海域面积为 4910 平方千米，占比 55% 以上。南海呈富营养化状态的海域面积次之，约 6400 平方千米。渤海呈富营养化状态的海域面积为 4810 平方千米，但占海域面积比例最高，近 7% 的海域呈富营养化状态（图 6-2）。①

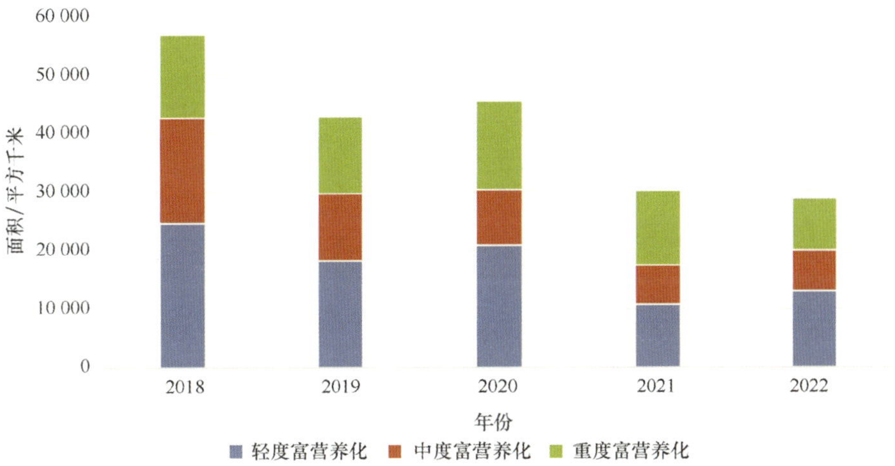

图 6-2　近 5 年中国管辖海域海水富营养化面积 ②

3. 陆源污染物排海

近年来，中国入海河流水质状态总体稳定。2022 年，中国 230 个入海河流国控监测断面中，Ⅰ类至Ⅲ类水质断面占 80%，同比上升 8.3%，劣Ⅴ类水质断面占 0.4%，同比持平。东海入海河流监测断面水质较好，Ⅲ类以上水质达标率超过 93%。黄海和南海的入海河流监测断面水质良好，Ⅲ类以上水质达标率分别为 84.2% 和 88.8%。渤海入海河流监测断面水质较差，Ⅲ类以上水质达标率仅为 55%，化学需氧量超标率超过 30%。③

① 《2022 中国海洋生态环境状况公报》，生态环境部，2023 年 5 月 29 日，https://www.mee.gov.cn/hjzl/sthjzk/jagb/202305/P020230529583634743092.pdf，2023 年 11 月 13 日登录。

② 同上。

③ 同上。

2022 年，中国 457 个日排污水量在 100 吨及以上直排海的工业污染源、生活污染源、综合排污口共排放污染物 75 亿吨。其中，综合排污口污水排放量最高，超过 42 亿吨，占比为 56%。工业污染源排放量次之，为 24 亿吨，占比为 32%，但排污口数量最多，为 212 个。生活污染源排放量最少，约 8.6 亿吨，占比为 12%（图 6-3）。各海区中，东海受纳污水最多，其次是南海和黄海。沿海地区中，浙江污水排放量最大，其次是福建和广东。[①]

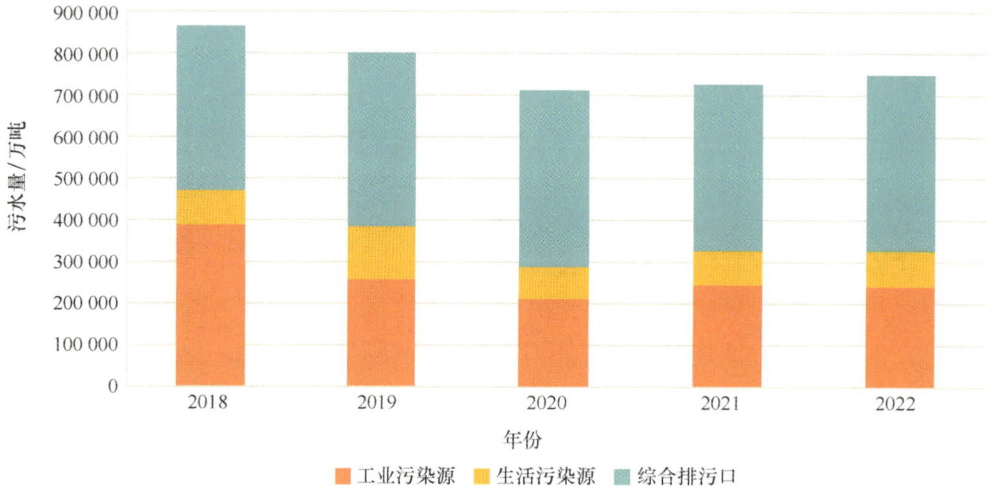

图 6-3　近 5 年各类直排污水量[②]

4. 海洋垃圾

近年来，中国海洋垃圾污染总体保持稳定。2022 年，海面上目测的漂浮垃圾平均数量为 65 个 / 平方千米；表层水体拖网漂浮垃圾平均数量为 2859 个 / 平方千米，平均密度为 2.8 千克 / 平方千米；塑料类垃圾主要为泡沫、塑料绳、塑料薄膜和塑料瓶等。海滩垃圾平均数量为 54 772 个 / 平方千米，平均密度为 2506 千克 / 平方千米，主要为

① 《2022 中国海洋生态环境状况公报》，生态环境部，2023 年 5 月 29 日，https://www.mee.gov.cn/hjzl/sthjzk/jagb/202305/P020230529583634743092.pdf，2023 年 11 月 13 日登录。

② 同上。

塑料垃圾，还有少量纸制品类和玻璃类。海底垃圾平均数量为 2947 个 / 平方千米，平均密度为 54.7 千克 / 平方千米，包括塑料类垃圾、少量木制品类和金属类。①

（二）海洋生态健康及其变化

1. 典型海洋生态系统状况

2022 年，中国河口、海湾、滩涂湿地、珊瑚礁、红树林和海草床六类共 24 个典型海洋生态系统的健康状况有所改善，其中 7 个呈健康状态，17 个呈亚健康状态，无不健康状态。河口生态系统生物多样性一般，7 个河口生态系统生物多样性均呈亚健康状态，部分河口海水富营养化严重；海湾生态系统生物多样性一般，8 个海湾生态系统均呈亚健康状态，个别海湾海水富营养化严重；监测的滩涂生态系统呈亚健康状态，浮游植物密度和浮游动物生物量低于正常范围；4 个珊瑚礁生态系统健康状况良好，珊瑚种类和数量较 2021 年有所增加；2 个监测的红树林生态系统均呈健康状态，红树植物密度较 2021 年明显增加；监测的广西北海海草床生态系统健康状况良好，海草盖度较 2021 年明显增加，海南东海岸海草床生态系统呈亚健康状态，大型底栖生物生物量较 2021 年下降明显。②

2. 海洋自然保护地生态状况

2022 年，中国共建立海洋类型自然保护区 66 处，海洋特别保护区（含海洋公园）79 处，总面积 7.9 万平方千米，占主张管辖海域面积的 2.63%，与 2021 年保持不变。7 处涉及海洋的国家级自然保护区中，辽宁大连斑海豹国家级自然保护区、广东徐闻珊瑚礁国家级自然保护区、广西合浦儒艮国家级自然保护区和广西北仑河口国家级自然保护区生态环境状况等级为Ⅰ级，整体状况优良；山东黄河三角洲国家级自然保护区、江苏盐城湿地珍禽国家级自然保护区和广西山口红树林生态国家级自然保护区生态环境状况等级为Ⅱ级，整体状况一般。③

① 《2022 中国海洋生态环境状况公报》，生态环境部，2023 年 5 月 29 日，https://www.mee.gov.cn/hjzl/sthjzk/jagb/202305/P020230529583634743092.pdf，2023 年 11 月 13 日登录。

② 同上。

③ 同上。

3. 滨海湿地生态状况

截至2022年年底，中国共有滨海湿地类型的国际重要湿地15处，面积为88.38万公顷，与2021年相比基本持平。15处国际重要湿地中，共发现国家一级重点保护鸟类22种，国家二级重点保护鸟类47种。互花米草是威胁滨海湿地健康的最严重外来入侵物种。2022年，上海崇明东滩、广西山口红树林、江苏大丰麋鹿、福建漳江口、山东黄河三角洲和江苏盐城湿地互花米草面积分别为219公顷、460公顷、60公顷、371公顷、5424公顷和20 000公顷。①

（三）海洋灾害状况

1. 赤潮和绿潮

2022年，中国赤潮灾害有所改善，全年共发现赤潮67次，累计面积3328平方千米，仅为过去十年平均值的58%，引发赤潮的优势生物共35种。四大海区中，东海发现赤潮次数最多，共29次，累计面积最大，为1815平方千米。沿海地区中，浙江发现赤潮次数最多且累计面积最大，分别为17次和1552平方千米。②

2022年，中国浒苔绿潮灾害得到有效控制，覆盖面积历史最小、持续时间缩短、灾害影响明显减轻。2022年，浒苔绿潮最大覆盖面积为近十年平均值的24%，绿潮主要发生在黄海海域，总体上呈规模小、整体位置偏西的特点。③

2. 风暴潮、海浪和海冰

2022年，中国沿海风暴潮发生次数低于近十年平均值，风暴潮灾害直接经济损失为近十年次低值，全年共发生风暴潮过程13次，直接经济损失23.79亿元。沿海地区中，受风暴潮灾害直接经济损失最严重的是山东，广西受风暴潮灾害影响次数最多。④

2022年，中国灾害性海浪过程发生次数低于近十年平均值，全年共发生有效波高4.0米（含）以上的灾害性海浪36次，直接经济损失2 411.77万元，死亡失踪9人。

---

① 《2022中国海洋生态环境状况公报》，生态环境部，2023年5月29日，https://www.mee.gov.cn/hjzl/sthjzk/jagb/202305/P020230529583634743092.pdf，2023年11月13日登录。

② 同上。

③ 同上。

④ 同上。

沿海地区中，浙江受海浪灾害直接经济损失最多，福建死亡失踪人数最多。[①]

2021—2022 年冬季海冰冰情较常年偏轻，主要发生在渤海和黄海海域。海冰最大分布面积为 1.6 万平方千米，未造成直接经济损失。[②]

3. 海平面变化

海平面监测和分析结果表明，中国沿海海平面变化总体呈加速上升趋势。2022 年，中国沿海海平面较常年高 94 毫米，比 2021 年高 10 毫米，为 1980 年以来最高，海平面变化总体呈北部持平、中部下降、南部上升的特点。四大海区中，渤海、黄海、东海和南海沿海海平面较常年分别高 119 毫米、86 毫米、79 毫米和 94 毫米，渤海沿海海平面偏高最明显，南海沿海次之。与 2021 年相比，南海沿海海平面上升明显，升幅为 44 毫米，渤海、黄海和东海基本持平。沿海地区中，福建、广东、广西和海南海平面上升明显，辽宁、河北、天津、山东和江苏总体基本持平，上海和浙江沿海海平面均下降。高海平面加剧了沿海风暴潮和滨海城市洪涝的致灾程度，与 2021 年相比，长江口、钱塘江口及珠江口咸潮入侵总体加重，江苏、广东和海南沿海部分监测岸段海岸侵蚀加剧，辽宁、山东和江苏沿海部分监测区域海水入侵范围加大。[③]

二、海洋环境管理不断加强

近年来，中国环境保护制度不断完善，海洋环境保护工作有序推进，并为下一阶段海洋生态保护修复确定了目标和方向。渔业水域执法监督工作持续推进，海洋防灾减灾能力进一步增强。

（一）深化改革，强化海洋生态环境保护总体部署

加快推进人海和谐共生的美丽海洋建设。2023 年 7 月，全国生态环境保护大会时隔 5 年在京召开。党的十八大以来，生态文明建设从理论到实践都发生了历史性、转折性、全局性变化，新时期中国生态文明建设由重点整治到系统治理，由被动应对到

① 《2022 中国海洋灾害公报》，自然资源部，2023 年 4 月 5 日，http://gi.mnr.gov.cn/202304/P020230412572202855422.pdf，2023 年 11 月 13 日登录。

② 同上。

③ 同上。

主动作为，由全球环境治理参与者到引领者，由实践探索到科学理论指导转变。为保护生态环境，缓解中国生态环境保护结构性、根源性、趋势性压力，会议提出应正确处理高质量发展和高水平保护、重点攻坚和协同治理、自然恢复和人工修复、外部约束和内生动力、“双碳”承诺和自主行动等五方面的关系，构建从山顶到海洋的保护治理大格局。应持续深入打好污染防治攻坚战，推动发展方式绿色低碳转型，重点提高生态系统多样性、稳定性、持续性，积极稳妥推进碳达峰碳中和。①

海洋环境保护的法律法规不断完善。2023 年 10 月，《中华人民共和国海洋环境保护法》（以下简称《海洋环境保护法》）修正案审议通过。《海洋环境保护法》的修订遵循保护优先、预防为主、源头防控、陆海统筹、综合治理、公众参与和损害担责原则，主要涉及五方面变化：一是细化海洋环境保护的职责分工，由沿海地方人民政府承担管理海洋环境质量职责，实行海洋环境保护目标责任制和考核评价制度；二是实施陆海统筹、区域联动的海洋环境监管制度，加强海洋环境规划、标准和监测等监督管理制度的衔接协调；三是重视海洋生物多样性保护，建立完善海洋生物多样性调查、监测、评估和保护体系；四是明确国家对海洋环境质量的管控职责，推进海域综合治理，严格海域排污许可管理，改善重点海域海洋环境质量；五是加强海洋垃圾治理，建立海洋垃圾监测和清理制度。②

全国海洋生态保护红线划定完成。生态保护红线是中国生态文明建设的代表性成果和重大制度创新，海洋生态保护红线区包括重要河口、特别保护海岛、珍稀濒危物种集中分布区、红树林、珊瑚礁、海草床、渔业资源生长繁育区、重要滨海盐沼、重要滩涂和浅海水域、海藻场、海岸防护极重要区、海岸侵蚀及沙源流失极脆弱区和无居民海岛等。③ 2023 年 4 月，中国生态保护红线划定全面完成，其中海洋生态保护红线面积约 15 万平方千米，近岸管理海域内红线面积约 8.5 万平方千米，包括 36% 的自然保护地，剩余 64% 包括海岸防护、生物多样性保护的极重要生态功能区域，以及海

---

① 《习近平在全国生态环境保护大会上强调 全面推进美丽中国建设 加快推进人与自然和谐共生的现代化》，新华网，2023 年 7 月 18 日，http://www.news.cn/2023-07/18/c_1129756336.htm，2024 年 1 月 25 日登录。

② 《以法治力量守护碧海蓝天、洁净沙滩——解读新修订的海洋环境保护法新亮点》，新华网，2023 年 10 月 25 日，http://m.news.cn/2023-10/25/c_1129936273.htm，2023 年 11 月 13 日登录。

③ 田春华、陈瑜琦、吕春艳，等，《生态保护红线管控思路探讨》，载《中国土地》，2023 年第 6 期。

岸侵蚀和沙源流失的生态极脆弱区域。近岸管理海域外，海洋生态保护红线面积约 6.6 万平方千米，均为自然保护地。生态保护红线内，自然保护地核心保护区原则上禁止人类活动，核心保护区外，严格禁止开发性、生产性建设活动。①

（二）严格海洋生态环境保护监督

开展海洋环境保护监督执法行动。为解决海洋环境污染与生态破坏问题，打击海洋领域的违法违规行为，2023 年 11—12 月，中国海警局、工业和信息化部、生态环境部、国家林业和草原局联合开展了“碧海 2023”海洋生态环境保护和资源开发利用专项执法行动。行动针对围填海管控和无居民海岛保护、海洋（海岸）工程建设项目、海洋倾废和海砂开采运输、国际通信海缆和重要油气管道保护、红树林等典型海洋生态系统健康状况、海洋石油勘探开发环境保护六个方面进行监督检查。②

加强海洋工程和海洋倾废管理。2023 年，生态环境部发布《环境影响评价技术导则 海洋环境（征求意见稿）》，对海水养殖等海洋工程建设项目环境影响评价做出要求。此外，提出加强对国家重大项目的海洋倾废监督的管理和服务，以保障京津冀协同发展、长三角一体化发展、粤港澳大湾区建设等国家战略实施为重点，为满足沿海大型港口航道正常运转以及国家重大项目倾倒需求，增加海洋倾倒区 4 个。综合运用船舶自动识别系统（AIS）、卫星遥感数据等非现场监管手段，强化海洋倾废监管。③

完善渔业水域环境监管执法。2022 年，农业农村部出台《关于做好“十四五”水生生物增殖放流工作的指导意见》和《关于加强水生生物资源养护的指导意见》，对水生生物资源养护和渔业水域保护做出三方面规定。一是通过中央财政资金带动全国增殖放流，共放流海洋生物苗种 300 亿尾；二是创建国家级海洋牧场示范区，实施中华白海豚、斑海豹、海龟等旗舰物种保护行动计划，运行“国家重点保护水生野生动物

---

① 《一条红线管控重要生态空间——透视我国生态保护红线划定和管理》，“i 自然全媒体”微信公众号，2023 年 8 月 17 日，https://mp.weixin.qq.com/s/brSBBe264uPwmRL0DOEErQ，2023 年 11 月 13 日登录。

② 《严厉打击违法违规行为！中国海警局、工业和信息化部、生态环境部、国家林业和草原局联合部署“碧海 2023”专项执法行动！》，“海洋知圈”微信公众号，2023 年 11 月 18 日，https://mp.weixin.qq.com/s/Rz-bRtgAsaaerVKuUQakSA，2023 年 11 月 19 日登录。

③ 《2022 中国海洋生态环境状况公报》，生态环境部，2023 年 5 月 29 日，https://www.mee.gov.cn/hjzl/sthjzk/jagb/202305/P020230529583634743092.pdf，2023 年 11 月 13 日登录。

信息管理系统”，推进水生野生动物的标识和管理；三是联合林业和草原局、市场监管总局等开展专项执法，严厉打击涉及水生野生动物的违法违规行为。此外，为改善渔业海域生态环境，生态环境部编制了《地方水产养殖业水污染物排放控制标准制订技术导则》，为沿海地方制修订海水养殖尾水排放相关标准提供技术指导，提出通过对沿海池塘养殖排污进行遥感监测，加强海水养殖监测监管。[①]

（三）提升海洋防灾减灾能力

为全面掌握自然灾害风险隐患底数，提升自然灾害综合风险防范能力，2020—2022年开展了第一次全国自然灾害综合风险普查。其中，自然资源部负责开展全国海洋灾害风险普查工作。全国海洋灾害风险普查涵盖了全国沿海风暴潮、海浪、海啸、海冰、海平面上升5个灾种的致灾要素调查、风险评估区划和海洋灾害重点隐患排查，形成国家级1∶100万、省级1∶25万、县级1∶5万三个尺度风险评估区划图集。根据普查结果，中国海洋灾害高风险区域主要分布在渤海湾底部、莱州湾沿岸、杭州湾北部、浙江中南部到福建北部、珠江口、雷州半岛东部等区域。其中，辽东湾底部及西岸海冰灾害风险较高；渤海湾底部、莱州湾沿岸受温带风暴潮灾害影响较大，杭州湾北部、浙江中南部到福建北部、珠江口、雷州半岛东部受台风风暴潮灾害影响较大；浙江台州和舟山、珠江口以东、海南东部地区海啸灾害潜在风险较大。[②]

在开展风险普查基础上，不断完善海洋灾害应急处置规则。2022年8月，自然资源部印发新修订的《海洋灾害应急预案》，明确了负责管辖海域范围内风暴潮、海浪、海冰和海啸灾害的应急处理处置的中央和地方组织机构及其管理职责分工，优化应急响应启动标准，细化发布各类灾害警报时的响应程序，提出了新的保障措施和应急预案管理要求。这一预案有助于加强海洋灾害应对能力，最大限度减轻海洋灾害造成的人员伤亡和财产损失。[③]

---

① 《2022中国海洋生态环境状况公报》，生态环境部，2023年5月29日，https://www.mee.gov.cn/hjzl/sthjzk/jagb/202305/P020230529583634743092.pdf，2023年11月13日登录。

② 《2022中国海洋灾害公报》，自然资源部，2023年4月5日，http://gi.mnr.gov.cn/202304/P0202304125 72202855422.pdf，2023年11月13日登录。

③ 同上。

三、地方海洋环境保护有序推进

2022—2023 年，沿海地方海洋环境保护和管理工作进展明显，海洋生物多样性保护管理制度持续完善，区域海洋灾害预警和防治能力显著提高。

（一）海洋生物多样性保护政策制度日益完善

生物多样性是人类赖以生存和发展的根基。近年来，中国生物多样性保护的四梁八柱不断完善，生物多样性保护力度不断加大。为保护海洋生态环境和生物多样性，2023 年，山东、浙江和广东等沿海省先后发布海洋生物多样性保护政策制度。

2023 年 7 月，山东省发布《山东省生物多样性保护条例》，针对海洋生物多样性保护，提出加强对滨海湿地、海岛、海湾、入海河口、重要渔业水域等区域的环境保护，推进砂质岸线修复、潮沟疏通、植被修复恢复、底栖生物增殖、盐碱地综合治理等生态修复工程。实施近岸水环境与水生态一体化修复，加强水生生物重要栖息地的保护修复。此外，该条例还提出建立生物遗传资源以及相关传统知识的获取与惠益分享制度，健全生物多样性保护资金投入机制和生态补偿机制等。①

2023 年 9 月，浙江省通过《浙江省生物多样性保护战略与行动计划（2023—2035 年）》，提出加强海洋生态系统保护与恢复，构建海洋自然保护地体系。开展海岛生态系统保护恢复，特别是浙江沿海生态屏障等区域的滨海湿地生态修复。到 2030 年，保护全省沿海和海洋至少 30% 的区域，自然保护地海洋面积占海域面积的 9.5%，恢复修复滨海湿地面积不少于 2000 公顷，新植和保护修复红树林 6000 亩以上，不断改善海域生态环境状况。到 2035 年，完成全省陆域和近岸海域生物多样性本底调查和评估。②

2023 年 10 月，广东省发布《广东省生物多样性保护战略与行动计划（2023—2030 年）》，确定了潮汕—南澎列岛、红海湾—碣石湾、大亚湾—大鹏湾、珠江口、镇海湾—广海湾—川山群岛—银湖湾、阳江湾和湛江雷州半岛七处海洋生物多样性保护优先区域。

① 《山东省生物多样性保护条例》，山东省生态环境厅，2023 年 7 月 29 日，http://sthj.shandong.gov.cn/dtxx/hbyw/202307/t20230729_4386259.html，2023 年 11 月 13 日登录。

② 《浙江出台新政保护生物多样性》，载《浙江日报》，2023 年 9 月 19 日第 6 版。

在保护优先区域内率先开展生物多样性保护行动，包括制订海洋生物多样性保护规划，开展本底调查，建立生物多样性保护优先区域、生态保护红线、自然保护地、重点生态功能区，建立健全横向财政激励机制，拓宽生物多样性融资渠道等。①

（二）海洋灾害预警能力提升

黄海浒苔前置打捞治理成效显著。近年来，黄海浒苔灾害连续暴发，为应对浒苔灾害，开展浒苔绿潮前置打捞，2022 年自然资源部和山东、江苏两省共同成立黄海浒苔绿潮前置打捞联合指挥部。2023 年 5—7 月，山东省抽调专人开展浒苔绿潮前置打捞，累计派出船舶 1.3 万余艘次，打捞浒苔 34 万余吨，浒苔绿潮北上影响青岛近岸海域时间和规模得到有效控制。山东省还建立了省市协同机制，组织沿海四市开展“海上打捞 + 近岸拦截 + 岸滩清理”，控制浒苔上岸规模。②

地方海洋观测监测和预警能力不断提升。2022 年 6 月，广东省发布《广东省海洋观测网“十四五”规划》，提出提升海洋感知能力和观测服务水平，推动海洋观测体系发展。2022 年，广东省共新增海洋观测设施 10 个，并开展粤西海洋生态基线调查和近海生态趋势性监测等海洋生态系统调查，初步摸清粤西海洋生态系统的基本现状与分布格局。③ 2022 年，河北省印发《2022 年河北省海洋预警监测工作方案》和《关于做好 2022 年度汛期海洋灾害防范工作的通知》，提出加强海洋灾害观测与预警预报，全面保障海洋观测网业务化运行，并及时向有关部门、涉海企业和社会公众提供预警信息。海洋灾害发生期间，严格落实海洋灾害应急预案要求，及时启动应急响应，2022 年，河北省共启动海洋灾害四级应急响应 2 次、三级应急响应 3 次，发布大浪警报 14 期、风暴潮警报 18 期，有力支撑了海洋灾害预警。④

---

① 《广东拟建立 11 个生物多样性保护优先区域》，广州日报，2023 年 10 月 7 日，https://www.gzdaily.cn/amucsite/web/index.html#/detail/2074853，2024 年 1 月 25 日登录。

② 《山东省浒苔前置打捞取得显著成效》，山东省海洋局，2023 年 7 月 13 日，http://hyj.shandong.gov.cn/xwzx/sjdt/202307/t20230713_4374627.html，2024 年 1 月 25 日登录。

③ 《2022 年广东省海洋灾害公报》，广东省自然资源厅，2023 年 6 月 19 日，http://nr.gd.gov.cn/zwgknew/sjfb/tjsj/content/mpost_4204271.html，2023 年 11 月 13 日登录。

④ 《2022 年河北省海洋灾害公报》，河北省自然资源厅，2023 年 7 月 4 日，https://zrzy.hebei.gov.cn/cms/ewebeditor/uploadfile/2023070410093063981.pdf，2023 年 11 月 13 日登录。

四、小结

近年来，中国的海洋生态环境保护工作不断加强，海洋环境质量总体稳中向好发展，重点海域综合攻坚顺利开局。今后五年是美丽中国建设的重要时期，生态文明建设是关系中华民族永续发展的根本大计，要站在人与自然和谐共生的高度谋划发展与保护，构建从山顶到海洋的保护治理大格局，以改善海洋生态环境质量为核心，完善海洋环境治理的政策法规，强化海洋环境污染监督执法，提升海洋防灾减灾能力，开启美丽海湾和美丽海洋建设的新局面。

第七章　中国海洋生态保护与修复

海洋生态保护修复必须牢固树立和践行“绿水青山就是金山银山”的理念，提升海洋生态系统多样性、稳定性、持续性，改善海洋生态环境质量，助力海洋生态系统恢复和生态服务功能提升。习近平总书记强调，要把海洋生态文明建设纳入海洋开发总布局之中，坚持开发和保护并重、污染防治和生态修复并举，科学合理开发利用海洋资源，维护海洋自然再生产能力。①近年来，中国在全面加强海洋生态保护的基础上，不断加大海洋生态修复力度，持续推进海洋生态修复重点工程，海洋生态环境总体稳定向好，生态系统服务功能逐步增强，基本构筑了国家海洋生态安全屏障骨架，初步形成海洋生态保护修复新格局。

一、中国海洋生态保护与修复发展历程

经过多年发展，中国海洋生态保护与修复管理体系逐步健全，在全面加强生态保护的基础上，不断加大生态修复力度，持续推进海洋生态修复重点生态工程，海洋生态系统恶化趋势基本得到遏制，稳定性逐步增强，海洋生态质量持续改善，海洋生态服务功能稳步提升。

（一）海洋生态保护与修复理念创新

海洋生态系统作为一个有机整体，并非各生态要素及生态空间的机械组合和简单叠加，有其自身的运行规律和固有属性，彼此相对独立的各个子生态系统通过能量及物质交换又彼此相互依存。因此，在海洋生态保护修复过程中要牢固树立人与自然是生命共同体理念，避免仅仅关注局部而忽视整体，单因素生态保护修复往往难以取得预期生态保护修复效果，反而容易顾此失彼，造成资金与资源的浪费，并最终损害生态系统。

① 《习近平：要进一步关心海洋、认识海洋、经略海洋》，中国政府网，2013 年 7 月 31 日，https://www.gov.cn/ldhd/2013-07/31/content_2459009.htm，2023 年 12 月 26 日登录。

早期海洋生态保护与修复主要集中在海洋污染治理等方面，关注的重点是污染治理工作，开展有针对性的生态修复工程实践较少，没有形成一定的规模效应。近几年，随着长江经济带发展、黄河流域生态保护、渤海综合治理攻坚战等流域或区域发展保护行动计划的提出，以及生命共同体理念的出现，海洋生态保护修复逐渐开始从海洋生态系统整体视角出发，注重海洋地理格局完整性，保护修复措施的关联性、耦合性，不同海域之间系统协同性，综合运用科学、法律、政策、经济、公众参与等手段，进行整体保护、系统修复，形成横向协同、纵向统一、条块结合的海洋生态保护修复工作格局，提高海洋生态保护修复的系统性、科学性和实效性，增强海洋生态系统循环能力，维护海洋生态平衡。

坚持保护优先、自然恢复为主的方针，突出海洋生态保护的作用，注重由末端治理向源头防控转变，以从根本上遏制海洋生态环境问题。遵循海洋生态系统演替规律，充分发挥海洋生态系统自我修复能力，为海洋生态系统预留自我调节空间，避免人类对海洋的过多干预，有利于拓展海洋环境容量，提升环境承载力，在降低海洋环境保护成本的同时起到事半功倍的效果。

（二）海洋生态保护与修复政策与时俱进

1982 年，中国出台《中华人民共和国海洋环境保护法》，为整治和恢复遭到破坏的具有重要经济、社会价值的海洋生态提供了法律依据。2010 年，国家海洋局出台《关于开展海域海岛海岸带整治修复保护工作的若干意见》，要求加强对海域、海岛、海岸带整治修复和保护工作，提升海域、海岛和海岸带的环境和生态价值，开始将海洋整治修复拓展到海域、海岛、海岸带等覆盖全域海洋空间范围。2010 年，财政部、国家海洋局《关于组织申报 2010 年度中央分成海域使用金支出项目的通知》通过“中央分成海域使用金”支持地方实施海域、海岛和海岸带整治修复及保护项目。自此，中国全域海洋生态保护修复工作正式启动。①

2015 年，国家海洋局印发《国家海洋局海洋生态文明建设实施方案》（2015—2020 年），提出实施包括“蓝色海湾”“南红北柳”等工程在内的 20 项重大工程项目，开始综合

① 段克、刘峥延，等：《海洋生态保护修复：国际议程与中国行动》，中国发展门户网，2023 年 3 月 19 日，http://cn.chinagate.cn/news/2023-03/09/content_85126029.htm，2023 年 12 月 26 日登录。

布局海岸带生态修复重点区域。2018 年，国务院印发《关于加强滨海湿地保护严格管控围填海的通知》，严格控制新增围填海，构建严管严控围填海硬约束制度体系，加快处理各类围填海历史遗留问题，有效遏制了滨海湿地大量减少的趋势。2020 年，《全国重要生态系统保护和修复重大工程总体规划（2021—2035 年）》提出开展岸线岸滩生态修复、海堤生态化建设等，提升海岸带各类生态系统结构完整性和功能稳定性，着力推动实施近海海洋生态堤防建设。海岸带生态保护和修复重大工程围绕全面提升国家生态安全屏障质量，加紧编制海岸带生态保护和修复重大工程的专项规划。

“十四五”以来，中国以自然恢复为主、人工修复为辅，优先修复具有典型性、代表性的海洋生态系统，持续开展“蓝色海湾”整治、岸线岸滩修复、滨海湿地修复、海堤生态化建设等工作，积极推进海洋生态保护修复项目，有效改善了海洋生态系统质量，提升了防灾减灾能力。中国建立了较为系统的海洋生态保护修复标准体系，相继出台了各类典型海洋生态系统调查监测评估和保护修复的技术方法标准、生态海堤建设工程和项目监管监测技术方法标准等。

（三）海洋生态保护与修复管理体系持续完善

党的二十大报告将“人与自然和谐共生”“坚持可持续发展，坚持节约优先、保护优先、自然恢复为主的方针，像保护眼睛一样保护自然和生态环境，坚定不移走生产发展、生活富裕、生态良好的文明发展道路，实现中华民族永续发展”作为新时代中国共产党的使命任务之一，以中国式现代化全面推动中华民族伟大复兴，将海洋生态保护与修复上升到国家政策高度。随着绿色发展理念的持续深入推进，海洋生态保护修复逐渐成为加强海洋生态文明建设的重要手段。2015 年 4 月，国家海洋局印发的《国家海洋局海洋生态文明建设实施方案》（2015—2020 年），在强化规划引导和约束、实施总量控制和红线管控、深化资源科学配置与管理、严格海洋环境监管与污染防治、加强海洋生态保护与修复、增强海洋监督执法、施行绩效考核和责任追究、提升海洋科技创新与支撑能力、推进海洋生态文明建设领域人才建设、强化宣传教育与公众参与十个方面共提出了 31 项主要任务。2018 年，组建自然资源部，统一行使全民所有自然资源资产所有者职责，统一行使所有国土空间用途管制和生态保护修复职责，形成陆海自然资源统筹管理和陆海协调的生态保护修复工作新格局。

二、中国海洋生态保护修复新进展

中国持续推进生态文明建设，以建设美丽海洋为目标，以持续改善海洋生态环境质量为重点，通过国家政策引领，地方积极落实，着力提升海洋生态保护修复能力，海洋业务体系不断健全，监督管理体系不断完善，海洋生态保护修复工作取得显著进展。

（一）国家政策引领

建立陆海统筹生态保护修复制度。2020 年 10 月，党的十九届五中全会通过《中共中央关于制定国民经济和社会发展第十四个五年规划和二〇三五年远景目标的建议》，明确提出“坚持陆海统筹，发展海洋经济，建设海洋强国”“建立地上地下、陆海统筹的生态环境治理制度”。①

严守海洋生态安全边界。2016 年，国家海洋局提出“保住底线、兼顾发展、分区划定、分类管理、从严管控”的原则，划定海洋生态保护红线比例不低于 30% 并制定管控措施。②2017 年，中国将生态保护红线制度确定为海洋环境保护的基本制度之一，明确在重点海洋生态功能区、生态环境敏感区和脆弱区等海域划定生态保护红线，实行严格保护，在开发利用海洋资源时，应当根据海洋功能区划合理布局，严格遵守生态保护红线。③为加大生态保护红线监管力度，实现保护红线制度精准落地，中国推进海洋生态保护红线勘界定标，加快制定海洋生态保护红线监管制度，鼓励地方配套出台细化的生态保护红线管控措施，依托现有平台设施，完善全国生态保护红线监管平台，加大对海洋生态保护红线的常态化监管。④

强化海洋生态系统保护修复。2022 年，中国加大海洋生态保护修复力度，从根本上遏制海洋生态退化趋势，全面保护修复受损、退化的重要海洋生态系统，有效保护

---

① 《中共中央关于制定国民经济和社会发展第十四个五年规划和二〇三五年远景目标的建议》，中国政府网，2020 年 11 月 3 日，http://www.gov.cn/zhengce/2020-11/03/content_5556991.htm，2022 年 11 月 30 日登录。

② 《国家海洋局全面建立实施海洋生态红线制度 牢牢守住海洋生态安全根本底线》，中国政府网，2016 年 6 月 16 日，http://www.gov.cn/xinwen/2016-06/16/content_5082772.htm，2022 年 11 月 16 日登录。

③ 《中华人民共和国海洋环境保护法》，中国人大网，2023 年 10 月 24 日，https://www.npc.gov.cn/npc/c2/c30834/202310/t20231024_432550.html?share_token=c92837f6-782b-43cf-88fd-168130d953ec2，2024 年 4 月 10 日登录。

④ 《关于印发〈“十四五”海洋生态环境保护规划〉的通知》（环海洋〔2022〕4 号），生态环境部，2022 年 1 月 17 日，https://www.mee.gov.cn/xxgk2018/xxgk/xxgk03/202202/t20220222_969631.html，2022 年 11 月 16 日登录。

海洋生物多样性，增强海洋生态安全屏障和适应气候变化韧性，稳步提升海洋生态系统质量和稳定性，确保自然岸线保有率不低于35%，整治修复岸线长度不少于400千米，滨海湿地面积不少于2万公顷。[①]2023年7月，习近平总书记在全国生态环境保护大会上指出，“要坚持山水林田湖草沙一体化保护和系统治理，构建从山顶到海洋的保护治理大格局”。[②]自然生态系统是一个有机生命躯体，具有自我调节、自我净化、自我恢复的能力，处理好自然恢复和人工修复的关系，是遵循自然规律、积极有效开展生态保护修复的实践要求。统筹山水林田湖草沙系统治理，深刻揭示了生态系统的整体性、系统性及其内在发展规律，为全方位、全地域、全过程加强生态环境保护提供了方法论指导。

全面完成陆海生态分区。海洋生态分类分区是在全面梳理生态系统类型和自然地理特征基础上，将海洋按照不同尺度划分为若干等级的生态空间单元，并进行更加系统准确的描述，是现代海洋管理的基础模式。2023年5月，自然资源部印发《中国陆域生态基础分区（试行）》，将全国陆域（不含港澳台地区）生态系统在不同区域尺度上分为一级生态区6个、二级生态区47个、三级生态区233个，为科学推进山水林田湖草沙一体化保护和系统治理，分区分类开展生态保护修复、生态监测评价预警等工作提供国家统一的基础性框架。2023年12月，《中国近岸海域生态四级分区（试行）》在浙江安吉召开的首届自然资源与生态文明论坛上发布。中国近岸海域生态四级分区是中国海洋生态分类分区的最新成果，未来将在国土空间规划、海洋生态监测布局、海洋生态保护修复等方面发挥重要作用，也标志着中国全面完成陆海生态分区。[③]

国家财政持续支持。2020年10月，财政部印发《海洋生态保护修复资金管理办法》，用于支持对生态安全具有重要保障作用、生态受益范围较广的重点区域海洋生态保护修复的共同财政事权转移支付资金。2023年，中国海洋生态保护修复资金重点支持各地从系统工程和全局角度，全方位、全海域、全过程开展海洋生态保护和修复工

① 《关于印发〈“十四五”海洋生态环境保护规划〉的通知》（环海洋〔2022〕4号），生态环境部，2022年1月17日，https://www.mee.gov.cn/xxgk2018/xxgk/xxgk03/202202/t20220222_969631.html，2022年11月16日登录。

② 《习近平在全国生态环境保护大会上强调 全面推进美丽中国建设 加快推进人与自然和谐共生的现代化》，新华网，2023年7月18日，http://www.news.cn/2023-07/18/c_1129756336.htm，2023年12月26日登录。

③ 《自然资源部：我国全面完成陆海生态分区》，人民网，2023年12月6日，http://finance.people.com.cn/n1/2023/1206/c1004-40133107.html，2024年4月10日登录。

程，改善海洋生态环境质量，提高海洋生态系统碳汇能力。在海洋生态保护和修复治理、入海污染物治理两个方面，保护和修复重点区域海域、海岛、海岸带等生态系统，提升海岛海域岸线的生态功能和减灾功能；治理与海洋生态保护修复直接相关的直排海污染源，以及海岛海域污水垃圾。两年来，财政部支持海洋生态保护修复项目资金预算合计约 37 亿元人民币。

（二）地方落实跟进

为落实海洋生态保护修复新政策、新思路，沿海省市在国家政策引领下，因地制宜制定新方案，加大对典型生态系统的保护与修复力度，取得了显著进展。

1．因地制宜制定新方案

2023 年 4 月，江苏省印发《美丽海湾建设三年行动计划》，围绕“分析问题—确立目标—制定措施”，建立“1+N”美丽海湾建设机制和评估退出机制，分区分类分梯次推进全省美丽海湾建设。江苏明确全省 23 个美丽海湾建设单元到 2025 年巩固提升 2 个、基本建成 6 个、稳步推进 10 个和摸底启动 5 个，并提出 2035 年全省美丽海湾建设实现全覆盖的分阶段建设目标。①

2023 年 11 月，海南省自然资源和规划厅印发《海南省珊瑚礁生态保护修复三年行动方案（2023—2025 年）》。该方案是中国首个针对珊瑚礁生态系统的地方性生态保护修复行动方案，立足海南省珊瑚礁生态本底和生态保护修复的现状及问题，系统阐明了珊瑚礁生态保护修复的指导思想、基本原则和主要目标，明确“一心 + 两区 + 五平台 + 六体系”的珊瑚礁生态保护修复总体布局，针对性地提出了 19 项重点任务，内容涉及调查和评估、生态保护、生态修复、生态监测、科技支撑、生态产品价值实现、生态保护监管、科普教育和国内外交流合作等多个方面。②

2．加大典型生态系统保护与修复力度

海南省以项目为抓手持续推进海洋生态修复，2019 年以来累计整合投入中央、省

① 《美丽海湾“1+N” 江苏出台三年行动计划》，江苏省生态环境厅，2023 年 4 月 30 日，https://sthjt.jiangsu.gov.cn/art/2023/4/30/art_84025_10881521.html，2023 年 12 月 26 日登录。

② 《海南省自然资源和规划厅关于印发〈海南省珊瑚礁生态保护修复三年行动方案（2023~2025 年）〉的通知》（琼自然资修〔2022〕436 号），海南省自然资源和规划厅，2023 年 1 月 10 日，https://lr.hainan.gov.cn/xxgk_ 317/0200/0202/202301/t20230113_3345516.html，2023 年 12 月 26 日登录。

级（包括市县）各项资金 28.6 亿元，截至 2022 年年底，共整治与修复岸线 127 千米，通过清退养殖塘、养殖滩涂，为红树林等滨海湿地让路，全省海洋生态环境得到明显改善。截至 2023 年 3 月，海南省已完成全部 15 个中央资金支持的、2019 年前启动的海洋生态修复项目的收尾工作。2019 年至 2023 年 3 月，海南省共有 9 个海洋生态修复项目获中央资金支持。其中，海口、文昌、万宁三个“蓝色海湾”生态整治项目和三亚海岸带保护修复项目已完成全部建设任务并开展省级验收；儋州、万宁、琼海、东方四地的海洋生态保护修复项目预计于 2023 年年底前完成项目建设任务；三亚海洋生态保护修复项目将于资金下达后尽快开展前期工作。①

（三）海洋生态保护修复成效显著

沿海各省市通过实施“蓝色海湾”整治行动，推进“南红北柳”“生态岛礁”等重大海洋保护修复工程。海洋生态保护修复取得了积极进展，15 处国际重要湿地生态状况总体稳定，24 个近岸海域典型海洋生态系统状况总体改善，自 2021 年以来已消除“不健康”状态。②中国已把近 30% 的近岸海域和 37% 的大陆岸线纳入生态保护红线管控范围③，除国家重大项目外，严格落实全面禁止围填海要求。截至2022年，全国累计实施了 58 个“蓝色海湾”整治项目、24 个海岸带保护修复工程、61 个渤海综合治理攻坚战生态修复项目等一系列重大项目。④

海岸带保护修复工程实施初见成效。海岸带保护修复工程任务分为三类：一是聚焦受人类活动影响，红树林、海草床、滨海盐沼等典型生态系统退化，以及河流泥沙来源和径流输沙量变化导致滩涂地形地貌改变，部分滨海湿地面积萎缩等生态问题，实施退养还湿（海）、水动力环境改善、生境基底修复、植物修复等典型生态系统修复措施；二是聚焦人类活动侵占破坏和海浪冲刷以及台风风暴潮等极端天气影响，导致

① 《我省完成一批海洋生态修复项目　127 公里海岸线“复绿”》，海南省人民政府，2023 年 3 月 19 日，https://www.hainan.gov.cn/hainan/zdjsxm/202303/c167165ab8dc4282acf315534b4be7d2.shtml，2023 年 12 月 26 日登录。

② 《2022 中国海洋生态环境状况公报》，生态环境部，2023 年 5 月 29 日，https://www.mee.gov.cn/hjzl/sthjzk/jagb/202305/P020230529583634743092.pdf，2024 年 1 月 25 日登录。

③ 《我国海洋生物多样性显著提高》，中国政府网，2022 年 6 月 23 日，https://www.gov.cn/xinwen/2022-06/23/content_5697389.htm，2023 年 12 月 26 日登录。

④ 同上。

砂质海岸侵蚀等问题，实施后滨固沙植被修复、沙丘修复、潮间带补沙、水下沙坝构建等修复措施；三是聚焦受风浪冲刷影响，海堤、护堤等被淘刷，部分坍塌破坏，以及海堤生态化程度低等问题，从生态系统完整性角度，实施堤前潮间带重构、堤身生态化改造、堤后缓冲带构建、退缩建坝、增设潮汐通道等生态化措施，不断实现生态与减灾协同增效，构建海岸带综合防护体系。①

2020—2023 年，中国实施海岸带保护修复工程项目近 30 项。修复后的红树林、滨海盐沼、砂质海岸等重要生态系统在一定时间内稳定发展后，植被消浪率可达 50% 以上，能够有效发挥消浪弱流、固滩护岸、防止岸线侵蚀等减灾作用。②

三、中国海洋保护地建设稳步发展

海洋保护地被国际社会普遍认为是促进海洋生物多样性保护和可持续利用管理的有效工具。1962 年，第一届世界国家公园大会首次提出海洋保护区（marine protected area）概念，将其定义为通过有效法律程序建立的，对部分或全部潮间带、潮下带进行保护的区域。1988 年，国际自然保护联盟（International Union for Conservation of Nature）第十七届全会决议案，确定了海洋保护地的目标，即通过创建代表性的海洋保护地系统，并根据世界自然保护战略原则，管理对海洋环境有影响的人类活动，以提供长期的保护、恢复、利用、理解和享受世界海洋遗产。③中国的海洋保护地分为海洋自然保护区和海洋特别保护区两类。

（一）中国海洋保护地现状

中国海洋保护地建设始于 1963 年，辽宁蛇岛老铁山国家级自然保护区是中国第一个海洋自然保护区。1982 年《中华人民共和国海洋环境保护法》（以下简称《海洋环境保护法》）通过，海洋保护区建设有了明确的法律依据。1990 年，国务院批准建立

① 《保护修复海岸带 生态减灾强支撑》，自然资源部，2023 年 9 月 22 日，https://www.mnr.gov.cn/dt/pl/202309/t20230922_2800992.html，2023 年 12 月 26 日登录。

② 同上。

③ 17th session of the general assembly of IUCN and 17th technical meeting，IUCN，1988 年 2 月 1 日，https://portals.iucn.org/library/sites/library/files/documents/GA-17th-011.pdf，2022 年 11 月 4 日登录。

中国首批五个国家级海洋自然保护区：河北昌黎黄金海岸自然保护区、广西山口红树林生态国家级自然保护区、海南万宁大洲岛海洋生态国家级自然保护区、海南三亚珊瑚礁国家级自然保护区和浙江南麂列岛国家级海洋自然保护区。1995 年，国家海洋局印发《海洋自然保护区管理办法》，指出“海洋自然保护区是指以海洋自然环境和资源保护为目的，依法把包括保护对象在内的一定面积的海岸、河口、岛屿、湿地或海域划分出来，进行特殊保护和管理的区域”[①]，并对海洋自然保护区的选划、建设和管理作出要求。1998 年，浙江南麂列岛国家级海洋自然保护区成为中国第一个世界级海洋自然保护区。

中国主要的海洋自然保护区大多在《海洋环境保护法》通过后的 20 年间建立。2000 年以后，开始将重心放在“海洋特别保护区”的建设上。截至 2022 年，全国有海洋类型自然保护区 66 处，海洋特别保护区（含海洋公园）79 处，总面积 790.98 万公顷。[②] 2017 年，中国启动黄渤海滨海湿地世界自然遗产申报工作，将黄渤海沿岸 16 处重要湿地列入申报预备名单。2019 年，中国黄（渤）海候鸟栖息地（第一期）获准列入世界自然遗产名录。这是中国第 54 处世界遗产、第 14 处世界自然遗产，这也是中国第一块、全球第二块潮间带湿地世界遗产，填补了中国滨海湿地类型世界自然遗产空白。

2022 年，中国 7 处涉及海洋的国家级自然保护区中，辽宁大连斑海豹国家级自然保护区、广东徐闻珊瑚礁国家级自然保护区、广西合浦儒艮国家级自然保护区和广西北仑河口国家级自然保护区生态环境状况等级为 I 级，整体状况优良；山东黄河三角洲国家级自然保护区、江苏盐城湿地珍禽国家级自然保护区和广西山口红树林生态国家级自然保护区生态环境状况等级为Ⅱ级，整体状况一般。[③]

① 《关于发布〈海洋自然保护区管理办法〉的通知》（国海法发〔1995〕251 号），自然资源部，2009 年 9 月 1 日，http://gc.mnr.gov.cn/201807/t20180710_2079947.html，2023 年 12 月 12 日登录。

② 《2022 中国海洋生态环境状况公报》，生态环境部，2023 年 5 月 29 日，https://www.mee.gov.cn/hjzl/sthjzk/jagb/202305/P020230529583634743092.pdf，2024 年 1 月 25 日登录。

③ 同上。根据《自然保护区生态环境保护成效评估标准（试行）》，自然保护区的生态环境状况分为三个级别：Ⅰ级：保护区的主要保护对象、生态系统结构、生态系统服务、水环境质量整体优良，主要威胁因素、违法违规情况管控成效显著；Ⅱ级：保护区的主要保护对象、生态系统结构、生态系统服务、水环境质量整体一般，主要威胁因素、违法违规情况管控成效一般；Ⅲ级：保护区的主要保护对象、生态系统结构、生态系统服务、水环境质量整体较差，主要威胁因素、违法违规情况管控成效较差。

（二）中国海洋保护地管理体系

在 2018 年国家机构改革之前，多个政府部门具有海洋保护区管理职责，包括国家海洋局、国家林业局、农业部、环保部、国土资源部等多个单位或部门。为规范各级各类保护地的建设和规划，解决自然保护地类型众多，保护地重叠设置、多头管理、边界不清、权责不明、保护与发展矛盾突出等问题，中国推进以国家公园为主体的自然保护地体系建设。2013 年 11 月，《中共中央关于全面深化改革若干重大问题的决定》提出建设国家公园体制，并于 2015 年颁布《建立国家公园体制试点方案》。以国家公园为主体的自然保护地体系不断完善和发展，2017 年 9 月，《建立国家公园体制总体方案》提出建立分类科学、保护有力的自然保护地体系。2021 年 3 月，《中华人民共和国国民经济和社会发展第十四个五年规划和 2035 年远景目标纲要》明确建立“以国家公园为主体、自然保护区为基础、各类自然公园为补充的自然保护地体系”目标。管理机构方面，2018 年，中共中央印发《深化党和国家机构改革方案》，组建国家林业和草原局，并加挂国家公园管理局牌子，包括海洋保护地在内的各类保护地管理职能统一划归国家林业和草原局行使，海洋保护地正式纳入自然保护地体系管理。

为了完善自然保护地管理，保持重要自然生态系统的原真性和完整性，维护生物多样性和生态安全，促进人与自然和谐共生，国家林业和草原局出台了《国家公园管理暂行办法》《国家公园设立指南》，并发布实施《国家公园设立规范》《国家公园总体规划技术规范》《国家公园监测规范》《国家公园考核评价规范》《自然保护地勘界立标规范》等国家标准和一系列行业标准，制定国家公园设立标准，明确国家公园准入条件和管理规范。2022 年 11 月，国家林业和草原局发布《国家公园空间布局方案》，提出健全国家公园运行管理体制机制，强化政策支持和监督管理，科学有序推进国家公园建设各项任务，构建中国特色的以国家公园为主体的自然保护地体系。

（三）中国海洋保护地新进展

“十四五”期间，中国将持续完善海洋自然保护地网络，构建以海岸带、海岛链和自然保护地为支撑的“一带一链多点”海洋生态安全格局。[①] 2023 年，中国国家和地

① 《关于印发〈“十四五”海洋生态环境保护规划〉的通知》（环海洋〔2022〕4 号），生态环境部，2022 年 1 月 11 日，https://www.mee.gov.cn/xxgk2018/xxgk/xxgk03/202202/t20220222_969631.html，2022 年 12 月 26 日登录。

方层面在海洋保护地建设方面均有显著进展。

1. 完善以国家公园为主体的自然保护地体系

党的二十大报告提出，推进以国家公园为主体的自然保护地体系建设。为加快推进国家公园高质量发展，努力建设全世界最大的国家公园体系，2022 年 12 月，国家林业和草原局、财政部、自然资源部、生态环境部联合印发《国家公园空间布局方案》，明确了中国国家公园体系建设的时间表、路线图，并计划到 2035 年，基本完成国家公园空间布局建设任务，基本建成全世界最大的国家公园体系。

《国家公园空间布局方案》确定了国家公园建设的发展目标、空间布局、创建设立、主要任务和实施保障等主要内容。在空间布局上，把中国自然生态系统最重要、自然景观最独特、自然遗产最精华、生物多样性最富集的区域纳入国家公园体系，遴选出 49 个国家公园候选区（含正式设立的 5 个国家公园），其中包括陆域 44 个、陆海统筹 2 个、海域 3 个，总面积约 110 万平方千米。其中陆域面积约 99 万平方千米、海域面积约 11 万平方千米。全部建成后，中国国家公园保护面积的总规模将居世界首位。①

在国家公园立法方面，国家林业和草原局将进一步修改完善国家公园法（草案），同时指导相关省区出台国家公园地方条例，建立国家公园"一园一法"法制体系和全过程闭环管理制度。

2. 海南省稳步推进珊瑚礁自然保护地建设

珊瑚礁是国际公认的最具保护价值的海洋生态系统，海南省是全国最主要的珊瑚礁分布区，珊瑚礁的生态保护修复对生态保护及生物多样性保护、渔业资源、旅游产业及国家海洋权益维护意义重大。为深入贯彻党的二十大精神，全面落实习近平总书记在海南考察时提出的"要保护好珊瑚礁"重要指示批示，将海南省珊瑚礁生态保护修复打造成生态文明试验区第七个标志性工程，海南省稳步推进涉珊瑚礁自然保护地建设，已建立三亚珊瑚礁国家级自然保护区、万宁大洲岛国家级海洋生态保护区、海南铜鼓岭国家级自然保护区、儋州磷枪石岛珊瑚礁市级自然保护区和昌江棋子湾国家级海洋公园等，自然保护地内的海洋生态环境和珊瑚礁得到有效保护。海南省同时提出，计划到 2025 年完成 1 个热带海洋国家公园选划论证和筹建，并新建 3 个市县级以

---

① 《到 2035 年——基本建成世界最大国家公园体系》，中国政府网，2023 年 1 月 3 日，https://www.gov.cn/zhengce/2023-01/03/content_5734674.htm，2023 年 12 月 12 日登录。

上珊瑚礁自然保护地。①

四、小结

海洋是生态文明建设和美丽中国建设的重要组成部分。中国持续加大海洋生态保护修复力度，优化海洋生态保护修复工作，形成了陆海统筹治理的新格局，海洋环境监管体系进一步完善，海洋生态环境质量稳步提升。与此同时，为全面遏制中国海洋生态系统退化，应持续提升生态系统多样性、稳定性，全面开展生态系统健康状况调查，提升生态保护修复精细化程度，完善生态保护修复治理体系和海洋保护地建设与管理体系，坚持陆海统筹，系统设计，压实主体责任，落实生态补偿制度，强化生态保护修复监管，健全保护修复效果评价制度，强化海洋突发环境灾害应急能力，努力开创海洋生态保护修复新局面。

① 《海南省自然资源和规划厅关于印发〈海南省珊瑚礁生态保护修复三年行动方案（2023~2025 年）〉的通知》（琼自然资修〔2022〕436 号），海南省自然资源和规划厅，2023 年 1 月 10 日，https://lr.hainan.gov.cn/xxgk_ 317/0200/0202/202301/t20230113_3345516.html，2023 年 12 月 26 日登录。

第四部分

中国与国际海洋法治

第八章 中国的海洋法治建设

在习近平法治思想指导下，在党的二十大新理念新思想新战略引领下，涉海立法工作质量和效率不断提高，涉海法律制度不断完善，海洋法治政府建设不断加强，海洋执法效能不断提高，海洋法律监督体系高效运转，行政权、监察权、审判权、检察权依法正确行使，中国海洋法治建设得到稳步提升。

一、海洋法律制度发展

2023 年，全国各级立法机关坚持以习近平新时代中国特色社会主义思想、习近平法治思想为指导，严格执行立法工作计划，加强重点领域、新兴领域、涉外领域立法，做好涉海立法的论证起草、修改完善和清理工作，同时积极开展涉海国际规则的制定和签署工作。

2023 年 10 月，全国人大常委会发布了《十四届全国人大常委会立法规划》①，统筹安排五年任期内立法工作，围绕党和国家工作大局急需、满足人民美好生活需要必备，提出任期内提请审议“海洋环境保护法（修改）”“矿产资源法（修改）”“国土空间规划法”等涉海法律草案，并提出需要抓紧工作、条件成熟时提请审议“海洋法”“渔业法（修改）”等法律草案。各级立法机关分别发布年度立法工作计划，2023 年涉海立法重点工作包括：审议“海洋环境保护法（修改）”“矿产资源法（修改）”“对外关系法”等法律案②，提请审议渔业法修订草案、海关法修订草案③，研究修改《铺设海底电缆管

① 《十四届全国人大常委会立法规划》，中国人大网，2023 年 9 月 8 日，http://www.npc.gov.cn/npc/c2/c30834/202309/t20230908_431613.html，2023 年 12 月 14 日登录。

② 《全国人大常委会 2023 年度立法工作计划》，中国人大网，2023 年 5 月 29 日，http://www.npc.gov.cn/c2/c30834/202305/t20230529_429763.html，2023 年 12 月 14 日登录。

③ 《国务院办公厅关于印发国务院 2023 年度立法工作计划的通知》，中国政府网，2023 年 6 月 6 日，https://www.gov.cn/zhengce/zhengceku/202306/content_6884926.htm，2023 年 12 月 14 日登录。

道管理规定》，推进“国家公园法”“南极活动与环境保护法”等法律的制定。①

（一）海洋生态环境制度体系不断健全

1.“海洋环境保护法”全面修订

为了进一步保护和改善海洋环境质量，解决海洋生态环境保护工作存在的海洋污染防治力度不足、海洋生态保护修复工作相对滞后、海洋环境监督管理制度不健全等问题，2023 年 10 月，全国人大常委会通过了新修订的海洋环境保护法。修订后的《中华人民共和国海洋环境保护法》共 9 章，包括总则、海洋环境监督管理、海洋生态保护、陆源污染物污染防治、工程建设项目污染防治、废弃物倾倒污染防治、船舶及有关作业活动污染防治、法律责任和附则。② 主要的修改和制度创新包括：

（1）坚持陆海统筹原则。国家实施陆海统筹、区域联动的海洋环境监督管理制度，并在多个条款中予以体现，包括：推进海岸工程与海洋工程建设项目的一体化海洋环境保护；明确沿海县级以上地方人民政府可以建立海洋环境保护区域协作机制；规定按照河海联动的要求制定实施河口生态修复和其他保护措施方案等。

（2）加强海洋生物多样性保护。国家加强海洋生物多样性保护，健全海洋生物多样性调查、监测、评估和保护体系，维护和修复重要海洋生态廊道，防止对海洋生物多样性的破坏。同时，国家鼓励因地制宜采取多种方式恢复海洋生物多样性，修复改善海洋生态。③

（3）加强陆源污染防治。针对近岸海域突出的环境问题，以入海排污口、入海污染物排放、海洋垃圾等为管控重点，加强陆源污染防治。建立海洋垃圾监测、清理制度，做好与固体废物污染环境防治法的衔接。④

（4）加强海砂开采监管。明确禁止在严格保护岸线范围内开采海砂，增加载运海

① 《自然资源部办公厅关于印发〈自然资源部 2023 年立法工作计划〉的通知》，2023 年 7 月 6 日，https://www.gov.cn/zhengce/zhengceku/202307/content_6891704.htm，2023 年 12 月 14 日登录。

② 《保护和改善海洋环境 促进人与自然和谐共生》，中国人大网，2023 年 10 月 31 日，http://www.npc.gov.cn/npc/c2/c30834/202310/t20231031_432673.html，2023 年 12 月 14 日登录。

③ 《中华人民共和国海洋环境保护法》，生态环境部，2023 年 10 月 25 日，https://www.mee.gov.cn/ywgz/fgbz/fl/202310/t20231025_1043942.shtml，2023 年 12 月 14 日登录。

④ 《关于〈中华人民共和国海洋环境保护法（修订草案）〉的说明》，中国人大网，2023 年 10 月 27 日，http://www.npc.gov.cn/npc/c2/c30834/202310/t20231027_432637.html，2023 年 12 月 14 日登录。

砂资源应当持有合法来源证明、海砂开采者应当为载运海砂的船舶提供合法来源证明的规定。[①]

（5）加大废弃物海洋倾倒监管力度。优化倾倒许可审批层级，增加全国海洋倾倒区规划的有关规定，明确有关部门制定可以向海洋倾倒的废弃物名录职责，完善倾倒作业的监控与报告要求。

（6）增强对船舶及有关作业活动的污染防治。增加船舶压载水和沉积物排放管控规定，严格防控引入外来有害生物；建立船舶污染物相应的接收、转运、处理处置多部门联合监管制度；倡导绿色低碳智能航运，增加港口岸电、船舶受电等设施建设、改造和使用的有关规定。[②]

2. 矿产资源法修改工作有序推进

2023 年 6 月，全国人大常委会调研组开展矿产资源法修法调研工作，重点围绕矿产资源法执行中的突出问题和本次法律修改中的重点难点问题，听取专家学者、人大代表和省市县有关部门意见建议，为矿产资源保护工作提供制度保障。[③] 2023 年 12 月，国务院常务会议讨论并原则通过《中华人民共和国矿产资源法（修订草案）》，决定将修订草案提请全国人大常委会审议。[④]本次修订的核心目的是提升国家资源安全保障能力，涉及的重要问题包括：促进矿产勘探开发，加强储备体系建设；统筹协调好资源开发与生态保护的关系，突出矿山环境综合保护；[⑤]规范矿业权出让、流转等制度；建立健全生态红线内矿业权退出机制；完善矿产资源税费制度等。

3. 国土空间规划立法取得实质性进展

2022 年，受全国人大环境与资源保护委员会组建的国土空间规划立法领导小组委

① 《中华人民共和国海洋环境保护法》，生态环境部，2023 年 10 月 25 日，https://www.mee.gov.cn/ywgz/fgbz/fl/202310/t20231025_1043942.shtml，2023 年 12 月 14 日登录。

② 同上。

③ 《法治护航高质量发展美好新愿景——聚焦 2023 年度立法工作计划》，中国人大网，2023 年 7 月 5 日，http://www.npc.gov.cn/npc/c2/kgfb/202307/t20230705_430436.html，2023 年 12 月 14 日登录。

④ 《全国人大环资委：矿产资源法修订草案将提请审议》，法治网，2023 年 12 月 12 日，http://www.legaldaily.com.cn/index/content/2023-12/12/content_8937773.html，2023 年 12 月 14 日登录。

⑤ 《尊重规律 立足实际 提高资源供应保障能力——自然资源部原司长鞠建华谈矿产资源管理改革趋势》，中国钢铁新闻网，2023 年 11 月 28 日，http://www.csteelnews.com/xwzx/djbd/202311/t20231128_82034.html，2023 年 12 月 14 日登录。

托，自然资源部起草形成“国土空间规划法”（建议稿草稿）和立法研究论证报告，并已正式提交。[①]全国人大环资委经研究认为，制定国土空间规划法具有必要性和可行性，目前全国统一的国土空间规划体系总体形成，建议在全国国土空间规划纲要实施一段时间后，在总结实践经验的基础上开展立法工作。该立法应当明确国土空间规划的法律定位和相关概念，落实“多规合一”要求，明确央地权限划分、部门职责衔接等问题，鼓励地方先行先试，为国家提供经验积累。[②]

（二）涉外法律法规取得突破

1. 基础性涉外法律通过实施

为了深入贯彻习近平外交思想和习近平法治思想，完善涉外法治体系建设，全国人大常委会于 2023 年 6 月通过了《中华人民共和国对外关系法》（以下简称《对外关系法》）。[③]该法是新中国成立以来首部集中阐述中国对外工作大政方针、原则立场和制度体系，对中国发展对外关系作出总体规定的基础性涉外法律，它的颁布是中国涉外法治体系建设的重要里程碑。[④]该法共 6 章 45 条，主要内容包括：

（1）明确对外关系的领导体制和职权。坚持中国共产党的集中统一领导，中央外事工作领导机构负责对外工作的决策和议事协调；明确了相关国家机构、中央和国家机关各部门、驻外外交机构、省级行政区四类机构的对外职权。

（2）明确发展对外关系的目标。维护国家主权、安全、发展利益和人民利益，将“四位一体”外交布局上升为法律规范，明确我国的国际观和各领域合作的基本原则。

（3）确立了对外关系的基本法律制度。依照宪法和法律缔结或者参加条约和协定，善意履行有关条约和协定规定的义务；明确中国法的域外适用制度，以维护国家主权、

① 《迈向空间治理现代化新征程——2022 年自然资源工作系列述评之空间治理篇》，自然资源部，2023 年 1 月 5 日，https://www.mnr.gov.cn/dt/pl/202301/t20230105_2772198.html，2023 年 12 月 14 日登录。

② 《全国人大环资委建议适时开展国土空间规划法立法工作》，新京报，2022 年 12 月 14 日，https://baijiahao.baidu.com/s?id=1752192570022561204&wfr=spider&for=pc，2024 年 1 月 3 日登录。

③ 《中华人民共和国对外关系法》，中国人大网，2023 年 6 月 28 日，http://www.npc.gov.cn/npc/c2/c30834/ 202306/t20230628_430341.html，2023 年 12 月 14 日登录。

④ 《贯彻对外关系法，为新时代中国特色大国外交提供坚强法治保障》，中国人大网，2023 年 6 月 29 日，http://www.npc.gov.cn/c2/c30834/202306/t20230629_430360.html，2024 年 1 月 3 日登录。

安全、发展利益和中国公民、组织的合法权益；对于危害国家主权、安全、发展利益的行为可采取反制和限制措施的制度；规定了联合国制裁决议执行制度；确立保护国家海外利益不受威胁和侵害的制度；对外国人和外国组织的保护与豁免制度；拓展对外执法司法合作，完善有关工作机制。①

《对外关系法》的制定和颁布，为全球治理体系改革和建设贡献中国智慧和中国方案，有利于推动构建更加公正合理的国际秩序，对于中国积极参与全球海洋治理提供了指导方针和政策工具，为开展海洋交流合作提供了法治保障。

2.《缔结条约管理办法》增强缔约规范性

为了加强对缔结条约事务的管理，《缔结条约管理办法》于 2023 年 1 月 1 日起施行。该法共 36 条，主要内容包括：一是明确国务院及有关部门缔约职权，外交部在国务院领导下管理缔结条约的具体事务，地方各级政府无权缔结条约，香港和澳门特别行政区政府依据基本法享有一定的缔约权；②二是完善缔约工作程序，对条约谈判、签署、报请审核、备案、登记等环节中各部门的职责和相关工作的办理时限作了规定；三是在《中华人民共和国缔结条约程序法》基础上细化明确了报请全国人大常委会批准的条约和国务院核准的条约范围；③四是增加条约适用于香港和澳门特别行政区的办理程序，明确征询特别行政区政府意见的内容和程序；五是加大对条约法律审查的力度，从制度上确保条约与国内法以及国际义务协调一致。④《缔结条约管理办法》为海洋领域条约的谈判、签署、批准、核准和加入提出了具体细化的程序要求，有助于海洋外交工作的开展。

（三）清理涉海法律法规

为贯彻实施新修订的《中华人民共和国行政处罚法》，优化法治化营商环境，适应深化行政改革的要求，2023 年 7 月，国务院公布了《国务院关于修改和废止部分行政

---

① 马新民：《当前国际法形势与中国外交条法工作》，载《国际法学刊》，2023 年第 4 期，第 31–33 页。

② 《缔结条约管理办法》，中国政府网，2022 年 11 月 7 日，https://www.gov.cn/zhengce/zhengceku/2022-11/07/content_5725135.htm，2024 年 1 月 3 日登录。

③ 同上。

④ 同①，第 38–40 页。

法规的决定》[①]，对涉及的行政法规进行了清理。《中华人民共和国国际海运条例》《中华人民共和国船员条例》《海洋观测预报管理条例》的有关条文进行了相应修改。

修订后的《中华人民共和国国际海运条例》放宽了对于经营海运业务的部分资质要求，将经营国际船舶运输业务审批的范围，缩小至经营国际客船、国际散装液体危险品船运输业务的才需要经主管部门批准；取消了无船承运人交纳保证金的要求；放宽了对于外国国际船舶运输经营者的经营限制。[②]修订后的《中华人民共和国船员条例》降低了对于船员在船携带相关证书的要求。[③]修订后的《海洋观测预报管理条例》取消单位或个人设立、调整海洋观测站点的行政审批，改为向主管部门备案。[④]

（四）打击海砂违法犯罪

海上涉砂类案件是海上违法犯罪案件的主要类型之一[⑤]，具有较大的社会危害性。国家执法司法部门接连发布相关文件，统一执法司法尺度，全链条打击盗采海砂犯罪，为维护海洋生态环境和海砂资源安全树牢执法司法屏障。

最高人民法院、最高人民检察院、中国海警局于 2023 年 6 月联合印发《依法打击涉海砂违法犯罪座谈会纪要》[⑥]，根据刑法规定，重点围绕“罪名适用”“主观故意认定”“下游行为的处理”“劳务人员的责任认定”“涉案海砂价格的认定”“涉案船舶、财物的处置”和“加强协作配合与监督制约”等方面作了规定。针对实践中涉海砂犯罪由“采运销”一体化向采运分离、“采运销”专业化演变等新情况，综合分析过驳和运输海砂的船主或船长的任职情况、职业经历、航海操作行为是否存在显著异常，认

---

① 《国务院关于修改和废止部分行政法规的决定》，中国政府网，2023 年 8 月 21 日，https://www.gov.cn/zhengce/zhengceku/202308/content_6899249.htm，2024 年 1 月 3 日登录。

② 参见《中华人民共和国国际海运条例（2023）》第五条至第九条、第十六条、第三十二条、第三十五条、第三十六条、第四十四条。

③ 参见《中华人民共和国船员条例（2023）》第四十九条、第五十三条、第五十四条。

④ 参见《海洋观测预报管理条例》第十条、第三十一条。

⑤ 《全链条打击盗采海砂犯罪——从〈办理海上涉砂刑事案件证据指引〉的印发看如何更好守护“海洋蓝”》，最高人民检察院，2023 年 11 月 7 日，https://www.spp.gov.cn/xwfbh/wsfbt/202311/t20231107_633059.shtml#3，2024 年 1 月 4 日登录。

⑥ 《最高人民法院 最高人民检察院 中国海警局依法打击涉海砂违法犯罪座谈会纪要》，2023 年 6 月 8 日，最高人民法院，https://www.court.gov.cn/zixun/xiangqing/402792.html，2024 年 1 月 4 日登录。

定其犯罪故意。明确非法采矿罪，掩饰、隐瞒犯罪所得罪的定罪处罚条件。推动人民法院、检察机关、海警机构三部门分工负责，互相配合，互相制约，建立健全协作配合与监督制约机制。[①]

2023 年 10 月，最高人民检察院办公厅、公安部办公厅、中国海警局执法部联合印发《办理海上涉砂刑事案件证据指引》。针对办理海上涉砂刑事案件存在调查取证困难的问题，该文件通过细致列举条目化的证据清单，分别对非法采矿罪与掩饰、隐瞒犯罪所得罪两个罪名的取证要点作出具体规范，有利于依法严厉打击盗采海砂犯罪。[②]

（五）签署保护海洋生物多样性国际协定

2023 年 9 月，中国外交部副部长马朝旭在纽约联合国总部代表中国政府签署了《〈联合国海洋法公约〉下国家管辖范围以外区域海洋生物多样性的养护和可持续利用协定》（以下简称“BBNJ 协定”）。[③] BBNJ 协定共 76 条并附两个附件，包括海洋遗传资源获取及惠益分享、海洋保护区设立、环境影响评价、能力建设和海洋技术转让等内容，对于解决气候变化、生物多样性减少和污染三大危机具有重要意义。BBNJ 协定是国际海洋法发展史上又一里程碑，为国家和其他利益攸关方之间的跨部门合作提供了重要框架。[④] 中国在 BBNJ 协定开放签署首日即签署这一重要法律文件，反映了中国积极深度参与全球环境治理、保护海洋可持续利用的决心和努力，展现了中国对真正多边主义的践行和维护。

（六）地方立法提升海洋立法质量

“小切口”立法是在立法条件尚不成熟，但亟须出台相应制度规范的情况下选择

---

① 《依法精准打击涉海砂违法犯罪 提升侦查监督与协作配合质效》，2023 年 6 月 8 日，“中国日报网”百度百家号，https://baijiahao.baidu.com/s?id=1768145409689775388&wfr=spider&for=pc，2024 年 1 月 4 日登录。

② 《全链条打击盗采海砂犯罪——从〈办理海上涉砂刑事案件证据指引〉的印发看如何更好守护“海洋蓝”》，最高人民检察院，2023 年 11 月 7 日，https://www.spp.gov.cn/xwfbh/wsfbt/202311/t20231107_633059.shtml#3，2024 年 1 月 4 日登录。

③ 《中国签署〈海洋生物多样性协定〉》，中国政府网，2023 年 9 月 21 日，https://www.gov.cn/govweb/lianbo/bumen/202309/content_6905369.htm，2024 年 1 月 4 日登录。

④ 《〈BBNJ 协定〉将进入各国批准阶段，预计 2~5 年内生效》，网易网，2023 年 9 月 11 日，https://www.163.com/dy/article/IEC63QKF05129QAF.html，2024 年 1 月 4 日登录。

的条文数量少、解决特殊问题的立法方式，主要作用是搭建制度框架，填补制度空白，为后续运用提供制度基础。[①]沿海省市立法机关结合本地发展需要和人民群众需求，灵活运用“小切口”“小快灵”式立法，设定可实施性、补充性、针对性强的措施，为沿海地方政府解决海洋生物资源养护、海上交通安全、海域海岛管理中存在的问题提供有力的制度保障。

2022 年 11 月，福建省人大常委会通过《福建省海上搜寻救助条例》，明确了海上搜救工作机制和各方职责，规范了搜救行动的全流程和搜救资源保障，并突出福建对台特色，规定了与台湾地区海上搜救机构加强交流协作、畅通信息通报渠道、组织开展联合演练等事项。[②]2022 年 12 月，上海市人大常委会通过《上海市船舶污染防治条例》，明确了船舶、港口经营人、船舶修造厂、船舶燃料供应单位等不同责任主体在船舶污染防治中应遵守的规定，并建立了区域沟通协调和联防联控机制，共同推进长江三角洲船舶污染防治一体化。[③]2022 年 11 月，海南省政府印发《海南省海域使用权审批出让管理办法》，进一步规范项目用海审批出让程序，将海域使用论证评审从原来的审批中间环节调整至用海申请前，简化非必要审查环节，压缩用海审批时限，推进营商环境持续改善。[④]2023 年 3 月，浙江省舟山市出台《舟山市国家级海洋特别保护区海钓管理办法》，以地方立法固化保护区海钓管理经验，细化海钓行为规范，加强海钓船舶管理，保障海钓活动安全、有序发展。[⑤]2023 年 4 月，《汕头经济特区内海湾保护条例》开始施行，创建了内海湾保护“负面清单 + 违反负面清单的相应法律责任”的立法体例，加大对内海

① 莫纪宏、田禾：《中国法治发展报告 No.20（2022）》，北京：社会科学文献出版社，2022 年，第 67 页。

② 《〈福建省海上搜寻救助条例〉解读》，福建海事局，2023 年 8 月 9 日，https://www.fj.msa.gov.cn/fjmsacms/cms/html/fjhsjwwwz/2023-08-09/148111189.html，2024 年 1 月 5 日登录。

③ 《〈上海市船舶污染防治条例〉3 月 1 日正式施行！这些重点快来看看吧！》，“奉贤交运中心”微信公众号，2023 年 9 月 18 日，https://mp.weixin.qq.com/s?__biz=MzI0MDExMzE1Ng==&mid=2651212208&idx=1&sn=804857dc1c3a796e6d0e0d15e03aed94&chksm=f2ed2adbc59aa3cd6d5052ce497c8535b8c07920828168ca5c27339ce9d915cfb73dd6563455&scene=27，2024 年 1 月 5 日登录。

④ 《〈海南省海域使用权审批出让管理办法〉政策解读》，海南省自然资源和规划厅，2022 年 11 月 28 日，https://lr.hainan.gov.cn/jdhy_353/zcjd/zxjd/202211/t20221128_3317943.html，2024 年 1 月 5 日登录。

⑤ 《舟山市在全国率先出台保护区海钓管理立法》，浙江省司法厅，2023 年 3 月 6 日，http://sft.zj.gov.cn/art/2023/3/6/art_1659553_58936697.html，2024 年 1 月 5 日登录。

湾生态环境和自然资源的保护力度。①2023年8月1日，《葫芦岛市渔港和海洋渔业船舶管理条例》正式实施，为涉渔“三无”船舶认定、船籍港集中休渔、依港管渔获物、海洋休闲渔船管理、海洋渔业船舶预防自然灾害管理等问题提供制度依据。②

二、海上执法

海上执法主要指海上执法机构开展的执行法律的活动。③目前中国主要的海上执法机构包括中国海警局、交通运输部海事局和农业农村部渔业渔政管理局。2023年中国的海上执法机构不断完善海上执法措施，强化海上执法力度，提升海上执法效能，确保海洋生态环境保护、海洋资源开发利用、海洋渔业管理、海上缉私、海上治安管理等领域法律法规得到有效贯彻实施。

（一）海上执法监管能力建设

2023年，中国海警局深入推进执法规范化建设，深化执法协作机制建设，有效提升海上维权执法效能。地方海上执法机构加强海上执法监管协作，共同维护海上生产秩序和安全。

1. 完善执法制度和程序，为依法履职提供明确指引

为贯彻落实《海警法》，保证海警机构依法履行刑事侦查权，规范办案程序，中国海警局分别于2023年5月和12月发布了《海警机构办理刑事案件程序规定》和《海警机构办理刑事复议复核案件程序规定》两部规章。《海警机构办理刑事案件程序规定》规定了海警机构办理刑事案件的主要任务和基本原则、管辖分工、回避制度、证据规则、刑事强制措施适用、律师参与刑事诉讼、受案、立案、撤案、刑事侦查手段使用、特别程序以及办案协作等内容，对于外国人犯罪案件的管辖、诉讼权利义务、

① 《加强内海湾保护 打造城市生态名片丨汕头市人大法制委负责人就〈汕头经济特区内海湾保护条例〉答记者问》，汕头市自然资源局（海洋局），2023年3月28日，https://www.shantou.gov.cn/stszrj/gkmlpt/content/2/2202/mpost_2202635.html#3427，2024年1月5日登录。

② 《关于〈葫芦岛市渔港和海洋渔业船舶管理条例〉的说明》，葫芦岛市人民代表大会常务委员会，2023年6月13日，http://www.hldrd.gov.cn/tzgg/202306/t20230614_1145246.html，2024年1月5日登录。

③ 本章以下重点介绍2022年和2023年度中国海警、中国海事等海上执法工作进展。

报告和通报制度以及刑事执法国际合作等内容都制定了清晰的规定。[①]《海警机构办理刑事复议复核案件程序规定》重点规定了海警机构刑事复议复核案件范围和办理原则、申请、受理、审核、决定、监督等内容。[②]这两部规章对于规范海警机构刑事执法行为，打击海上犯罪，保护公民、法人和其他组织的合法权益，维护国家海洋权益具有重要意义。

为了规范海洋资源开发利用行政处罚自由裁量标准，确保沿海各地各级自然资源（海洋）执法机构和海警机构公平、公正、合理实施海洋资源开发利用行政处罚，2023年10月，中国海警局会同自然资源部制定了《海洋资源开发利用行政处罚自由裁量基准（试行）》[③]，规范实施行政处罚的标准，明确了上调处罚阶次和加重处罚的情形，完善各环节执法依据和执法标准，为海上执法机构正确履职提供了制度保障。

2. 健全执法协作机制，提升海上维权执法效能

2023年，中国海警局深化执法协作机制建设，与外交部、应急管理部、国家烟草专卖局和农业农村部等部门建立和深化协作配合机制，有效提升海上维权执法效能；联合检、法部门开展重点问题调研，执法协作配合逐步深化。[④]2023年6月，最高人民检察院和中国海警局总结实践经验，发布了《关于健全完善侦查监督与协作配合机制的指导意见》，积极推进执法司法制约监督体系建设。一是规范侦查监督与协作配合组织设置；二是突出监督重点，在侦查活动监督中重点监督非法取证、违法采取强制措施或者强制措施法定期限届满不予释放、解除、变更，以及违法查封、扣押、冻结、处置涉案财物的情形；三是适时拓展监督方法，明确探索事前类案研判、事中个案指导、事后监督纠错的全过程监督模式；四是推进信息共享，加强信息化建设，推进跨部门办案数据共享、交换。[⑤]

---

① 《中国海警局制定出台〈海警机构办理刑事案件程序规定〉》，中国海警局，2023年5月15日，https://www.ccg.gov.cn//2023/xxgk_0515/2259.html，2024年1月8日登录。

② 《中国海警局制定出台〈海警机构办理刑事复议复核案件程序规定〉》，中国海警局，2023年12月6日，https://www.ccg.gov.cn//2023/xxgk_1206/2373.html，2024年1月8日登录。

③ 《中国海警局 自然资源部关于印发〈海洋资源开发利用行政处罚自由裁量基准（试行）〉的通知》，中国海警局，2023年10月20日，http://www.ccg.gov.cn/2023/hjyw_1020/2349.html，2024年1月8日登录。

④ 《中国海警局举行2023年海上执法专题访谈》，中国海警局，2023年4月7日，http://www.ccg.gov.cn/2023/xwfbh_0407/2238.html，2024年1月8日登录。

⑤ 王佳：《共同构建规范高效的执法司法制约监督体系》，载《人民检察》，2023年第20期。

为了推动海洋综合执法监管协作，福建省海洋与渔业执法总队与广东省海洋综合执法总队于2023年3月举办闽粤海洋综合执法监管协作交流会，签署《闽粤海上综合执法协作协议书》。该协议围绕工作会商、信息共享、执法协作、执法保障等方面明确了休渔执法、渔事纠纷处置、事故调查处置、渔船遇险救助等15条协作事项，有助于拓展两省海上执法协作领域，强化一线队伍执法联动，加强执法协同，共同提升渔船防抗台风和遇险互助救援水平。[①]

（二）海上执法行动

2022—2023年，海上执法机构持续组织海洋生态环境保护和资源开发利用、打击海上走私、打击偷渡、伏季休渔、商渔船共治等专项执法行动，提升执法能力，为整治海上突出问题、有效维护海洋活动秩序、维护海上稳定局面提供了重要保障。

1. 海洋资源与生态环境执法

2022年，中国海警局全面履行海洋生态环境保护和海洋资源开发利用执法职责，丰富执法监管手段，围绕海洋生态环境持续改善、人民群众临海亲海获得感不断增强的目标，集中优势资源，严密常态监管，聚焦突出问题，全力打击整治，查获盗采海砂、非法倾废、破坏岸线、损坏海缆等违法犯罪案件671起。[②]持续组织“碧海”海洋生态环境保护和资源开发利用等专项执法行动，侦办涉砂类案件501起，查扣海砂112.9万吨[③]，为维护海洋资源环境安全提供了有力支撑。

2. 海洋渔业执法

中国海警局与农业农村部、公安部联合开展2023年海洋伏季休渔专项执法行动，各级海警机构全面加大执法力度和登检频次，不断提升海上见警率查处率，以涉外敏感海域管控、专项捕捞渔船监管和涉渔大马力快艇整治为重点，联合地方渔政组织开展多轮次统一执法行动，集中查处了一批严重违规渔船和“三无”船舶，破获多起重

① 《闽粤签订海上执法协作协议》，自然资源部，2023年3月22日，https://www.mnr.gov.cn/dt/hy/202303/t20230322_2779034.html，2024年1月8日登录。

② 《2022年度海洋资源环境领域典型案例》，中国海警局，2023年1月18日，http://www.ccg.gov.cn/2023/hjyw_0118/2200.html，2024年1月8日登录。

③ 《中国海警局举行2023年海上执法专题访谈》，中国海警局，2023年4月7日，http://www.ccg.gov.cn/2023/xwfbh_0407/2238.html，2024年1月8日登录。

大非法捕捞案件。加强源头治理防控，联合地方渔政、公安等涉海部门对陆岸、港口开展巡查，依港管船、定人联船、定期点验，及时制止和查处非法补给、渔获交易等行为，全面维护伏季休渔秩序。专项行动中，各级海警机构共出动舰艇 2.3 万艘次、飞机 130 架次，登临检查渔船 5100 余艘次，查获各类违法违规渔船 1800 余艘，查扣涉渔“三无”船舶 220 余艘，破获涉渔刑事案件 350 余起，抓获犯罪嫌疑人 1300 余人，行政罚款 1400 余万元，没收渔获物近 150 万千克、渔具 1.6 万件。①

作为海洋渔业大国和《北太平洋公海渔业资源养护和管理公约》成员国，中国坚决支持并积极配合国际社会打击各种非法渔业活动。2023 年 9 月，中国派遣海警舰艇编队在北太平洋公海开展渔业执法巡航，观察记录各类渔船 77 艘，登临检查我国渔船和外籍渔船 12 艘，积极宣传公海渔业资源养护管理措施，及时核查和指导整改违反公约行为，全面履行公海执法职责。②

3. 海上缉私与治安执法

中国海警局加强与公安、海关、烟草等部门联动配合，深入开展对海上走私、贩毒、偷渡等重点犯罪活动的严打高压态势，2022 年持续组织“净海”打击海上走私、“獴猎”打击偷渡等专项行动，多次组织重大海上缉毒任务，全年共缴获毒品 1.12 吨、制毒物品 1.2 吨，打掉特大制贩毒团伙 3 个，抓获犯罪嫌疑人 37 名；查获各类走私案件 471 起，查扣涉案船舶 493 艘，案值约 21.8 亿元；破获偷渡案件 45 起，抓获各类偷渡人员 1219 名③；常态开展涉海扫黑除恶斗争，严打突出违法犯罪活动，全年共查处侦破各类治安管理类案件 1600 余起，有力维护了海上治安秩序。④

4. 海上交通安全执法

2023 年 5 月，交通运输部与农业农村部联合开展“商渔共治 2023”专项行动，加

---

① 《2023 年海洋伏季休渔专项执法行动圆满收官》，中国海警局，2023 年 9 月 21 日，https://www.ccg.gov.cn//2023/wqzf_0921/2334.html，2024 年 1 月 8 日登录。

② 《中国海警圆满完成 2023 年北太平洋公海渔业执法巡航任务》，中国海警局，2023 年 9 月 11 日，https://www.ccg.gov.cn//2023/wqzf_0911/2328.html，2024 年 1 月 8 日登录。

③ 《中国海警局举行 2023 年海上执法专题访谈》，中国海警局，2023 年 4 月 7 日，http://www.ccg.gov.cn/2023/xwfbh_0407/2238.html，2024 年 1 月 8 日登录。

④ 《2022 年海上治安管理领域典型案例》，中国海警局，2023 年 1 月 17 日，https://www.ccg.gov.cn//2023/hjyw_0117/2199.html，2024 年 1 月 8 日登录。

强海上交通安全和渔业生产安全跨部门综合监管，继续开展商渔船碰撞风险专项整治。通过强化各级海事、渔业渔政部门议事会商和联合调研，强化重点水域联合巡航执法和重点时段安全提醒，加强事故调查合作等措施，扭转商渔船碰撞事故多发趋势，改善船舶航行秩序。①

三、海事司法

海事司法是实现法治海洋建设的重要环节，承担着服务海洋强国建设、促进海洋经济发展、保护海洋资源环境和维护当事人合法权益的重要保障任务。2022 年，全国海事审判三级法院积极行使海事司法管辖权，通过审判活动进一步推动海洋法治发展完善。各级检察机关充分履行法律监督职能，服务海洋强国建设，助推海洋生态环境和资源保护高水平治理。

（一）加强海事司法建设

2022 年，全国海事审判队伍充分发挥海事审判职能作用，为“一带一路”建设、高水平对外开放、海洋强国建设和海洋生态文明建设提供有力司法保障，进一步提升审判质效水平，海事司法的公信力和影响力进一步增强。

1. 服务海洋高质量发展

各海事法院围绕高质量共建“一带一路”和自由贸易试验区、海南自由贸易港建设等出台司法服务政策，服务国家发展大局。广州海事法院为深圳先行示范区、横琴粤澳深度合作区、前海深港现代服务业合作区提供海事司法服务保障，积极服务粤港澳大湾区建设。②天津海事法院制定发展海洋经济、支撑海洋强国建设的具体措施，为构建新发展格局提供海事司法保障。③上海海事法院发布《上海海事法院关于服务保障

① 《交通运输部 农业农村部关于印发〈“商渔共治 2023”专项行动实施方案〉的通知》，中国政府网，2023 年 5 月 17 日，https://www.gov.cn/zhengce/zhengceku/202306/content_6884072.htm，2024 年 1 月 9 日登录。

② 《广州海事法院 2022 年工作报告》，广州海事法院，2023 年 2 月 1 日，https://www.gzhsfy.gov.cn/web/content?gid=94874，2024 年 1 月 9 日登录。

③ 《天津海事法院 2022 年工作报告》，天津海事法院，2023 年 3 月 7 日，https://tjhsfy.tjcourt.gov.cn/article/detail/2023/03/id/7222793.shtml，2024 年 1 月 9 日登录。

航运经济高质量发展的实施意见》，加快推进世界一流国际航运中心建设，助力上海城市能级提升和经济社会高质量发展。[①]大连海事法院出台《关于加强海事司法保障服务辽宁进一步扩大对外开放的实施意见》，以18条务实举措为辽宁更高水平对外开放提供精准司法服务和保障。[②]北海海事法院出台《关于进一步为广西向海经济高质量发展提供海事司法服务和保障的意见》，服务海洋强国建设和海洋强区建设。[③]海口海事法院出台《海口海事法院优化营商环境司法举措》，确定14项优化营商环境具体措施，提供优质高效海事司法服务。[④]青岛海事法院审理“深蓝一号”等一大批深海渔业养殖装备建造合同纠纷案，规范大型海洋装备的设计、使用和管理，更好地推动近海渔业向深远海发展。[⑤]

2. 推进国际海事司法中心建设

最高人民法院提出建设国际海事司法中心愿景，通过提升裁判尺度统一性、明确性和可预见性，增强中外市场主体选择中国管辖的意愿，以高效服务和公正裁判打造国际海事纠纷解决优选地，提升海事“软实力”。[⑥]成功审理“普拉利斯”轮扣押案、“天使力量”轮船员劳务合同案等案件，中国海事司法公正、高效、透明等优势充分彰显，越来越多外国当事人主动选择中国法院管辖。[⑦]2022年首次在全国海事法院中设立专门审理涉外案件的审判机构——厦门涉外海事法庭，探索多元化的涉外海事纠纷解决

---

① 《上海海事法院关于服务保障航运经济高质量发展的实施意见》，上海海事法院，2023年6月20日，https://www.shhsfy.gov.cn/hsfyytwx/hsfyytwx/fyjj1538/gfxwj1469/2023/06/20/09b080ba89aa0e180189be46783d01d9.html?tm= 1693966833639，2024年1月9日登录。

② 《大连海事法院工作报告（2022）》，大连海事法院，2023年7月5日，https://www.dlhsfy.gov.cn/court/html/2023/gzbg_0705/3738.html，2024年1月9日登录。

③ 《2022年度工作报告》，北海海事法院，2023年2月16日，https://www.bhhsfy.gov.cn/webCN/list-content.html?gid=1626019265424183296&lmid=KH0_1067&fw=10，2024年1月9日登录。

④ 《海口海事法院2022年工作报告》，海口海事法院，2023年2月13日，https://hsfy.hicourt.gov.cn/preview/article?articleId=b49e86db-8f65-4ad2-a773-cfccc8bd2b90&&colArticleId=15188141-21ad-4f0a-96c7-2cc10c346d03&&siteId=9234dd90-5c67-4a30-b212-cb6262d80a9c，2024年1月9日登录。

⑤ 《青岛海事法院2022年工作报告》，青岛海事法院，2023年7月17日，http://www.sdcourt.gov.cn/qdhsfy/sjgk/gzbg67/11672649/index.html，2024年1月9日登录。

⑥ 《将高水平审判质效作为检验海事审判工作现代化的重要标尺》，中国法院网，2023年12月11日，https://www.chinacourt.org/article/detail/2023/12/id/7695750.shtml，2024年1月9日登录。

⑦ 《最高人民法院工作报告》，中国人大网，2023年3月17日，http://www.npc.gov.cn/npc/c2/c30834/202303/t20230317_428437.html，2024年1月9日登录。

机制，为中外当事人提供普惠、高效、精准的海事司法服务。厦门海事法院运用国际惯例成功调解一起复杂共同海损纠纷，积极打造国际海事争端优选地。[①]青岛海事法院秉持“人类命运共同体”和“海洋命运共同体”理念，准确适用域外法律和国际条约、国际惯例，在“春雪”轮船舶碰撞案中，案件双方放弃新加坡管辖协议，主动选择青岛海事法院管辖。[②]上海海事法院积极运用境外主体概括性授权、授权委托视频认证、跨境远程证据展示等措施，降低中外当事人参与诉讼的经济压力和时间成本；推出中英文诉讼管辖协议选择示范条款，吸引中外当事人主动选择上海海事法院管辖。[③]大连、青岛、北海、宁波、南京、厦门等海事法院纷纷发布海事审判白皮书，向国际社会公开，提升海事司法的国际公信力和影响力。

3. 服务海洋环境资源保护

贯彻保护优先、预防为主、损害担责等原则，审理非法进口“洋垃圾”、环境监测数据造假、非法围填海域等案件，助力打好蓝天碧水净土保卫战。[④]支持检察机关依法提起海洋环境公益诉讼，严厉打击非法盗采海砂等违法行为，以司法审判护航海洋生态文明建设。[⑤]天津海事法院推动与大连海事法院、青岛海事法院的渤海环境资源司法保护协作机制，为保护渤海生态环境发挥合力。[⑥]广州海事法院与海口海事法院、北海海事法院签订海洋环境资源司法保护合作协议，共同推进“北部湾—琼州海峡”海洋环境资源司法保护工作。[⑦]宁波海事法院与宁波、舟山市检察院建立检察民事公益诉讼

---

① 《厦门海事法院 2022 年工作报告》，厦门海事法院，2023 年 3 月 1 日，http://www.xmhsfy.gov.cn/sjbg/ndgzbg/202303/t20230301_260998.htm，2024 年 1 月 9 日登录。

② 《青岛海事法院 2022 年工作报告》，青岛海事法院，2023 年 7 月 17 日，http://www.sdcourt.gov.cn/qdhsfy/sjgk/gzbg67/11672649/index.html，2024 年 1 月 9 日登录。

③ 《专业化审判 数字化赋能：上海海事法院的实践探索》，上海海事法院，2023 年 9 月 28 日，https://shhsfy.gov.cn/hsfyytwx/hsfyytwx/xwzx1340/hfzx1441/2023/09/28/09b080ba8a695407018b231ba25208fe.html?tm=1704348808091，2024 年 1 月 9 日登录。

④ 《最高人民法院工作报告》，中国人大网，2023 年 3 月 17 日，http://www.npc.gov.cn/npc/c2/c30834/202303/t20230317_428437.html，2024 年 1 月 9 日登录。

⑤ 《最高法发布 2022 年全国海事审判典型案例》，中国长安网，2023 年 6 月 30 日，https://baijiahao.baidu.com/s?id=1770111990191757099&wfr=spider&for=pc，2024 年 1 月 9 日登录。

⑥ 《天津海事法院 2022 年工作报告》，天津海事法院，2023 年 3 月 7 日，https://tjhsfy.tjcourt.gov.cn/article/detail/2023/03/id/7222793.shtml，2024 年 1 月 9 日登录。

⑦ 《广州海事法院 2022 年工作报告》，广州海事法院，2023 年 2 月 1 日，https://www.gzhsfy.gov.cn/web/content?gid=94874，2024 年 1 月 9 日登录。

合作机制，合力引导社会提升海洋环保意识。[①]厦门市海事法院审结广受关注的福建泉港碳九泄漏事故环境污染损害赔偿案，首次就兼具海洋与大气生态环境污染属性的复合型公益诉讼作出判决；创新采用“海洋碳汇＋替代性修复”的履行方式，审结海洋自然资源与生态环境损害赔偿民事公益诉讼案件，彰显海洋生态司法的温度与力度。[②]

（二）法律监督促进海洋法治建设

人民检察院是国家的法律监督机关，是保障国家法律统一正确实施的司法机关，是国家监督体系的重要组成部分。2022—2023 年，检察机关充分发挥刑事、民事、行政、公益诉讼“四大检察”职能作用，持续深化生态文明司法保护，会同相关部门持续为海洋强国建设提供有力司法保障。

1. 服务保障国家发展大局

检察机关制定发布检察意见，精准服务海南自由贸易港、粤港澳大湾区建设和深圳建设法治先行示范城市。[③] 2019 年广东省检察院制定《关于充分发挥检察职能服务保障粤港澳大湾区建设的意见》，严厉打击破坏市场经济秩序、侵犯企业产权和合法权益、破坏金融秩序和金融安全等犯罪，强化对大湾区资源环境的司法保护，为推进大湾区建设贡献法治智慧和法治力量。[④] 2020 年 12 月，深圳市人大常委会通过《关于加强新时代检察机关法律监督工作推动法治城市示范建设的决定》，落实建设海洋强国部署，推动构建海洋检察体系，服务全球海洋中心城市建设。[⑤] 2021 年 11 月，最高人民检察院制发《最高人民检察院关于服务保障海南自由贸易港建设的意见》，为建设高水平的中国特色自由贸易港提供优质法律服务和有力司法保障提出 21 条具体措施，通过

---

① 《宁波海事法院工作报告》，宁波海事法院，2023 年 1 月，http://zjjcmspublic.oss-cn-hangzhou-zwynet-d01-a.internet.cloud.zj.gov.cn/jcms_files/jcms1/web3782/site/attach/0/3bf58c53838d4a87a147ed57cd4ff1cf.pdf，2024 年 1 月 9 日登录。

② 《厦门海事法院 2022 年工作报告》，厦门海事法院，2023 年 3 月 1 日，http://www.xmhsfy.gov.cn/sjbg/ndgzbg/202303/t20230301_260998.htm，2024 年 1 月 9 日登录。

③ 《最高人民检察院工作报告》，中国人大网，2023 年 3 月 17 日，http://www.npc.gov.cn/npc/c2/c30834/202303/t20230317_428438.html，2023 年 11 月 8 日登录。

④ 《重磅！广东省检察院出台服务保障大湾区建设的制度性文件》，阳光检务网，2019 年 12 月 30 日，https://www.gd.jcy.gov.cn/xwzx/jdxw/201912/t20191230_2750048.shtml，2024 年 1 月 9 日登录。

⑤ 《全票通过！深圳决定加强新时代检察机关法律监督工作》，深圳检察，2020 年 12 月 30 日，http://www.shenzhen.jcy.gov.cn/culture/home/Copy_64/3343.html，2024 年 1 月 9 日登录。

防范金融风险、依法严惩走私犯罪、强化知识产权司法保护等措施，深度融入海洋强国建设、“一带一路”建设等重大部署，为海南自由贸易港建设提供坚实法律保障。[①] 2023 年 8 月，最高人民检察院发布《2023—2027 年检察改革工作规划》，健全服务保障经济高质量发展工作机制，完善检察机关服务粤港澳大湾区建设、海南全面深化改革开放等国家战略的协作配合机制。[②]

2. 公益诉讼保护海洋生态环境

在海洋领域，检察机关开展法律监督的重要方式是海洋生态环境公益诉讼。2018 年以来，检察机关开展“守护海洋”专项监督，办理海洋环境保护公益诉讼 5388 件。[③] 2023 年 5 月，最高人民检察院会同公安部、中国海警局专项整治盗采海砂违法犯罪，印发《办理海上非法采砂相关犯罪典型案例》[④]，指导检察机关、海警机构准确适用法律，依法严厉打击海上非法采砂相关犯罪，以案促治，助推海洋生态环境和资源保护高水平治理。2023 年 12 月，最高人民法院、最高人民检察院联合发布海洋自然资源与生态环境检察公益诉讼典型案例，涉及沉船造成重大海洋污染风险、非法捕捞、非法收购珍贵濒危野生动物、非法占用海域、非法采矿、非法占用红树林林地等案例，有利于彰显海洋环境检察公益诉讼制度优势，促进海洋环境检察公益诉讼理论与实践创新发展。[⑤] 2024 年 1 月，最高人民检察院印发《关于贯彻执行新修订的〈中华人民共和国海洋环境保护法〉深化海洋公益诉讼检察工作的通知》，进一步增强以检察公益诉讼履职服务海洋强国建设的责任感，明确区域海洋公益诉讼办案重点，督促打击整治近海养殖污染、海上船舶污染、海洋倾废行为，保护海洋生态环境；督促打击整治非法捕捞、盗采海砂、侵占海域等破坏自然资源的行为，守护海洋自然资源；助力海上、

① 《最高人民检察院关于充分履行检察职能服务保障海南自由贸易港建设的意见》，最高人民检察院，2021 年 11 月 26 日，https://www.spp.gov.cn/spp/xwfbh/wsfbt/202111/t20211126_536406.shtml#2，2024 年 1 月 9 日登录。

② 《2023—2027 年检察改革工作规划》，最高人民检察院，2023 年 8 月 7 日，https://www.spp.gov.cn/xwfbh/wsfbt/202308/t20230807_624017.shtml#2，2024 年 1 月 9 日登录。

③ 《最高人民检察院关于人民检察院生态环境和资源保护检察工作情况的报告》，最高人民检察院，2023 年 10 月 21 日，https://www.spp.gov.cn/xwfbh/wsfbh/202310/t20231021_631451.shtml，2024 年 1 月 9 日登录。

④ 《最高检、中国海警局印发〈办理海上非法采砂相关犯罪典型案例〉》，最高人民检察院，2023 年 6 月 8 日，https://www.spp.gov.cn/spp/xwfbh/wsfbh/202306/t20230608_616727.shtml，2024 年 1 月 9 日登录。

⑤ 《“两高”联合发布海洋自然资源与生态环境检察公益诉讼典型案例》，最高人民检察院，2023 年 12 月 29 日，https://www.spp.gov.cn/xwfbh/wsfbt/202312/t20231229_638673.shtml#1，2024 年 1 月 9 日登录。

港口、船舶安全生产和海洋牧场建设，护航海洋经济高质量发展。[①]

四、小结

2023 年，国家海洋法治建设整体进展良好，全国各级立法机关加强涉海法律法规修订工作，海洋法律制度得到进一步完善。海洋执法部门综合运用多种执法监管手段，深入推进执法规范化建设，全面履行执法职责，维护海上环境安全稳定。海事审判机构积极行使海事司法管辖权，检察机关充分履行法律监督职能，凝聚司法保护合力，服务海洋强国建设，进一步推动了海洋法治发展完善。

① 《最高检印发〈通知〉贯彻执行新修订海洋环境保护法》，最高人民检察院，2024 年 1 月 2 日，https://www.spp.gov.cn/spp/zdgz/202401/t20240102_639098.shtml，2024 年 1 月 9 日登录。

第九章　中国周边海洋秩序

在周边海洋秩序构建的进程中，中国始终是主要推动力量。以海洋命运共同体理念，共建“一带一路”倡议，以及全球发展倡议、全球安全倡议、全球文明倡议为基础，中国与周边国家坚持通过对话管控分歧、通过合作增进互信、通过规则制定促进和平稳定，推动周边海洋秩序的构建。

一、构建周边海洋秩序的基础

周边海洋秩序是指在相对独立政治地理范围内的国家，通过双多边条约及机制化安排，就共同关切的海洋问题形成相对稳定的区域性海洋关系。中国周边海域，包括黄海、东海及南海均为闭海或半闭海。中国与周边海上邻国的主张管辖海域存在多种形式的重叠，并将长期存在领土及海洋划界争端。同时，在国内法和国际法要求下，有关国家都有开展多层级海上合作的政治意愿及法律义务。中国与周边国家通过达成涉海协定、共识等推动着周边海洋秩序的构建。

（一）周边政府间海洋合作意愿不断加深

维护海洋和平稳定是周边国家的共同利益和共同责任。中国与南海沿岸国家印度尼西亚（以下简称“印尼”）、越南深化提升全面战略伙伴关系，重申致力于全面有效落实《南海各方行为宣言》（以下简称《宣言》），在协商一致基础上尽快推动达成“南海行为准则”（以下简称“准则”）。中国与南海周边其他国家也继续保持和巩固关系。中国与新加坡提升为“全方位高质量的前瞻性伙伴关系”[①]，与东帝汶提升为全面战略伙

① 《中华人民共和国和新加坡共和国关于建立全方位高质量的前瞻性伙伴关系的联合声明》，外交部，2023 年 4 月 1 日，https://www.mfa.gov.cn/wjb_673085/zzjg_673183/yzs_673193/xwlb_673195/202304/t20230401_11053005.shtml，2023 年 12 月 28 日登录。

伴关系。[1]这都有助于周边海洋秩序的构建。

中国和印尼深化全方位战略合作。2023 年是中国和印尼共建命运共同体开局之年。[2]双方推动包括海上在内的"四轮驱动"合作格局提质升级，同意进一步加强海上合作，用好中印尼海上合作技术委员会机制和中印尼海上合作基金，深化在海洋科研环保、航行安全、深海探测、防灾减灾、海上能力建设和渔业等领域合作，积极推进两国海警机制化合作。双方重申致力于全面有效落实《宣言》，在协商一致基础上尽快推动达成"准则"。[3]

中国和越南宣布构建具有战略意义的中越命运共同体。中越强调要更好管控和积极解决海上分歧。[4]双方同意，强化中越政府级边界谈判代表团及下设工作组，积极寻求双方都能接受的、符合《关于指导解决中越海上问题基本原则协议》《联合国海洋法公约》（以下简称《公约》）在内的国际法的基本和长久解决办法；积极推进海上共同开发磋商和北部湾湾口外海域划界磋商，推动上述两项工作早日取得实质进展。双方将继续积极开展海上低敏感领域合作；加强南海渔业执法合作和生物资源养护合作；加强海上搜救合作；落实《宣言》高官会及联合工作组会机制，管控好海上分歧，不采取使局势复杂化、争议扩大化的行动，共同维护海上稳定。[5]

中国和菲律宾在 2023 年年初一致同意在新形势下进一步加强中菲全面战略合作关系。双方决定建立中国外交部边海司与菲律宾外交部海洋司直接沟通机制，签署了《中华人民共和国外交部和菲律宾共和国外交部关于建立涉海沟通机制的安排》。[6]但是自 2023 年以来，菲律宾不断在中国南沙群岛仁爱礁海域侵权挑衅，打破中菲之间达

---

① 《中华人民共和国和东帝汶民主共和国关于建立全面战略伙伴关系的联合声明（全文）》，外交部，2023 年 9 月 23 日，https://www.fmprc.gov.cn/zyxw/202309/t20230923_11148672.shtml，2023 年 11 月 1 日登录。

② 《王毅会见印尼外长蕾特诺》，外交部，2023 年 7 月 12 日，https://www.fmprc.gov.cn/zyxw/202307/t20230712_11112239.shtml，2023 年 8 月 16 日登录。

③ 《中华人民共和国和印度尼西亚共和国关于深化全方位战略合作的联合声明（全文）》，外交部，2023 年 10 月 18 日，https://www.fmprc.gov.cn/zyxw/202310/t20231018_11163274.shtml，2023 年 11 月 1 日登录。

④ 《中华人民共和国和越南社会主义共和国关于进一步深化和提升全面战略合作伙伴关系、构建具有战略意义的中越命运共同体的联合声明》，外交部，2023 年 12 月 13 日，https://www.fmprc.gov.cn/zyxw/202312/t20231213_11201756.shtml，2023 年 12 月 27 日登录。

⑤ 同上。

⑥ 《中华人民共和国和菲律宾共和国联合声明》，外交部，2023 年 1 月 5 日，https://www.fmprc.gov.cn/zyxw/202301/t20230105_11001029.shtml，2023 年 8 月 16 日登录。

成的共识、加剧南海紧张，试图改变仁爱礁现状、制造既成事实。菲律宾的行为侵犯中国主权，违反国际法和《宣言》，不利于“准则”的早日达成，对周边海洋秩序造成危害。

（二）区域性多边机制不断形成共识

中国与有关国家通过创建争端解决国际组织、巩固地区组织地位与作用，推动多边合作等在区域多边机制层面上不断形成构建周边海洋秩序的共识。

中国等九国共同发起建立国际调解院，践行《联合国宪章》和平解决国际争端原则，为解决各类国际争端提供友好、灵活、经济、便捷的调解服务。国际调解院是世界上首个专门以调解方式解决国际争端的政府间国际组织，是对现有常设争端解决机构的有益补充。国际调解院筹备办公室于 2023 年 2 月在中国香港特别行政区成立。[①]

东盟在亚太地区架构演进中保持中心地位。首先，东盟地区论坛是亚太地区覆盖范围最广的安全机制。论坛将建立信任措施作为核心，坚持东盟主导，倡导相互尊重、协商一致、照顾各方舒适度等东盟方式，打造以东盟为中心的区域安全架构[②]，坚持开展安全对话合作，为维护地区和平稳定作出有益贡献。其次，东亚峰会是亚太地区具有广泛代表性和重要影响力的合作机制。面对当前深刻变化的国际和地区形势，东亚峰会应维护好本地区得来不易的和平稳定局面。[③]再次，东盟与中日韩（10+3）合作是东亚区域合作最成熟的机制之一。2023 年是落实《10+3 合作工作计划》的开局之年。该机制长期以来为东亚繁荣发展作出了积极贡献。[④]此外，中国和东盟积极践行《东南亚友好合作条约》宗旨和原则，共同弘扬友好合作精神，坚持开放的区域主义，释放新的合作潜能，应对全球风险挑战，维护地区和平稳定。2023 年是中国加入《东南亚

---

① 《国际调解院：和平解决国际争端的中国方案》，国合中心，2024 年 3 月 30 日，https://www.icc.org.cn/trends/mediareports/1615.html，2024 年 4 月 15 日登录。

② 《王毅出席第 30 届东盟地区论坛外长会》，外交部，2023 年 7 月 15 日，https://www.fmprc.gov.cn/zyxw/202307/t20230715_11113641.shtml，2023 年 8 月 16 日登录。

③ 《王毅出席第 13 届东亚峰会外长会》，外交部，2023 年 7 月 14 日，https://www.fmprc.gov.cn/zyxw/202307/t20230714_11113599.shtml，2023 年 8 月 16 日登录。

④ 《王毅出席东盟与中日韩（10+3）外长会》，外交部，2023 年 7 月 14 日，https://www.fmprc.gov.cn/zyxw/202307/t20230714_11113078.shtml，2023 年 8 月 16 日登录。

友好合作条约》20 周年。中国和东盟全方位拓展互利合作，成功走出一条长期睦邻友好、共同发展繁荣的正确道路，东亚也成为全球经济发展最快、人民生活水平快速提高的地区。2023 年的中国 – 东盟（10+1）外长会通过了关于中国加入《东南亚友好合作条约》20 周年纪念联合声明和加快达成“准则”指针文件。①

中日韩合作是东亚地区机制化程度最高、覆盖领域最广、内涵最丰富的多边合作架构。② 2023 年中日韩合作国际论坛在青岛举行，聚焦“重振后疫情时代的中日韩合作”。③ 2023 年 11 月，第十次中日韩外长会在韩国举行，认同三国合作具有重要意义和巨大潜力。④中日韩合作为三国和亚洲的现代化发展提供了重要助力。中日韩合作也面临挑战，三国应当保持战略定力，维护合作的正确方向。

亚太经合组织建立领导人定期会议机制，始终走在全球开放发展的前沿。⑤ 2023 年 11 月，亚太经合组织举行第三十次领导人非正式会议。会议通过《2023 年亚太经合组织领导人旧金山宣言》，重申致力于海洋、渔业资源等的可持续管理。⑥

（三）构建以国际法为基础的周边海洋秩序

在全球化的今天，多边主义是维护和平的重要基础。各国应维护以联合国为核心的国际体系、以国际法为基础的国际秩序、以联合国宪章宗旨和原则为基础的国际关系基本准则。⑦海洋与大陆是和合共生的关系，而非海权陆权竞争的零和博弈，更不能

---

① 《王毅出席中国 – 东盟（10+1）外长会》，外交部，2023 年 7 月 14 日，https://www.fmprc.gov.cn/zyxw/202307/t20230714_11113070.shtml，2023 年 8 月 16 日登录。

② 《王毅出席第十次中日韩外长会》，外交部，2023 年 11 月 26 日，https://www.mfa.gov.cn/web/wjbz_673089/xghd_673097/202311/t20231126_11187325.shtml，2023 年 12 月 4 日登录。

③ 《把握正确方向，共同振兴亚洲——王毅在 2023 年中日韩合作国际论坛开幕式上的致辞》，外交部，2023 年 7 月 3 日，https://www.fmprc.gov.cn/zyxw/202307/t20230703_11107030.shtml，2023 年 8 月 16 日登录。

④ 《王毅出席第十次中日韩外长会》，外交部，2023 年 11 月 26 日，https://www.mfa.gov.cn/web/wjbz_673089/xghd_673097/202311/t20231126_11187325.shtml，2023 年 12 月 4 日登录。

⑤ 《习近平在亚太经合组织第三十次领导人非正式会议上的讲话（全文）》，外交部，2023 年 11 月 18 日，https://www.fmprc.gov.cn/zyxw/202311/t20231118_11182938.shtml，2023 年 12 月 4 日登录。

⑥ 《2023 年亚太经合组织领导人旧金山宣言（摘要）》，外交部，2023 年 11 月 20 日，https://www.fmprc.gov.cn/zyxw/202311/t20231120_11183516.shtml，2023 年 12 月 4 日登录。

⑦ 《习近平在中华人民共和国恢复联合国合法席位 50 周年纪念会议上的讲话（全文）》，外交部，2021 年 10 月 25 日，https://www.fmprc.gov.cn/web/zyxw/202110/t20211025_9980825.shtml，2021 年 12 月 2 日登录。

再把海洋作为在全球推行单边强权的工具。①

当前形势下，构建周边海洋秩序正面临着严峻的风险挑战。所谓“印太战略”加快向本地区渗透，冲击东盟中心地位，冲击以东盟为核心建立起来的行之有效的区域合作架构。北约试图插足本地区，引入冷战思维和阵营对抗，破坏地区国家多年努力得来的和平稳定局面。域外大国借南海问题介入地区事务，破坏地区国家之间的团结协作。②

周边是中国安身立命之所，发展繁荣之基。③周边海洋秩序是国际秩序的重要组成部分。构建周边海洋秩序是在区域层面维护合理国际秩序的应有之义。面对日益复杂的海上问题，中国提出海洋命运共同体理念，为构建周边海洋秩序指明了前进方向。

要坚持对话协商，守护海洋和平安宁。加强区域安全合作，构建基础牢固、真正持久的海洋安全。对于长期存在的领土和海洋争端应当坚持由直接当事方友好协商解决，要坚决抵制阵营对抗和零和博弈。中国愿同东盟国家全面有效落实《宣言》，早日达成“准则”，构建和平与安全的南海秩序。南海仲裁案是国际海洋法治被政治利用的一个例子，恶化了地区海洋和平合作的环境，损害了公平与正义的基本价值，应当引起国际社会的警惕和抵制。

要坚持公平正义，完善海洋治理体系。践行真正的多边主义，推进公正合理的国际海洋治理。中国将坚定维护以联合国为核心的国际体系，以国际法为基础的国际秩序，继续全面参与联合国框架内海洋规则的制定与治理机制的实施，认真履行包括《公约》在内的国际海洋法义务。《公约》生效已近 30 年，实施过程中出现了不少新的课题和挑战，需要推动《公约》各项制度更加健全和公平。

要坚持生态优先，永葆海洋清洁美丽。人类的可持续发展很大程度上取决于海洋的健康状况。习近平总书记指出，“像对待生命一样关爱海洋”。中国高度重视海洋生态环境保护，坚持走生态优先、绿色低碳的发展道路，积极投身应对气候变化、减灾防灾，

① 《加强团结合作，携手共建海洋命运共同体》，外交部，2021 年 11 月 9 日，https://www.fmprc.gov.cn/wjbzhd/202111/t20211109_10445908.shtml，2021 年 12 月 14 日登录。

② 《王毅：地区国家要警惕三个消极动向》，外交部，2023 年 7 月 15 日，https://www.fmprc.gov.cn/zyxw/202307/t20230715_11113623.shtml，2023 年 8 月 16 日登录。

③ 《新时代中国的周边外交政策展望》，外交部，2023 年 10 月 24 日，https://www.fmprc.gov.cn/zyxw/202310/t20231024_11167069.shtml，2023 年 11 月 1 日登录。

反对核污染水排海，为全球海洋可持续发展作出自己的贡献。中国积极参与谈判并率先签署《〈联合国海洋法公约〉下国家管辖范围以外区域海洋生物多样性的养护和可持续利用协定》，将坚持渔业资源可持续利用，继续实施伏季休渔制度，坚决打击非法捕捞。

要坚持合作共赢，实现海洋繁荣昌盛。海洋联通世界，应成为各国促进交流、增进合作的纽带，而不应成为脱钩断链、隔绝彼此的阻碍。我们要秉持互利共赢的合作观，实现各方共享发展机遇和成果。中国将在共商共建共享原则基础上，同各方高质量建设“21 世纪海上丝绸之路”，打造蓝色经济伙伴关系。中国将继续与世界各国加大港口码头、海底光缆等基础设施建设合作，维护航道安全，不断提升海上互联互通水平。①

二、周边海洋秩序的发展

2023 年，中国与海上邻国继续推动落实相关协定，开展机制性及相关交流磋商，进一步加强中国与海上邻国在符合共同利益领域的合作，促进周边海上方向的和平、稳定、繁荣和可持续发展。

（一）海洋事务机制性磋商

中国与海上邻国继续保持现有海洋事务磋商机制下的交流与沟通，对管控争议，推动相关争端的和平解决具有积极意义。

1. 中日海洋事务高级别磋商机制继续推进

2023 年是《中日和平友好条约》缔结 45 周年。尽管日方在东海、钓鱼岛、南海、台湾等问题上存在消极动向，以及向海洋排放核污染水，中日海洋事务高级别磋商机制在 2023 年内仍进行了两轮磋商。双方同意就涉海事务保持密切沟通，努力管控矛盾分歧，加强互利合作，共同维护海上局势稳定。

① 《共建和平安宁、公平正义、清洁美丽、繁荣昌盛的海洋家园——王毅同志在第四届“海洋合作与治理论坛”开幕式上的致辞》，外交部，2023 年 11 月 8 日，https://www.fmprc.gov.cn/zyxw/202311/t20231108_11175787.shtml，2023 年 12 月 4 日登录。

双方在第十五轮磋商中就防务部门海空联络机制、海上执法部门对话合作、深化海上搜救领域务实合作、应对海洋垃圾合作、渔业、海洋科研及人员交流等方面达成相关共识。[①]双方在第十六轮磋商中就两国间涉海事务深入交换意见，但未公布是否达成会议共识。[②]

2. 中韩保持涉海磋商谈判

中韩海域划界谈判继续进行。中韩海域划界工作组于 2023 年 9 月 19 日举行了第十一轮会谈，就中韩海域划界有关问题坦诚深入交换意见。[③]

中韩于 2023 年 12 月举行涉海问题磋商。双方同意在中韩海洋事务对话合作机制框架下，妥善处理海上敏感问题，稳步推进海域划界谈判，强化海空安全、海洋环保、科研、搜救、渔业、执法、航运等务实合作，加强涉海人员交流，同意 2024 年上半年举行中韩海洋事务对话合作机制第三次会议。[④]

3. 中越海上磋商机制有序推进

中越海上低敏感领域合作专家工作组第十六轮磋商于 2023 年 8 月 2 日举行。双方积极评价海上低敏感领域合作迄今取得的成果，一致认为海上低敏感领域合作是双方海上合作的亮点。双方就有关涉海合作协议文本总体达成一致，同意未来择机签署。双方还探讨了开展海洋生态环境保护、深化拓展北部湾海上合作等新的合作倡议。[⑤]

中越北部湾湾口外海域工作组第十六轮磋商和海上共同开发磋商工作组第十三轮磋商于 2023 年 7 月 4 日举行。双方一致同意加快同步推进北部湾湾口外海域划界和南海油气共同开发，加快商签新的北部湾渔业合作协定、推进无争议海域的油气合作，为

① 《中日举行海洋事务高级别磋商机制第十五轮磋商》，外交部，2023 年 4 月 10 日，https://www.mfa.gov.cn/web/wjb_673085/zzjg_673183/bjhysws_674671/xgxw_674673/202304/t20230410_11057064.shtml，2023 年 8 月 16 日登录。

② 《中日举行海洋事务高级别磋商机制第十六轮磋商》，外交部，2023 年 10 月 13 日，https://www.mfa.gov.cn/web/wjb_673085/zzjg_673183/bjhysws_674671/xgxw_674673/202310/t20231013_11160664.shtml，2023 年 11 月 1 日登录。

③ 《中韩举行海域划界谈判工作组第十一轮会谈》，外交部，2023 年 9 月 20 日，https://www.mfa.gov.cn/web/wjb_673085/zzjg_673183/bjhysws_674671/xgxw_674673/202309/t20230920_11145885.shtml，2023 年 11 月 1 日登录。

④ 《中韩举行涉海问题磋商》，外交部，2023 年 12 月 7 日，https://www.mfa.gov.cn/web/wjb_673085/zzjg_673183/bjhysws_674671/xgxw_674673/202312/t20231207_11196648.shtml，2023 年 12 月 28 日登录。

⑤ 《中越举行海上低敏感领域合作专家工作组第十六轮磋商》，外交部，2023 年 8 月 4 日，https://www.mfa.gov.cn/web/wjb_673085/zzjg_673183/bjhysws_674671/xgxw_674673/202308/t20230804_11122429.shtml，2023 年 8 月 16 日登录。

两国关系发展作出更大贡献。①

中越北部湾渔业可持续发展合作协定第三轮磋商于 2023 年 3 月 29 日举行。双方高度评价北部湾渔业合作的重要意义，一致同意加快协定案文磋商，争取早日签署协定。②

4．中国和巴基斯坦海上合作对话

中国和巴基斯坦于 2023 年 11 月 30 日举行第四轮海上合作对话。双方就加强两国海军交流、地区合作、海上基础设施建设、海洋渔业、海洋科技、海上搜救、防灾减灾及海洋污染防治等领域合作深入交换意见。③

（二）海上执法合作

1．开展双边交流

中韩海警于 2023 年 6 月 13 日举行第六次高级别工作会晤。双方表示，要进一步深化海上务实合作，共同维护海上安全秩序，稳妥处置海上突发事件。④中韩于 2023 年 6 月 7—9 日召开年度渔业执法工作会谈。双方一致认为，在两国海上执法部门的共同努力下，海上渔业执法交流合作不断深化，打击违法违规作业力度逐步加强，中韩渔业协定水域生产作业秩序持续改善。⑤

中国海警局代表团于 2023 年 8 月 21—25 日赴越南参加第三届中越海警青年警官交流活动。⑥

---

① 《中越举行北部湾湾口外海域工作组和海上共同开发磋商工作组磋商》，外交部，2023 年 7 月 6 日，https://www.mfa.gov.cn/web/wjb_673085/zzjg_673183/bjhysws_674671/xgxw_674673/202307/t20230706_11109306.shtml，2023 年 8 月 16 日登录。

② 《中越举行北部湾渔业可持续发展合作协定第三轮磋商》，外交部，2023 年 3 月 31 日，https://www.mfa.gov.cn/web/wjb_673085/zzjg_673183/bjhysws_674671/xgxw_674673/202303/t20230331_11052208.shtml，2023 年 8 月 16 日登录。

③ 《中国和巴基斯坦举行第四轮海上合作对话联合新闻稿》，外交部，2023 年 11 月 30 日，https://www.mfa.gov.cn/web/wjb_673085/zzjg_673183/bjhysws_674671/xgxw_674673/202311/t20231130_11190458.shtml，2023 年 12 月 4 日登录。

④ 《中国海警局与韩国海洋警察厅举行第六次高级别工作会晤》，中国海警局，2023 年 6 月 13 日，https://www.ccg.gov.cn//2023/gjhz_0613/2275.html，2023 年 8 月 17 日登录。

⑤ 《中韩举行 2023 年度渔业执法工作会谈》，中国海警局，2023 年 6 月 12 日，https://www.ccg.gov.cn//2023/gjhz_0612/2274.html，2023 年 8 月 17 日登录。

⑥ 《中国海警局代表团赴越参加第三届中越海警青年警官交流活动》，中国海警局，2023 年 8 月 26 日，https://www.ccg.gov.cn//2023/gjhz_0826/2314.html，2023 年 11 月 1 日登录。

2．参与多边机制

中国海警局代表团于 2023 年 9 月 5—8 日参加了第十九届亚洲地区海岸警备机构高官会（以下简称“亚高会”）高级别会议。中国海警局牵头主持预防和打击海上非法活动工作组会议，并参与能力建设工作组、信息共享临时工作组会议。亚高会在推动亚洲国家海上执法机构能力建设、加强各成员机构协作方面具有积极意义。[①]

3．组织联合行动

中越海警于 2023 年 4 月开展年度第一次北部湾海域联合巡逻。这是 2006 年以来中越第 25 次联合巡逻。此次巡逻首次由中越海上执法部门领导联合指挥，也是两国海上执法部门高层领导首次海上会晤，有助于深化中越海上执法合作，共同维护北部湾海域安全稳定。[②]

中国海警局于 2023 年 8 月成功举办年度北太平洋地区海岸警备执法机构论坛多边多任务演练。此次演练以海上缉毒为主题，俄、韩等国海上执法机构代表参演，展现了各国海警专业的执法能力和高效的协调水平，为推动构建海洋命运共同体、维护地区海上和平与安全稳定贡献了中国智慧。[③]

（三）低敏感领域合作

中国政府高度重视海洋可持续发展，努力改善海洋生态环境，积极倡议构建中国 – 东盟蓝色经济伙伴关系，不断推动海洋经济发展取得新进展。第一届中国 – 东盟国家蓝色经济论坛于 2023 年 9 月 18 日在广西北海开幕。该论坛是中国 – 东盟博览会高层论坛之一，主题为“携手发展蓝色经济，共创向海繁荣之路”。中国就加强中国 – 东盟海洋合作提出三点建议：进一步深化蓝色经济合作，共同推进海洋高质量发展；持续推动海洋生态保护与防灾减灾合作，共同维护平安海洋；积极促进海洋管理和科技交

---

① 《中国海警局代表团参加第十九届亚洲地区海岸警备机构高官会高级别会议》，中国海警局，2023 年 9 月 9 日，https://www.ccg.gov.cn//2023/gjhz_0909/2329.html，2023 年 11 月 1 日登录。

② 《中越海警开展 2023 年第一次北部湾海域联合巡逻》，中国海警局，2023 年 4 月 13 日，https://www.ccg.gov.cn//2023/hjyw_0413/2247.html，2023 年 8 月 17 日登录。

③ 《中国海警局举办 2023 年北太海警论坛多边多任务演练》，中国海警局，2023 年 8 月 10 日，https://www.ccg.gov.cn//2023/gjhz_0810/2308.html，2023 年 8 月 17 日登录。

流合作，共同提高海洋治理能力。①

东亚海洋合作平台青岛论坛是深度融入共建“一带一路”倡议的重要载体。“2023 东亚海洋合作平台青岛论坛”以“‘海洋十年’和合共生”为主题，旨在打造东亚海洋合作互联互通、共商共建共享的交流平台，促进东亚地区海洋可持续发展。②

中印尼开展海洋生态联合调查。中国与印尼科学家组成多学科联合调查队，赴位于世界海洋生物多样性中心核心地带的印度尼西亚北苏拉威西海海域开展“典型海洋生态系统生物多样性和生态连通性”联合调查与研究航次，以促进两国在海洋生态领域的务实合作和提高在海洋领域应对全球变化的水平。③

（四）《南海各方行为宣言》的落实

“准则”磋商取得积极进展。中国和东盟国家加快磋商，2023 年年内完成案文第二轮审读，宣布正式启动“准则”案文三读，同意落实好中国东盟外长会通过的加快达成“准则”指针，争取早日达成“准则”。

2023 年，落实《宣言》高官会举行两次会议④，联合工作组会举行四次会议。⑤在

---

① 《第一届中国－东盟国家蓝色经济论坛开幕》，自然资源部，2023 年 9 月 18 日，https://www.mnr.gov.cn/dt/ywbb/202309/t20230918_2800613.html，2023 年 11 月 1 日登录。

② 《2023 东亚海洋合作平台青岛论坛开幕》，自然资源部，2023 年 6 月 29 日，https://www.mnr.gov.cn/dt/ywbb/202306/t20230629_2792831.html，2023 年 8 月 17 日登录。

③ 《中印尼开展海洋生态联合调查》，自然资源部，2023 年 11 月 1 日，https://www.mnr.gov.cn/dt/hy/202311/t20231101_2804889.html，2023 年 11 月 1 日登录。

④ 《落实〈南海各方行为宣言〉第 20 次高官会在越南下龙市举行》，外交部，2023 年 5 月 17 日，https://www.mfa.gov.cn/web/wjb_673085/zzjg_673183/bjhysws_674671/xgxw_674673/202305/t20230517_11078848.shtml，2023 年 8 月 16 日登录。

《落实〈南海各方行为宣言〉第 21 次高官会在北京举行》，外交部，2023 年 10 月 26 日，https://www.mfa.gov.cn/web/wjb_673085/zzjg_673183/bjhysws_674671/xgxw_674673/202310/t20231026_11169020.shtml，2023 年 11 月 1 日登录。

⑤ 《落实〈南海各方行为宣言〉第 40 次联合工作组会在菲律宾举行》，外交部，2023 年 8 月 24 日，https://www.mfa.gov.cn/web/wjb_673085/zzjg_673183/bjhysws_674671/xgxw_674673/202308/t20230824_11132178.shtml，2023 年 11 月 1 日登录。

《落实〈南海各方行为宣言〉第 39 次联合工作组会在越南下龙市举行》，外交部，2023 年 5 月 20 日，https://www.mfa.gov.cn/web/wjb_673085/zzjg_673183/bjhysws_674671/xgxw_674673/202305/t20230520_11080630.shtml，2023 年 8 月 16 日登录。

《落实〈南海各方行为宣言〉第 38 次联合工作组会在印尼举行》，外交部，2023 年 3 月 10 日，https://www.mfa.gov.cn/web/wjb_673085/zzjg_673183/bjhysws_674671/xgxw_674673/202303/t20230310_11038993.shtml，2023 年 8 月 16 日登录。

第 40 次联合工作组会上，中国阐述了仁爱礁问题的历史经纬及中方严正立场。第 39 次联合工作组就印尼提议制定“关于加快早日达成有效、富有实质内容的‘准则’指导方针”达成共识，同意由各国落实《宣言》高官审议后提交今年中国东盟外长会通过。

南海海洋科研培训班是落实《宣言》框架下中方倡议的合作项目。第三届培训班于 2023 年 8 月在中国青岛举办，由自然资源部第一海洋研究所承办，为推动东盟国家经验交流、能力建设发挥积极作用。①

三、“一带一路”海洋合作促进周边海洋秩序的构建

海洋命运共同体理念是深化“21 世纪海上丝绸之路”建设的行动指南。中国与“21 世纪海上丝绸之路”共建国家相关机构“共商共建共享”，蓝色伙伴关系持续加强，有利于促进周边海洋秩序的构建。

（一）海上互联互通水平不断提升

共建“一带一路”倡议促进周边海上互联互通水平不断提升。共建国家港口航运合作不断深化，货物运输效率大幅提升：巴基斯坦瓜达尔港共建取得重大进展，正朝着物流枢纽和产业基地的目标稳步迈进；缅甸皎漂深水港项目正在开展前期工作；斯里兰卡汉班托塔港散杂货年吞吐量增至 120.5 万吨。“海上丝绸之路海洋环境预报保障系统”持续业务化运行，范围覆盖共建国家 100 多个城市。②

（二）高峰论坛重视海洋合作

第三届“一带一路”国际合作高峰论坛于 2023 年 10 月 18 日在北京举行。此次高峰论坛专门设立海洋合作专题论坛，由自然资源部主办。在海洋合作专题论坛上，与会各方均表达要加强海洋合作。③

---

① 《第三届南海海洋科研培训班举行开班式》，外交部，2023 年 8 月 15 日，https://www.mfa.gov.cn/web/wjb_673085/zzjg_673183/bjhysws_674671/xgxw_674673/202308/t20230815_11127039.shtml，2023 年 8 月 16 日登录。

② 《共建“一带一路”：构建人类命运共同体的重大实践》，新华网，2023 年 10 月 10 日，http://www.news.cn/2023-10/10/c_1129907870.htm，2023 年 11 月 1 日登录。

③ 《第三届“一带一路”国际合作高峰论坛主席声明》，外交部，2023 年 10 月 18 日，https://www.fmprc.gov.cn/zyxw/202310/t20231018_11163400.shtml，2023 年 11 月 1 日登录。

本次论坛共有 89 项多边合作成果文件。其中涉及海洋的有：在专题论坛及企业家大会成果中，包括海洋合作专题论坛发布的《“一带一路”蓝色合作倡议》；在政府间合作平台成果中，包括“共时代 · 共丝路 · 共强港——海丝港口国际合作愿景与行动”（海丝港口合作论坛发布）以及《2023 全球滨海论坛盐城共识》。[①]

本次论坛共有 369 项务实合作项目。其中涉及海洋的有：在民生及民心相通类项目中，包括创建东南亚海洋环境预报系统，举办中国—岛屿国家海洋合作论坛，并联合制定《中国—岛屿国家海洋防灾减灾合作计划》；交接援巴基斯坦瓜达尔海水淡化厂项目；中国国家文物局将开展海上丝绸之路跨国联合申遗工作，举办“海上丝绸之路文化遗产保护圆桌会议”、五湖四海——“一带一路”文物考古合作展，并形成“一带一路”文化遗产保护成果图集等；中国将开展太平洋—印度洋海洋科学综合考察与研究，并面向共建“一带一路”国家推广改性黏土技术，为有关国家海洋生态安全提供保障。[②]

（三）蓝色伙伴关系不断发展[③]

中国着力与周边国家发展蓝色伙伴关系。蓝色伙伴关系机制愈加成熟、内容不断丰富、合作更富活力。

中国与东盟国家共同举办雅加达论坛，不断增进各方对构建中国 – 东盟蓝色经济伙伴关系的理解。中国探索创新共建中国 – 东盟国家海洋科技联合研发中心机制，增强中心活力，更多地造福本地区海洋科技发展。

“中国—东南亚国家海洋合作论坛”是与东南亚国家合作的主要平台，已举办 7 届。

青岛论坛是东亚海洋合作平台的一项重要活动，已成功举办 7 届，成立了东亚港口联盟等 5 个国际合作联盟，吸引了来自 70 多个国家和地区的 1400 多家企业和机构参展。青岛论坛和东亚海洋博览会已成为具有较大影响力的国际海洋论坛和知名海洋展会品牌，成为深度融入“21 世纪海上丝绸之路”建设的重要载体。

---

① 《第三届“一带一路”国际合作高峰论坛多边合作成果文件清单》，外交部，2023 年 10 月 18 日，https://www.fmprc.gov.cn/zyxw/202310/t20231018_11163409.shtml，2023 年 11 月 1 日登录。

② 《第三届“一带一路”国际合作高峰论坛务实合作项目清单》，外交部，2023 年 10 月 18 日，https://www.fmprc.gov.cn/zyxw/202310/t20231018_11163412.shtml，2023 年 11 月 1 日登录。

③ 《共商共建共享 共迎蓝色未来——自然资源部门“一带一路”海洋合作成果综述》，自然资源部，2023 年 10 月 19 日，https://www.mnr.gov.cn/dt/ywbb/202310/t20231019_2803871.html，2023 年 11 月 1 日登录。

四、小结

维护海洋和平稳定是周边国家的共同利益和共同责任。中国以构建人类命运共同体理念、共建“一带一路”倡议以及“三大全球倡议”为基础，积极推动周边海洋秩序构建。中国与周边国家关系的保持和巩固，有助于周边海洋秩序的构建。中国与有关国家通过创建争端解决国际组织、巩固地区组织地位与作用，推动多边合作等在区域多边机制层面上不断形成构建周边海洋秩序的共识。当前形势下，构建周边海洋秩序正面临着严峻的风险挑战。2023 年以来，菲律宾的侵权挑衅行为，对周边海洋秩序造成严重危害。面对日益复杂的海上问题，构建周边海洋秩序应以海洋命运共同体理念为指引，深化“21 世纪海上丝绸之路”建设，坚持对话协商，坚持公平正义，坚持生态优先，坚持合作共赢。

第十章　国际海洋法治的最新发展与中国参与

2023 年是习近平主席提出构建人类命运共同体理念十周年。构建人类命运共同体是习近平外交思想的核心理念，是新时代中国特色大国外交追求的崇高目标，是世界各国人民前途所在，是应对人类共同挑战、建设更加繁荣美好世界的人间正道。中国坚定维护以国际法为基础的国际秩序，主动参与国际规则制定，推进国际关系法治化，以国际良法促进全球善治，助力构建人类命运共同体。当前，百年变局加速演进，全球海洋治理面临新挑战。海洋污染、海洋生物多样性丧失、海洋渔业资源枯竭、气候变化及海平面上升、海洋酸化等全球性问题正在危及人类的生存与发展。面对这些共同挑战，中国展现负责任大国担当，积极参与全球海洋治理体系改革和建设，坚定维护国际海洋法治，为推动全球可持续发展、维护国际公平正义积极贡献中国智慧和力量。

一、国际海洋法治的发展

当前，全球海洋治理走向深入，国际海洋法治加速发展。近一年来，以海洋生物多样性、渔业补贴为规制对象的国际法律文书、软法性文件历经多年谈判最终达成，以塑料污染为规制对象的国际法律文书谈判正在加速推进。2023 年，国际法院、国际海洋法法庭对提交的海洋划界案作出了法律结论，同时也开始面对气候变化与海洋这一新问题。

（一）国际涉海法律体系方面

现代海洋法是一个开放包容的体系，涵盖《联合国海洋法公约》（以下简称《公约》）、其他涉海条约以及习惯国际法。除了具有法律拘束力的"硬法"外，一些重要的国际软法性文件[①]也值得关注。

---

① 软法性文件（soft law instruments）虽然不具有法律拘束力，依赖于国际法主体的自愿接受，但它仍具有规范性，对国家、国际组织等行为依然具有深刻影响。笔者认为，软法性条款或文件在现有条约条款的解释、习惯国际法的识别、未来法律文书的达成等方面可能会发挥推动作用。

1.《公约》及其执行协定

《公约》作为国际海洋法的重要组成部分，与其他国际条约和习惯国际法一道，共同搭建了现代国际海洋秩序的四梁八柱。《公约》是践行多边主义的显著成就，在维护海洋法治，反对海洋霸权、推动海洋合作、促进海洋可持续发展等方面发挥了重要作用。截至 2023 年 12 月，《公约》已拥有 169 个缔约国（包括欧盟）。①

《公约》是一个开放包容、与时俱进的法律框架。为更好地适应国际海洋实践，各方在《公约》出台后陆续制定了关于国际海底和鱼类种群两份执行协定。2023 年 6 月，《〈联合国海洋法公约〉下国家管辖范围以外区域海洋生物多样性的养护和可持续利用协定》（以下简称“BBNJ 协定”②）历经近 20 年最终达成。BBNJ 协定是《公约》的第三个执行协定，是各方利益妥协的产物，总体务实平衡，旨在为公海和国际海底区域海洋生物多样性养护和可持续利用建章立制。BBNJ 协定源于《公约》的法律框架，但同时又对《公约》进行了创新、发展和完善。BBNJ 协定确立了海洋遗传资源活动的规范及惠益分享制度，填补《公约》空白；确立了海洋保护区建立的标准和程序，强化各国在《公约》下保护保全海洋环境的义务；提升了环境影响评价透明度和国际化，细化了《公约》环评义务；加强了对发展中国家的能力建设和海洋技术转让机制和资金保障，推动《公约》相关制度取得实质性进展；创新发展了《公约》争端解决机制，首次赋予国际海洋法法庭全庭咨询管辖权；创立了一系列新机制，强化了 BBNJ 协定的遵守与执行。③目前，BBNJ 协定正在开放签署中。④

2．其他国际涉海法律文书

除《公约》外，其他国际组织及其他法律文书也参与涉海问题的法律规制构

① 2023 年 5 月 18 日，卢旺达成为《公约》第 169 个缔约国。

② 《〈联合国海洋法公约〉下国家管辖范围以外区域海洋生物多样性的养护和可持续利用协定》（Agreement under the United Nations Convention on the Law of the Sea on the Conservation and Sustainable Use of Marine Biological Diversity of Areas beyond National Jurisdiction）也被简称为《海洋生物多样性协定》，参见中国政府网，https://www.gov.cn/lianbo/bumen/202309/content_6905369.htm，2023 年 12 月 21 日登录。基于学界的相关使用习惯以及对“国家管辖范围以外区域”这一适用范围的强调，本章下文延续使用 BBNJ 协定作为该协定的简称。

③ 马新民：《〈海洋生物多样性协定〉与国际海洋法：继承和发展》，“中国国际法前沿”微信公众号，2023 年 6 月 30 日，https://mp.weixin.qq.com/s/sqMvXU4J2MeOD_IUHIYusA，2024 年 1 月 29 日登录。

④ 根据 BBNJ 协定的规定，本协定应自 2023 年 9 月 20 日起开放供所有国家和区域经济一体化组织签署，并将在纽约联合国总部持续开放供签署，直至 2025 年 9 月 20 日为止。

建，在渔业补贴、包括海洋环境污染在内的塑料污染等方面取得了一些积极成果或进展。

多年来，国际社会高度关注渔业补贴问题。历经21年，世界贸易组织（WTO）第12届部长级会议于2022年6月最终通过了《渔业补贴协定》及其议定书，宣布开放有关议定书供各成员接受。《渔业补贴协定》是WTO第一份主要旨在实现环境可持续发展目标的协定，也是WTO协定中谈判时间跨度最长的协定。《渔业补贴协定》在传统WTO补贴规则基础上创新性地纳入了渔业执法、资源可持续性评估、政策透明度、国际合作等渔业管理要素，在渔业补贴政策与可持续发展导向之间、在WTO规则和渔业领域的国际组织规则之间建立了有机联系，将进一步推动各成员海洋渔业补贴与管理政策向科学化、精细化和绿色化的方向不断转型。[①]《渔业补贴协定》禁止补贴非法、不报告和不管制（IUU）捕捞活动，涉及过度捕捞鱼类种群的捕捞活动，以及在无管制的公海区域所进行的捕捞活动。[②]《渔业补贴协定》的达成，有效落实了联合国可持续发展目标的相关要求，重振了各方对多边贸易体制的信心，对推动海洋可持续发展也迈出了重要一步。目前，《渔业补贴协定》正处于生效程序中。[③]

塑料垃圾侵入水生生态系统，污染湖泊、河流和海洋。随着国际社会对海洋塑料垃圾问题的日益关注，对塑料污染进行综合性的国际规制也走上议事日程。2022年2月，第五届联合国环境大会续会（UNEA-5.2）通过了一项历史性决议[④]，召集政府间谈判委员会（Intergovernmental Negotiating Committee，INC）制定一项具有法律约束力的关于塑料污染（包括海洋环境污染在内）的国际文书（简称“全球塑料公约”），并富有雄心地提出2024年年底前完成谈判。目前，各方主要聚焦“全球塑料公约”的目

---

① 《商务部世贸司负责人解读世贸组织〈渔业补贴协定〉》，商务部，2023年6月28日，http://www.mofcom.gov.cn/article/syxwfb/202306/20230603418961.shtml，2023年10月31日登录。

② 《〈世贸组织渔业补贴协定〉进程》，商务部，2023年10月30日，http://newyork.fmprc.gov.cn/wjb_673085/zfxxgk_674865/gknrlb/tywj/tyqk/202308/t20230803_11121840.shtml，2023年10月31日登录。

③ 根据《马拉喀什建立世界贸易组织协定》的规定，《渔业补贴协定》将在超过2/3的世界贸易组织成员接受后正式生效。

④ 即联合国环境大会（UNEA）第5/14号决议，决议内容参见https://wedocs.unep.org/bitstream/handle/20.500.11822/39812/OEWG_PP_1_INF_1_UNEA%20resolution.pdf，2023年11月1日登录。

标[1]、范围[2]、管控措施[3]、履约支持机制[4]等议题展开谈判。塑料污染政府间谈判委员会会议已经举行了三届，2024 年将继续推进相关谈判工作。[5]

3．国际涉海软法性文件

《生物多样性公约》框架下达成的各类涉海软法性文件值得关注。严格意义上说，《生物多样性公约》作为一项生物多样性保护的综合性条约，既适用于陆地部分，也适用于海洋部分；既适用于国家管辖范围以内的区域，也可能延伸至国家管辖范围以外的区域。[6]2022 年 12 月，《生物多样性公约》第十五次缔约方大会第二阶段会议通过了“昆明—蒙特利尔全球生物多样性框架”（简称“昆蒙框架”），为今后直至 2030 年乃至更长一段时间的全球生物多样性治理擘画新蓝图。其中，“昆蒙框架”确立了“3030”目标，即各方承诺到 2030 年保护（conserved）[7]“至少 30% 的陆地区域和内陆水域（of terrestrial and inland water areas）以及（30% 的）海洋区域和沿海区域（of marine and coastal areas）”。[8]

---

① 关于公约目标的谈判焦点在于，是设定原则性目标还是具体年限目标。参见马新民：《当前国际法形势与中国外交条法工作》，载《国际法学刊》，2023 年第 4 期，第 15 页。

② “全球塑料公约”拟采用综合性方法（comprehensive approach），建立塑料“全生命周期”的治理模式，但国际社会目前对“全生命周期”尚无统一界定。大部分国家认为，“全生命周期”包括塑料生产、消费、使用、末端处置等各阶段，而欧盟、小岛屿国家认为，“全生命周期”还应向前延伸至塑料原料的生产阶段。参见马新民：《当前国际法形势与中国外交条法工作》，载《国际法学刊》，2023 年第 4 期，第 15 页。

③ 关于公约管控措施的谈判焦点在于，是采取全球的、强制性的措施还是国家主导的、自愿性的措施。参见马新民：《当前国际法形势与中国外交条法工作》，载《国际法学刊》，2023 年第 4 期，第 15 页。

④ 关于履约支持机制的谈判焦点在于，发达国家是否应提供技术和资金的支持。参见马新民：《当前国际法形势与中国外交条法工作》，载《国际法学刊》，2023 年第 4 期，第 15 页。

⑤ 塑料污染首届政府间谈判委员会会议（INC-1）于 2022 年 11 月 28 日至 12 月 2 日在乌拉圭举行。第二届会议（INC-2）于 2023 年 5 月 29 日至 6 月 2 日在法国举行。第三届会议（INC-3）于 2023 年 11 月 13 日至 19 日在肯尼亚举行。有关“全球塑料公约”谈判的相关进展，参见 https://www.unep.org/inc-plastic-pollution，2023 年 11 月 1 日登录。

⑥ 笔者在参与《生物多样性公约》框架下相关磋商时注意到，有关缔约国对《生物多样性公约》的管辖范围（第 4 条第 b 项）存在不同看法，主要集中在《生物多样性公约》是否适用于国家管辖范围以外的区域。

⑦ 在有的国际文书中，英文 conserve 一词（包括其名词化 conservation）也被译为“养护”。《南极海洋生物资源养护公约》第 2 条第 2 款明确规定，为本公约的目的，“养护（conservation）”一词包括合理利用（rational use）。在“昆蒙框架”的磋商过程中，有关缔约方在接触组（contact group）会议上也曾围绕 protect 和 conserve 这两个词展开激烈的辩论交锋，其核心意义在于是否应将“利用”的意味纳入其中。

⑧ 笔者注意到，一些机构或组织甚至缔约方在“昆蒙框架”通过后仍对“3030”目标的表述采用偷梁换柱式的简化表达，如“保护 30% 的海洋（oceans）”。作为“昆蒙框架”磋商的参与者，笔者认为应注意的是，“昆蒙框架”中保护 30% 的“海洋区域和沿海区域（marine and coastal areas）”这一表述，是历经艰苦谈判磋商的妥协结果。在“昆蒙框架”的磋商过程中，曾有缔约方在接触组会议上提出使用 oceans 一词，但遭到了其他有关缔约方的明确反对。

（二）国际涉海司法实践方面

2023 年，国际法院、国际海洋法法庭审结了相关的海洋划界案件，并阐明了新的法律观点。与此同时，国际法院、国际海洋法法庭还受理了有关气候变化与海洋的咨询意见案。

1. 有关海洋划界的案件

2023 年，国际海洋法法庭、国际法院都有审结完成的海洋划界案件。2023 年 4 月，国际海洋法法庭特别分庭就毛里求斯和马尔代夫印度洋海洋划界案作出判决，划定了两国专属经济区和大陆架的边界。2023 年 7 月，国际法院就尼加拉瓜诉哥伦比亚 200 海里以外大陆架划界案作出判决，驳回了尼加拉瓜的划界请求。其中，国际法院在尼加拉瓜诉哥伦比亚 200 海里以外大陆架划界案中阐述的有关法律观点备受争议，影响深远，值得关注。

国际法院 2023 年审理的尼加拉瓜诉哥伦比亚 200 海里以外大陆架划界案与 2012 年尼加拉瓜诉哥伦比亚领土与海洋争端案紧密关联。在尼加拉瓜诉哥伦比亚领土与海洋争端案中，因尼加拉瓜未能证实其 200 海里以外大陆架与哥伦比亚 200 海里大陆架发生重叠，国际法院没有支持尼加拉瓜的主张。2013 年，尼加拉瓜再次在国际法院起诉，提出 200 海里以外大陆架划界的诉求。国际法院 2022 年 10 月发布命令，要求尼加拉瓜和哥伦比亚在庭审中仅就两大法律问题展开讨论：一是依据习惯国际法，沿海国 200 海里以外大陆架能否延伸至另一沿海国 200 海里以内；二是依据习惯国际法，确定沿海国 200 海里以外大陆架外部界限的标准是什么以及《公约》第 76 条第 2 款至第 6 款是否反映了习惯国际法。国际法院在 2023 年 7 月 13 日的判决中认为，依据习惯国际法，一个沿海国 200 海里以外大陆架的权利不能延伸至另一沿海国 200 海里以内。因对第一个问题作出了否定回答，法院认为无须再回答第二个问题，最终驳回了尼加拉瓜的划界请求。值得注意的是，本案中有 4 位法官提交了反对意见，3 位法官提交了个别意见，1 位法官提交了声明。其中，法院关于“依据习惯国际法，沿海国 200 海里以外大陆架权利不能延伸至另一沿海国 200 海里以内”的法律观点备受争议，对国际海洋秩序的构建可能会产生重要影响。

2．有关气候变化与海洋的咨询意见案

当前，诉诸咨询意见程序已成为有关国家维护海洋权益的新手段。尽管国际法院、国际海洋法法庭的咨询意见不具有法律拘束力，但影响深远。近一年多来，气候问题海洋化、司法化的动向值得关注。

国际海洋法法庭第31号咨询意见案是首起由全球性司法机构处理的气候变化案件，涉及法庭全庭是否具有咨询管辖权以及气候变化与海洋的关系问题。2022年12月，小岛屿国家气候变化与国际法委员会①请求国际海洋法法庭就《公约》缔约国在应对气候变化对海洋环境影响方面所承担的义务发表咨询意见。本案请求的问题有二：一是请求阐明防止、减少和控制与气候变化造成或可能造成的有害影响相关的海洋环境污染的义务，包括由人为温室气体排放到大气中导致的海洋变暖、海平面上升和海洋酸化带来的有害影响；二是请求阐明与海洋变暖、海平面上升和海洋酸化等气候变化影响相关的保护和保全海洋环境的义务。2023年6月，中国、印度、巴西、欧盟、英国、澳大利亚、新西兰等34个《公约》缔约国以及联合国、非洲联盟等9个国际组织应法庭邀请提交书面意见。2023年9月，法庭举行口头程序，听取中国、欧盟、英国、印度等33个《公约》缔约国和非洲联盟、世界自然保护联盟、太平洋共同体等3个国际组织的口头陈述。在管辖权方面，法庭持续扩张咨询管辖权的倾向值得关注。各方对《公约》（包括附件六《国际海洋法法庭规约》）是否赋予了法庭全庭咨询管辖权存在争议。中国、印度、巴西等发展中大国明确反对法庭全庭具有咨询管辖权；英国、澳大利亚等曾在第21号咨询意见案中明确反对法庭全庭咨询管辖权的国家，在本案中或表示法庭应明确其管辖权范围，或未作出表态；其他参与方多认可法庭全庭具有咨询管辖权。在实体问题方面，本案主要涉及《公约》与《联合国气候变化框架公约》体系的关系、温室气体的人为排放是否构成《公约》意义上“海洋环境的污染”等问题。小岛屿国家、孟加拉国以及一些非洲国家认为，《公约》在处理气候变化对海洋的影响问题上居于中心地位。温室气体的人为排放构成《公约》意义上“海洋环境的污染”，《公约》缔约国据此应承担更多的义务。若未能实现《巴黎协定》设定的温控目标，可触发《公约》的争端解决机制。英国、澳大利亚等发达国家以及欧盟认为，《公约》和

① 委员会成员包括安提瓜和巴布达、图瓦卢、帕劳、纽埃、瓦努阿图、圣卢西亚、圣文森特和格林纳丁斯、圣基茨和尼维斯、巴哈马共9个小岛屿国家。

《联合国气候变化框架公约》体系互为补充。尽管温室气体的人为排放构成《公约》意义上“海洋环境的污染”，但缔约国在《公约》下承担的海洋环保义务原则上不应超越《联合国气候变化框架公约》体系规定的范围，并且本案不涉及国家责任问题。中国、印度、印度尼西亚等发展中国家认为，处理气候变化对海洋的影响应遵循《联合国气候变化框架公约》体系这一应对气候变化的主渠道。温室气体的人为排放不构成《公约》意义上“海洋环境的污染”。即使《公约》部分条款有适用空间，也须充分尊重各国发展权利和《联合国气候变化框架公约》体系的规则、原则和精神，不得超出其范围。此外，许多发展中国家还强调“共同但有区别的责任”原则的重要性，强调发达国家负有的历史责任，应尽快落实向发展中国家提供资金支持和技术援助的承诺。[①]目前，该咨询意见案仍处于审议过程。

国际法院有关气候变化国家义务的咨询意见案也值得关注。2023 年 3 月，联合国大会通过一项决议，请求国际法院就各国在气候变化方面的义务提供咨询意见，包括特别考虑《公约》框架下保护和保全海洋环境的义务等。本案请求的问题有二：一是请求阐明各国在保护气候系统和环境免受温室气体人为排放影响方面所应承担的法律义务；二是请求阐明一国在损害气候系统时所应承担的法律后果。目前，该咨询意见案仍处于审议过程。

二、国际海洋法治的中国参与

2023 年 12 月中央外事工作会议指出，构建人类命运共同体是习近平外交思想的核心理念，是我们不断深化对人类社会发展规律认识，对建设一个什么样的世界、怎样建设这个世界给出的中国方案，体现了中国共产党人的世界观、秩序观、价值观，顺应了各国人民的普遍愿望，指明了世界文明进步的方向，是新时代中国特色大国外交追求的崇高目标。[②]构建人类命运共同体，是以建设持久和平、普遍安全、共同繁荣、开放包容、清洁美丽的世界为努力目标，以推动共商共建共享的全球治理为实现路径，

① 《中国首次参与国际海洋法法庭口头程序——访外交部条约法律司司长马新民》，载《法治日报》，2023 年 10 月 16 日第 6 版。

② 《中央外事工作会议在北京举行 习近平发表重要讲话》，新华网，2023 年 12 月 28 日，http://www.news.cn/politics/20231228/abeb95bc2fcb4185a726f124dacbc3bf/c.html，2023 年 12 月 29 日登录。

以践行全人类共同价值为普遍遵循，以推动构建新型国际关系为基本支撑，以落实全球发展倡议、全球安全倡议、全球文明倡议为战略引领，以高质量共建“一带一路”为实践平台，推动各国携手应对挑战、实现共同繁荣，推动世界走向和平、安全、繁荣、进步的光明前景。[①] 习近平总书记在2023年11月中共中央政治局第十次集体学习时强调，要坚定维护以国际法为基础的国际秩序，主动参与国际规则制定，推进国际关系法治化。积极参与全球治理体系改革和建设，推动全球治理朝着更加公正合理的方向发展，以国际良法促进全球善治，助力构建人类命运共同体。[②] 围绕推动构建人类命运共同体这条主线，中国展现负责任大国担当，坚定维护以国际法为基础的国际秩序，积极参与国际海洋法治的建设，为推动全球可持续发展、维护国际公平正义积极贡献中国智慧和力量。

（一）国际涉海法律体系方面

中国积极参与BBNJ协定、WTO《渔业补贴协定》、“全球塑料公约”等国际法律文书的谈判进程，并在《生物多样性公约》框架下领导各缔约国达成了“昆蒙框架”。

1.《公约》及其执行协定

中国是《公约》缔结者之一。作为一个发展中沿海国，中国全程参与1973年至1982年召开的三次联合国海洋法会议。这是中国恢复联合国合法席位后参与的首个重要国际立法进程。在整个谈判过程中，中国兼顾自身正当权益与国际社会整体利益，和广大发展中国家站在一起，致力于改变已落后于时代的旧海洋规则，反对海洋霸权，共同推动确立“人类共同继承财产”等重要海洋法原则和制度，为《公约》的最终通过作出重要贡献。中国维护《公约》宗旨原则，合理行使《公约》权利，善意履行《公约》义务，是《公约》及其机制的积极参与者、建设者和贡献者。作为《公约》缔约国，中国恪守《公约》精神，全面、忠实、善意履行《公约》，在海洋立法、执法和司法方面推动《公约》落地生根。

---

① 《中央外事工作会议在北京举行 习近平发表重要讲话》，新华网，2023年12月28日，http://www.news.cn/politics/20231228/abeb95bc2fcb4185a726f124dacbc3bf/c.html，2023年12月29日登录。

② 《习近平在中共中央政治局第十次集体学习时强调：加强涉外法制建设 营造有利法治条件和外部环境》，中国政府网，2023年11月28日，https://www.gov.cn/govweb/yaowen/liebiao/202311/content_6917473.htm，2023年12月29日登录。

中国积极参与了包括BBNJ协定在内的《公约》三个执行协定的谈判，对执行协定的最终达成发挥了建设性作用。中国以习近平生态文明思想为指引，在BBNJ协定开放签署的首日（2023年9月20日）即签署这一重要法律文件，体现了中国对海洋可持续利用的高度重视以及对真正多边主义的践行和维护。

2．其他国际涉海法律文书

中国长期积极参与WTO渔业补贴谈判，秉承“促谈、促和、促成”原则，尽可能照顾各参与方的利益和发展中成员的诉求，努力弥合成员分歧，提出案文修订建议，积极响应其他成员的意见，充分显示灵活性，为最终达成《渔业补贴协定》作出了积极贡献。[①]中国已于2023年6月向WTO递交《渔业补贴协定》议定书的接受书，标志着中国完成了《渔业补贴协定》的批约程序，成为较早完成该协定批约程序的主要WTO成员之一。[②]

中国作为塑料生产、消费和出口大国，统筹生态环境保护与经济社会发展，立足发展中国家定位，还积极参与了“全球塑料公约”的谈判进程，并提出了一些建设性主张。[③]

3．国际涉海软法性文件

中国发挥政治领导力，积极推动“昆蒙框架”的达成，并积极落实“昆蒙框架”。中国作为主席国分两个阶段成功主持召开《生物多样性公约》第十五次缔约方大会。在磋商进程中，中国积极发挥主席国作用，推动各方弥合分歧，形成合力，凝聚共识，2022年12月最终领导达成“昆蒙框架”，为推动全球生物多样性养护进程作出应有的贡献。为推动“昆蒙框架”的落地生根，中国正在更新国家生物多样性保护战略与行动计划（NBSAP），编制生物多样性保护重大工程实施方案，大力推进生物多样性保护、恢复、可持续利用和惠益分享等工作。[④]为进一步凝聚各方落实“昆蒙框架”的政

---

① 《〈中国的远洋渔业发展〉白皮书（全文）》，国务院新闻办公室，2023年10月24日，http://www.scio.gov.cn/zfbps/zfbps_2279/ 202310/t20231024_775861.html，2023年10月31日登录。

② 中国香港特别行政区于2023年8月21日正式接纳世界贸易组织《渔业补贴协定》。

③ 例如，在“全生命周期”的界定问题上，中国等主张应聚焦塑料废物收集、利用和处置环节，并考虑不同国家的国情和能力。参见马新民：《当前国际法形势与中国外交条法工作》，载《国际法学刊》，2023年第4期，第15页。

④ 《我国正在更新国家生物多样性保护战略与行动计划》，中国政府网，2023年8月29日，https://www.gov.cn/yaowen/liebiao/202308/content_6900823.htm，2023年12月13日登录。

治意愿，2023 年 12 月中国在《联合国气候变化框架公约》第二十八次缔约方大会“自然日”期间宣布牵头发起“昆蒙框架”实施倡议，愿与国际社会一道，携手应对生物多样性丧失、气候变化等全球性挑战。“昆蒙框架”实施倡议旨在打造一个各缔约方和利益攸关方自愿参与、体现政治意愿的合作平台，推动“昆蒙框架”全面落实。①

（二）国际涉海司法实践方面

中国积极参与国际海洋法法庭第 31 号咨询意见案的相关程序，提交书面意见，并派代表出庭作口头陈述。2023 年 6 月，中国提交书面意见，阐述法庭全庭没有咨询管辖权的立场，同时正面阐述我国应对气候变化的政策、立场、主张和举措。9 月，中国派代表出庭作口头陈述。这是中国首次参与国际海洋法法庭口头程序，也是中国继 2009 年在国际法院参与科索沃咨询意见案口头程序后又一开创性国际司法实践。②

在程序问题上，中国反对法庭拥有全庭咨询管辖权，指出法庭的权力源于国家同意，体现为组织文件的授权，而《公约》没有赋予法庭全庭咨询管辖权。中国强调《公约》第 288 条、《法庭规约》第 21 条都没有为法庭明确设立全庭咨询管辖权。《公约》第 159 条、第 191 条以及《法庭规约》第 40 条仅涉及法庭海底争端分庭咨询管辖权，与全庭咨询管辖权无关。《法庭规则》第 138 条逾越了《公约》以及《法庭规约》的授权。法庭也不能依据“隐含权力”建立全庭咨询管辖权。中国还强调《公约》出台后，缔约各国从未就法庭全庭咨询管辖权达成合意。新近通过的 BBNJ 协定是首个规定法庭全庭咨询管辖权的普遍性法律文书，符合国家同意原则，但除 BBNJ 协定明确规定的事项之外，各方并未授予法庭全庭任何其他咨询管辖权。

在实体问题上，中国将温室气体人为排放对海洋环境的有害影响问题，定性为气候变化法为主、海洋法为辅的问题。据此，中国阐述了气候变化法和海洋法在应对气候变化上的各自作用：气候变化法在处理气候变化及其对海洋的不利影响问题上处于基础和首要地位，各方应充分尊重气候变化法的原则、规则及立法精神。《公约》在保

① 《〈生物多样性公约〉第十五次缔约方大会主席、生态环境部部长黄润秋宣布牵头发起“昆蒙框架”实施倡议》，生态环境部，2023 年 12 月 10 日，https://www.mee.gov.cn/ywdt/hjywnews/202312/t20231210_1058600.shtml，2023 年 12 月 13 日登录。

② 《中国首次参与国际海洋法法庭口头程序——访外交部条约法律司司长马新民》，载《法治日报》，2023 年 10 月 16 日第 6 版。

护和保全海洋环境免受气候变化不利影响方面发挥辅助作用。《公约》的解释或适用，应与《联合国气候变化框架公约》体系保持一致，温室气体的人为排放对海洋的影响自成一类，不应将其定性为“海洋环境的污染”。气候变化问题所具有的特殊性决定了其不能适用《公约》有关国家责任制度。中国还阐述了各国在《公约》框架下应承担减缓温室气体排放、采取有关适应措施、开展国际合作、向发展中国家提供科学技术援助、进行环境影响评估等方面的义务。此外，中国还在本案中介绍了自身实践，重点阐述了中国作为负责任发展中大国，在习近平生态文明思想指引下，为全球气候治理所作的重要贡献。

三、小结

当前，全球海洋治理走向深入，国际海洋法治加速发展。面对海洋污染及塑料污染、海洋生物多样性丧失、海洋渔业资源枯竭、气候变化及海平面上升、海洋酸化等人类共同挑战，中国展现负责任大国担当，积极参与 BBNJ 协定、WTO《渔业补贴协定》、“全球塑料公约”等谈判进程，签署 BBNJ 协定，接受《渔业补贴协定》。中国还在《生物多样性公约》框架下领导各国达成“昆蒙框架”，并积极在国内政策层面推动其落地见效。中国积极参与了国际海洋法法庭第 31 号案，提交书面意见，并派代表出庭作口头陈述。中国坚定维护以国际法为基础的国际秩序，积极参与国际海洋法治的建设，为推动全球可持续发展、维护国际公平正义积极贡献中国智慧和力量。

第五部分

全球海洋治理中的中国角色

第十一章　南北极治理与中国极地事业

南北极的自然环境正在快速变化，关涉国际社会的整体利益，攸关人类生存与发展的共同命运，具有全球意义和国际影响。中国本着“尊重、合作、共赢、可持续”的基本原则，与有关各方一道，积极应对北极变化带来的挑战；坚持和平利用南极，保护南极生态环境，致力于维护南极条约体系的稳定，积极参与极地事务国际交流与合作，为南北极治理贡献中国智慧和中国方案。

一、南极国际治理基本框架

南极中央是冰雪覆盖的大陆，周围环海，岛屿众多。南极治理以和平利用和多边治理为主要特征，“冻结”主权主张，注重环境和生态系统保护。南极治理的基本制度框架主要是以《南极条约》为基础的南极条约体系。

（一）南极国际治理主要规制

1959 年签订的《南极条约》以主权冻结、和平利用和国际合作为基石，确立了南极治理的基本原则和制度。《南极条约》适用于南纬 60 度以南、包括一切冰架，鼓励科考自由和国际合作，并规定了在南极的禁止活动，但不妨碍或影响各国根据国际法在该地区内行使公海权利。该条约建立“视察”制度，并要求当事国通过适当的国内立法或者采取适当措施确保条约的遵守与执行。

南极条约体系以《南极条约》为基础形成，还包括《南极海洋生物资源养护公约》（Convention for the Conservation of Antarctic Marine Living Resources，以下简称《CAMLR 公约》[①]和《关于环境保护的南极条约议定书》（Protocol on Environmental Protection to the

① 《南极海洋生物资源养护公约》于 1980 年 5 月 20 日开放签署，1982 年 4 月 7 日生效。该公约适用于南纬 60 度以南和该纬度与构成南极海洋生态系统一部分的南极辐合带之间区域的南极海洋生物资源。

Antarctic Treaty，以下简称《环保议定书》）及其附件[①]等以及南极条约协商会议通过的决定、措施和决议。《南极条约》目前共有 56 个成员国，包括 29 个协商国。《南极条约》规定《南极条约》协商会议（Antarctic Treaty Consultative Meeting，ATCM）为其决策机构。南极环境保护委员会（Committee of Environmental Protection，CEP）与南极海洋生物资源养护委员会（Commission for the Conservation of Antarctic Marine Living Resources，CCAMLR）的设立，提高了其制度建设的完整度。

（二）南极国际治理主要平台

1．南极治理主要平台

南极治理主要特征是和平利用和多边治理，ATCM、CEP 和 CCAMLR 是南极条约体系框架下建立的主要治理平台。此外，南极研究科学委员会（SCAR）、国家南极局局长理事会（COMNAP）、南极和南大洋联盟（ASOC）和国际南极旅游组织协会（IAATO）等在南极国际治理中发挥不同程度的作用。

2023 年 5 月至 6 月，第 45 届 ATCM 暨第 25 届 CEP 会议在芬兰赫尔辛基举行。与会者包括来自 29 个协商国的代表[②]、12 个非协商国缔约国的代表[③]，CCAMLR、SCAR、COMNAP 的观察员以及 ASOC、IAATO、国际海道测量组织（IHO）、国际自然保护联盟（IUCN）、联合国环境规划署（UNEP）和世界气象组织（WMO）等机构的专家。[④]

国家请求成为协商国情况。白俄罗斯于 2021 年第 43 届 ATCM 期间提出成为协商国的请求。第 45 届 ATCM 正式审议了该请求。[⑤]部分协商国认为白俄罗斯没有达到《南极条约》第九条第（2）款的要求，即必须在南极进行大量的科学研究活动，关于白俄

---

① 《环保议定书》共有六个附件，涉及环境影响评价、动植物保护、废物处理及废物管理、预防海洋污染、区域保护和管理以及环境紧急情况引起的责任。《环保议定书》及前四个附件于 1991 年 10 月 4 日通过，1998 年生效。1991 年第 16 次《南极条约》协商会议通过附件五，2002 年生效。2005 年第 28 次《南极条约》协商会议通过附件六，尚未生效。

② 分别为阿根廷、澳大利亚、比利时、巴西、保加利亚、智利、中国、捷克、厄瓜多尔、芬兰、法国、德国、印度、意大利、日本、韩国、荷兰、新西兰、挪威、秘鲁、波兰、俄罗斯、南非、西班牙、瑞典、乌克兰、英国、美国和乌拉圭。

③ 分别为白俄罗斯、加拿大、哥伦比亚、爱沙尼亚、马来西亚、摩纳哥、葡萄牙、罗马尼亚、斯洛伐克、瑞士、土耳其和委内瑞拉。

④ Final Report of 45th ATCM，para. 1-5.

⑤ Ibid.，para. 124.

罗斯申请成为协商国一事没有达成一致意见。[①]加拿大自 1988 年成为成员国，于 2003 年成为《环保议定书》的缔约国。加拿大表示已于 2021 年 10 月 21 日提交了获得协商国地位的请求，但要求将审议其成为协商国的申请推迟到 2024 年。[②]美国作为《南极条约》和《环保议定书》的保存国，确认加拿大遵守了第 2 号决定（2017）中规定的指导方针。[③]会议决定将加拿大的申请列入第 46 届 ATCM 会议议程。[④]

《环保议定书》附件六核准情况。澳大利亚介绍了与芬兰、法国、德国、荷兰、新西兰、挪威、西班牙、瑞典、英国和乌拉圭共同编写的《南极条约环境保护议定书附件六国内执行情况非正式闭会期间进程的建议》。该文件提出了一个非正式的闭会期间进程，以继续评估附件六生效的进展情况，并就缔约方为批准措施一（2005）可采取的行动交换信息。[⑤]根据该建议，附件六自有权参加第 28 届 ATCM 的所有 27 个协商国批准措施一之日起生效。截至 2022 年第 44 届 ATCM，该附件生效需要批准的 27 个缔约方中有 19 个[⑥]已批准措施一，另有两个缔约方批准。自 2005 年以来，ATCM 通过了一系列决定，包括决定一（2005）、决定四（2010）和决定五（2015），每年评估附件六生效的进展情况，鼓励缔约方及时批准附件六。2022 年第 2 号决定也呼吁缔约方继续相互分享有关批准措施一的信息和经验，以促进附件六朝着生效的方向发展。[⑦]

《国际极地水域操作船舶规则》的实施。缔约方讨论了在航运安全、航行条件和环境方面北极和南极的异同，并重申分享信息和最佳做法的重要性。许多缔约方还强调了在南极洲进行搜索和救援面临的挑战。[⑧]会议认识到有必要在战略工作计划中继续优先有效执行《国际极地水域操作船舶规则》（以下简称《极地规则》），并建议缔约方继

① Final Report of 45th ATCM，para. 126.

② Ibid.，para. 127，129.

③ Ibid.，para. 128.

④ Ibid.，para. 130.

⑤ Final Ibid.，para. 242.

⑥ 澳大利亚、智利、厄瓜多尔、芬兰、法国、德国、意大利、荷兰、新西兰、挪威、秘鲁、波兰、俄罗斯、南非、西班牙、瑞典、乌克兰、英国和乌拉圭。

⑦ WP030 rev.2 of 45th ATCM，Proposal for an Informal Intersessional Process to Share Information on Domestic Implementation of Annex VI to the Protocol on Environmental Protection to the Antarctic Treaty，https://www.ats.aq/devAS/Meetings/Documents/95，2023 年 10 月 30 日登录。

⑧ Final Report of 45th ATCM，para. 138.

续向停靠其港口的船东和经营者，以及船舶设计师、造船厂和其他利益攸关方推广《极地规则》。大多数缔约方还支持讨论缔约方与北极理事会和其他主要船旗国合作的可能方式，以便在执行《极地规则》方面分享信息和最佳做法。①

通过的措施、决定及决议。第 45 届 ATCM 会议共通过 18 项措施、6 项决定和 4 项决议。②措施主要涉及修订特别管理区、特别保护区管理计划相关事项。决定涉及 CEP 程序规则的修改和 ATCM 秘书处报告、计划与预算等常规内容，其中第 6 项重要决定是“为南极旅游和其他非政府活动制定一个全面和持久的框架的专门进程”。4 项决议分别是“考虑环境影响评估中的缓解措施”、《关于气候变化和南极问题的赫尔辛基宣言》、“重申对禁止除科学研究以外的南极矿产资源活动的持续承诺”、“对某些旅游和非政府活动采取紧急措施”。

2. 南极环境保护委员会

CEP 报告涉及其未来工作的策略、运作以及与其他组织的合作、《气候变化应对工作计划》的实施和审查、环境影响评估、地区保护和管理计划、南极动植物保护等 15 项议程。会议重申 CEP 在根据现有最佳科学向 ATCM 提供独立咨询意见和建议方面的重要性，欢迎 CEP 继续开展工作和主动审查其五年工作计划及其职能，并重申它是 ATCM 之外的一个独立机构，负责向 ATCM 提供咨询意见。③

3. 南极海洋生物资源养护委员会

南极海洋生物资源养护委员会实施了一整套措施，以支持南极海洋生物资源的养护和南大洋渔业的管理。这些养护措施在年度会议上审查和制定，随后由成员国在此后的闭会期间和捕鱼季节实施，养护措施在年度有效养护措施表中公布。2023 年 ATCM 期间，澳大利亚作为《CAMLR 公约》的保存国，提供了一份关于《CAMLR 公约》现状的报告，并提到自第 44 次 ATCM 以来，厄瓜多尔于 2022 年 6 月 24 日加入了《CAMLR 公约》，目前缔约国为 37 个。

CCAMLR 框架下的会议除了 CCAMLR 大会外，科学委员会（Scientific Committee,

① Final Report of 45th ATCM，para. 140.

② https://www.ats.aq/devAS/Meetings/Past/95，2023 年 10 月 30 日登录。

③ Final Report of 45th ATCM，para. 47.

SC）[①]、行政与财务常委会（Standing Committee on Administration and Finance，SCAF）[②]和遵守与执行常委会（Standing Committee on Implementation and Compliance，SCIC）[③]分别召开年度会议，讨论职权范围内的事项，并向委员会提交各自报告。

第 42 届 CCAMLR 大会于 2023 年 10 月 16—27 日在澳大利亚霍巴特市举行。会议共 15 项议程，主要包括《CAMLR 公约》目标的执行情况、海洋资源管理、空间管理、气候变化对南极海洋生物资源保护的影响、实施和遵行情况、南极海洋生物资源养护委员会国际科学观测计划、养护措施，与南极条约体系和国际组织的合作等。海洋保护区是大会讨论的重点议题之一。

二、北极国际治理基本框架

北极中央是北冰洋，沿海国包括美国、俄罗斯、加拿大、丹麦、挪威。北极周边国家还有冰岛、芬兰和瑞典。北极尚无专门适用于该地区的条约体系，北极治理具有多层次、多元化的特点。

（一）北极国际治理主要规制

南北极的治理机制存在较大差异。北极地区没有适用于北极各类活动的专门国际法律体系和制度，不同领域的问题受到不同国际法文件或制度规范，主要包括以下法

① 第 42 届 SC 会议于 2023 年 10 月 16 日至 20 日在澳大利亚的霍巴特市举行。会议共 16 项议程，主要讨论了“收获的物种（包括磷虾、鱼类等）”“捕捞作业的非目标渔获量和生态系统影响”“对南极生态系统影响的空间管理”“气候变化”“公约区内的非法、未报告和无管制（IUU）捕捞活动”“科学委员会的活动”等内容。详见 https://meetings.ccamlr.org/en/sc-camlr-42，2023 年 10 月 30 日登录。

② SCAF 年度会议于 2023 年 10 月 18 日至 20 日在澳大利亚的霍巴特市召开。根据会议议程，本次 SCAF 会议共十项内容，其中主要内容有审查 2021 年度和 2022 年度财务报表，听取秘书处报告以及审议秘书处 2023—2026 年战略计划（第四项），2023 年预算、2024 年预算草案和 2025 年计划预算（第六项）等。详见 https://meetings.ccamlr.org/en/scaf-2023，2023 年 10 月 30 日登录。

③ SCIC 年度会议于 2023 年 10 月 16—20 日在澳大利亚的霍巴特市召开。该会议共计 11 项议程，主要包括“审查与遵守和执行有关的措施和制度”（第三项），其中涉及“渔获记录方案”“船舶检验”“公约区域内的船舶监测系统和船舶移动活动”“关于新的和经修订的与遵约有关的养护措施的提案”等具体内容；“CCAMLR 合规性评估程序（CCEP）”（第四项）；“公约区内的 IUU 捕捞活动”（第五项），审议了相关各方关于 2021/2022 年公约区域内 IUU 捕捞活动和趋势的信息并拟定一份 IUU 船只清单；“科学委员会对 SCIC 的建议”（第七项），即科学委员会主席酌情提供建议，并就 SCIC 需要审议的相关事项交换信息等。详见 https://meetings.ccamlr.org/en/scic-2023，2023 年 10 月 30 日登录。

律制度。

一是《联合国海洋法公约》（以下简称《公约》）。环北冰洋五国（美国、俄罗斯、加拿大、丹麦、挪威）外长在2008年发布的《伊卢利萨特宣言》以及有关北极理事会文件，明确海洋法在北极海域的基础法律地位，也明确承认海洋法等广泛的法律框架适用于北冰洋。除美国外，北极周边国家均已加入并批准《公约》。

二是《斯匹次卑尔根群岛条约》（以下简称《斯约》）。1920年开放签署的《斯约》在承认挪威对群岛拥有主权的同时，规定各缔约国在“捕鱼权、狩猎权、自由通行权、开展经济活动的权利、建立无线电设备的权利以及财产所有权”等平等适用的权利。

三是《预防中北冰洋不管制公海渔业协定》（以下简称《协定》）。缔约方包括俄罗斯、美国、加拿大、挪威、丹麦、欧盟、日本、韩国、中国和冰岛，《协定》已生效。中国于2021年5月正式批准《协定》。《协定》旨在通过实施预防性的养护和管理措施，防止在北冰洋中部公海部分进行无管制捕捞，并确保养护和可持续利用鱼类种群。《协定》基于渔业管理的预防方法，旨在保护和可持续利用北冰洋公海海洋生物资源，在该地区至少16年内禁止商业捕鱼，同时进行科学研究，以进一步加强对该地区海洋生物的了解和认识。如果研究显示允许以可持续的方式进行渔业作业，将成立区域性渔业组织、机构予以安排。

四是国际环境公约。北极地区深受臭氧层减少、气候变化、持久性有机污染物等全球环境问题影响，《联合国气候变化框架公约》《关于持久性有机污染物的斯德哥尔摩公约》等大多数国际环境公约适用于北极地区。

五是极地航行规则。国际海事组织（IMO）从1993年开始制订极地水域航行国际法律文书，2002年通过《北极冰封水域船只航行指南》，2009年通过适用于南北两极的《极地冰封水域船只航行指南》。2014年11月，国际海事组织正式通过具有法律约束力的《极地规则》，覆盖了与极地船舶航行相关的众多内容，包括船舶设计、建造、设备、操作、培训、搜救和环保等，并在对极地航行安全和防污染有关法规、公约和指南进行整合的基础上，针对南北两极水域多冰、低温、偏远、高纬度等特殊风险，提出了极地水域船舶操作安全和环保的附加要求。《极地规则》于2017年1月1日起生效实施。

六是北极理事会框架下有拘束力的法律文件。北极理事会分别于2011年和2013年制定了具有法律约束力的《北极海空搜救合作协定》和《北极海上油污预防和反应协定》，规范北极地区的搜救和油污预防处理等活动，以应对北极航运和资源开发过程中可能出现的船舶事故和溢油问题。2017 年制定《加强北极国际科学合作协定》，旨在打破北极国家间科学研究和探索的障碍，积极促进北极科学研究合作。这三份文件的制定及执行意味着北极理事会正在推动北极治理规范从“软法”模式向“硬法”方向转变。

七是北极国家国内法。北极大部分油气资源位于沿岸国管辖的领海、专属经济区和大陆架内，在这些区域进行油气开发需遵守沿海国国内法。各国对北极航道的法律地位还存在分歧，北极航道沿岸国关于航道使用的国内法发展值得关注。同时，在北极地区的公海和国际海底区域，各国享有相应的权利和自由。

（二）北极国际治理主要平台

北极治理机制在主体、层级和涉及的领域方面呈多样化。其中，北极理事会是最重要的政府间北极治理机制。

北极理事会（Arctic Council，AC）成立于 1996 年，旨在维护北极地区的可持续发展。理事会讨论议题广泛，包括北极科研、环境、航运、能源开发、土著人权益保护等领域，在协调北极科研、促进北极环境保护、推动北极地区经济和社会发展合作等方面发挥重要作用。八个北极国家为理事会成员，享有决策权，以协商一致方式作出决定。理事会主席由 8 国轮流担任，任期 2 年。①

2023 年 5 月，挪威接任俄罗斯成为现任主席国，任期自 2023 年 5 月至 2025 年 5 月。②部长级会议是理事会决策机构，每两年召开一次，在没有部长级会议的年份召开副部长级会议。高官会是理事会执行机构，每年召开两次例会，负责执行部长级会议决定，审查理事会下设北极监测与评估、动植物保护、可持续发展、海洋环境保护、污染物行动计划、突发事件预防、准备和处理等 6 个工作组。各工作组均设有主席、管理委员会以及指导委员会。工作组依据北极理事会部长级会议授权成立，主要职能

① 萨米理事会、因纽特环北极大会、俄罗斯北方土著人协会、阿留申人国际协会、哥威迅人国际理事会、北极阿萨巴斯卡人理事会等 6 个北极土著人组织是北极理事会的永久参与方，对理事会有关决策具有影响。

② 参见 https://arctic-council.org/about/previous-chairmanships/，2023 年 10 月 28 日登录。

是完成部长级会议确定的项目目标，对部长级会议负责并受其监督。[①]除工作组外，理事会还成立特别任务组处理专门事宜，如北极科技合作任务组、海洋油污预防任务组、黑碳甲烷任务组等。理事会现有 38 个观察员，其中包括 13 个国家和 25 个国际组织。[②]中国于 2013 年成为北极理事会正式观察员国。观察员可出席理事会公开会议、参与理事会工作组工作，经主席同意可发言并提交相关文件。

此外，北极经济理事会（Arctic Economic Council，AEC）、北极地区议员大会（Conference of Parliamentarians of the Arctic Region，CPAR）、巴伦支海欧洲 – 北极理事会（Barents Euro-Arctic Council，BEAC）、国际北极科学委员会（International Arctic Science Committee，IASC）、北极圈论坛（Arctic Circle，AC）、极地科学亚洲论坛（Asian Forum for Polar Sciences，AFoPS）、北极国际论坛（International Arctic Forum）和中国 – 北欧北极研究中心（China-Nordic Arctic Research Center，CNARC）等机构和论坛也在北极国际治理中发挥作用。[③]

三、中国极地事业的发展

习近平总书记指出，极地科学考察，是人类探索自然奥秘、探求新的发展空间的重要领域，是一项功在当代、利在千秋的事业。[④] 40 多年来，中国极地事业以科学考察为先导，逐步实现从无到有、从有到大、从大到强的历史跨越。

（一）中国在南极的贡献

中国坚定维护《南极条约》宗旨，保护南极环境，和平利用南极，倡导科学研究，

① 赵隆：《多维北极的国际治理研究》，北京：时事出版社，2020 年，第 92 页。

② 具体国家和组织名称参见 https://arctic-council.org/about/observers/，2023 年 10 月 28 日登录。

③ 北极圈论坛由冰岛前总统格林姆松担任主席。首届会议于 2013 年 10 月在冰岛成功举办。论坛参与方包括北极和非北极国家政界、企业界、土著人、非政府组织、智库、科学家及媒体。论坛 2023 年北极圈大会于 10 月 19 日至 21 日在冰岛雷克雅未克举行，共有 700 多名发言人参加了 200 多场会议，我国外交部、自然资源部等派员参加了会议。北极特别代表高风出席论坛并在相关议题发言，自然资源部代表在北极航道、中日韩北极合作机遇等议题上做了发言，为促进北极国际合作与交流发挥积极作用。

④ 《探极八万里 纵横三大洋——中国极地大洋科学考察成果综述》，中国新闻网，2023 年 1 月 19 日，https://www.chinanews.com/gn/2023/01-19/9938836.shtml，2023 年 12 月 6 日登录。

推进国际合作，努力为人类知识增长、社会文明进步和可持续发展作出贡献。

1. 中国关于南极事务的立场和主张

中国一贯支持《南极条约》的宗旨和精神，秉持和平、科学、绿色、普惠、共治的基本理念，致力于维护南极条约体系的稳定，坚持和平利用南极，保护南极环境和生态系统，愿为国际治理提供更加有效的公共产品和服务，推动南极治理朝着更加公正、合理的方向发展。中国在南极着重致力于以下几个方面工作：一是提升南极科学认知，鼓励开展南极考察和科学研究，加大科学投入，加强南极科学探索和技术创新，增强南极科技支撑能力，普及南极科学知识，增进南极认知积累，不断提升国际社会应对全球气候变化的能力。二是加强南极环境保护，主张南极事业发展以环境保护为重要方面，倡导绿色考察，提倡环境保护依托科技进步，保护南极自然环境，维护南极生态平衡，实现可持续发展。三是维护南极和平利用，秉持“相互尊重、开放包容，平等协商、合作共赢”的理念，维护南极和平稳定的国际环境，遵守南极条约体系的基本目标和原则，坚持以和平、科学和可持续方式利用南极。

2. 南极科学考察研究

1984 年，中国第一支南极考察队出征。1985 年，中国在西南极乔治王岛建立长城站（常年考察站），此后建成中山站（常年考察站）、昆仑站（内陆考察站）、泰山站（营地）。2018 年 2 月，中国第 5 个南极考察站——罗斯海新站（即秦岭站）在恩克斯堡岛正式选址奠基。罗斯海新站位于南极三大湾系之一的罗斯海区域沿岸，面向太平洋扇区，是南极地区岩石圈、冰冻圈、生物圈、大气圈等典型自然地理单元集中相互作用的区域，具有重要的科研价值。[①] 中国已实现极地考察“双龙探极”的格局。在南极考察站建设与运行、交通运输、物资支持、医疗援助、人员培训、搜救等方面，中国与相关国家展开互助合作。“雪龙”号考察船和“雪鹰 601”固定翼飞机多次参与南极救助行动。

中国已经初步建成涵盖空基、岸基、船基、海基、冰基、海床基的国家南极观测网，基本满足南极考察活动的综合保障需求。中国依托南极考察活动，初步建立门类

① 2024 年 2 月 7 日，中国第 5 座南极考察站——秦岭站正式开站。参见《秦岭站，崛起于冰原——写在中国第五个南极考察站开站之际》，中国政府网，2024 年 2 月 8 日，https://www.gov.cn/yaowen/liebiao/202402/content_6930975.htm，2024 年 2 月 10 日登录。

齐全、体系完备、基本稳定的科研队伍，组建涵盖南极海洋、测绘遥感、大气化学等领域的重点实验室，在南极冰川学、空间科学、气候变化科学等领域取得一批突破性成果，推动南极科学研究由单一学科研究向跨学科综合研究发展。中国第 40 次南极科学考察队由自然资源部组织、由“雪龙号”和“雪龙 2 号”极地科学考察破冰船以及“天惠”轮货船组成，于 2023 年 11 月 1 日正式出征，科考征程为 5 个多月。本次考察的主要任务，除了进行南极生物生态的观测研究，还包括建设第 5 个南极考察站。①

3．南极生态和环境保护

中国倡导以保护科学价值和环境价值等为目标，合理开展南极区域保护。根据《环保议定书》确立的区域保护和管理机制，中国于 2008 年单独提议设立了格罗夫山哈丁山南极特别保护区。此外，中国还与澳大利亚、俄罗斯、印度等国联合提议设立了阿曼达湾南极特别保护区、斯托尼斯半岛南极特别保护区和拉斯曼丘陵南极特别管理区，有效保护相关区域的环境，促进有关各方交流合作。

有些缔约方根据 CEP 提供的科学资料等信息，呼吁第 45 届 ATCM 根据《环保议定书》附件二和商定的程序将帝企鹅指定为南极特别保护物种。在 2023 年召开的第 45 届 ATCM 中，中国指出，帝企鹅的数量在过去 20 年至 30 年一直保持稳定；影响帝企鹅的是气候变化导致的海冰减少，而不是人类在南极的活动；帝企鹅在海洋和陆地环境中所面临的人类活动威胁都非常低。②中国提到，需要开展进一步的科学研究和监测，以便 CEP 和 ATCM 决定采取何种措施保护帝企鹅。而且《环保议定书》附件二已经对帝企鹅进行了保护，目前将帝企鹅列为南极特别保护物种还为时过早。③中国认为评估南极物种状况不仅需要关注其对气候变化的脆弱性，还需要评估其种群趋势和分布以及人类活动造成的其他威胁和压力。④

4．南极国际治理与合作

中国于 1983 年加入《南极条约》，1985 年成为南极条约协商国，1994 年批准《环

① 《中国第 40 次南极考察启航，将建设我国第 5 个南极考察站》，央视网，2023 年 11 月 1 日，https://news.cctv.com/2023/11/01/ARTIIoNfIt6IcBue0YGVDBHR231101.shtml，2024 年 12 月 26 日登录。

② Final Report of 45th ATCM，para. 103，175，328.

③ Ibid.，para. 328.

④ Ibid.，para. 109.

保议定书》，之后又陆续批准了该议定书的 5 个附件。中国于 1986 年成为 SCAR 的正式成员国，1988 年成为国家南极局局长理事会（COMNAP）的创始成员国。2006 年中国批准加入《CAMLR 公约》，成为 CCAMLR 成员国。中国在实践中已实际执行了《南极条约》《环保议定书》及其附件以及《CAMLR 公约》等有关规定，并在积极推进关于南极活动的国内立法进程。

中国积极参与了涉及南极的国际重大科研项目合作。中国还积极开展与相关国家在南极考察与科学研究领域的双边合作，与有关国家[①]在南极研究、保障、科普等领域开展广泛合作，签署了多个政府间或研究机构间合作协议。此外，中国还积极推动区域国家间加强南极交流与合作，与日本、韩国共同倡导发起成立了亚洲唯一的区域性极地科学合作组织——极地科学亚洲论坛，旨在加强亚洲国家之间的协调，鼓励和推进亚洲国家在极地科学研究方面的合作与发展。

（二）中国在北极的贡献

1．中国关于北极事务的立场和主张

北极冰雪融化不仅导致北极自然环境变化，而且可能引发气候变暖加速、海平面上升、极端天气现象增多、生物多样性受损等全球性问题。北极冰雪融化可能逐步改变北极开发利用的条件，为各国商业利用北极航道和开发北极资源提供机遇。北极的商业开发利用不仅将对全球航运、国际贸易和世界能源供应格局产生重要影响，对北极的经济社会发展带来巨大变化，对北极居民和土著人的生产和生活方式产生重要影响，还可能对北极生态环境造成潜在威胁。在处理涉北极全球性问题方面，国际社会命运与共。北极的自然状况及其变化对中国的气候系统和生态环境有着直接的影响，进而关系到中国在农业、林业、渔业、海洋等领域的经济利益。

《中国的北极政策》白皮书于 2018 年公布，为中国相关部门和机构开展北极活动和北极合作、推动有关各方更好地参与北极治理，以及与国际社会一道共同维护和促进北极的和平、稳定和可持续发展提供了指导。白皮书明确，中国的北极政策目标是：认识北极、保护北极、利用北极和参与治理北极，维护各国和国际社会在北极的共同

① 美国、日本、韩国、泰国、澳大利亚、新西兰、智利、乌拉圭、俄罗斯、挪威、比利时、德国、法国、意大利、英国和欧盟等。

利益，推动北极的可持续发展。为了实现政策目标，中国本着“尊重、合作、共赢、可持续”的基本原则参与北极事务。中国参与北极事务的主要政策主张有五项：一是不断深化对北极的探索和认知；二是保护北极生态环境和应对气候变化；三是依法合理利用北极资源，以可持续的方式参与北极航道、非生物资源、渔业等生物资源和旅游资源的开发利用；四是积极参与北极治理和国际合作；五是促进北极和平与稳定。[①]

2. 北极科学考察研究

2023 年 7 月 12 日，由自然资源部组织的中国第 13 次北冰洋科学考察队搭乘“雪龙 2”号极地科考破冰船从上海出发，前往北冰洋执行科学考察任务。此次考察是党的二十大后中国组织开展的首次北冰洋科学考察活动。[②] 2023 年 9 月 27 日，“雪龙 2”号返回上海，标志着科考任务圆满完成。本次科考历时 78 天，总航程 1.5 万多海里。此次科学考察在中北冰洋太平洋扇区和加克洋中脊两大区域，顺利完成了环境关键要素长期观监测、洋中脊地质和地球物理调查、国家科技计划项目和国际合作四大任务，在自主装备研发、新型技术应用等方面取得重要进展。这是中国科考船第一次抵达北极点区域开展综合调查，填补了中国在该区域北冰洋考察调查数据的空白，为中国应对全球气候变化的影响提供了重要数据支撑。[③]

3. 北冰洋生态和环境保护

为应对即将在北极开展的公海渔业活动、预防过度捕捞对北极公海区域内鱼类种群的威胁，2018 年 10 月 3 日，加拿大、丹麦（代表格陵兰和法罗群岛）、挪威、俄罗斯、美国五个北冰洋沿岸国与中国、欧盟、冰岛、日本、韩国签署了《预防中北冰洋不管制公海渔业协定》，结束了此前中北冰洋公海区域缺乏全面性的区域渔业协定约束的历史，正式确立了北极公海渔业的国际法律秩序。[④]该协定的目标为：通过实施预防

---

① 《〈中国的北极政策〉白皮书》，中华人民共和国国务院新闻办公室，2018 年 1 月 26 日，http://www.scio.gov.cn/ztk/dtzt/37868/37869/37871/Document/1618207/1618207.htm，2023 年 10 月 28 日登录。

② 《中国第 13 次北冰洋科学考察队从上海出征》，新华网，2023 年 7 月 12 日，http://www.news.cn/2023-07/12/c_1129744890.htm，2023 年 10 月 28 日登录。

③ 《中国第 13 次北冰洋科考任务圆满完成》，央广网，2023 年 9 月 28 日，https://china.cnr.cn/news/20230928/t20230928_526435746.shtml，2023 年 10 月 28 日登录。

④ 孟令浩：《〈防止中北冰洋不受管制公海渔业协定〉的检视与中国的应对》，载《海南热带海洋学院学报》，2019 年第 3 期，第 78 页。

性养护和管理措施，防止在北冰洋中部公海部分进行无管制捕捞，作为长期战略的一部分，以保护健康的海洋生态系统，并确保养护和可持续利用鱼类种群。中国于 2018 年签署，2021 年 5 月批准该协定，这是冷战后中国参与缔结的首个北极区域性条约，具有里程碑意义。[①]

4．北极国际治理与合作

从地理位置上讲，中国是受北极气候和环境变化影响最大的国家之一。近年来，中国积极参与北极全球治理和国际交流合作，致力于与国际社会一道共同维护和促进北极可持续发展。[②]中国高度重视北极理事会在北极事务中发挥的积极作用，认可北极理事会是关于北极环境与可持续发展等问题的主要政府间论坛。[③]自 2013 年成为北极理事会正式观察员国以来，中国积极推荐相关领域专家参与北极监测与评估计划工作组、北极污染物行动计划工作组和北极动植物保护计划工作组的项目。同时，中国还积极推进北极科研国际合作，鼓励中国科学家开展北极国际学术交流与合作，推动中国高校和科研机构加盟“北极大学”协作网络。

中国积极推动在北极各领域的双多边务实合作，包括在气候变化、科考、环保、生态、航道和资源开发、海底光缆建设、人文交流和人才培养等领域的沟通与交流。中国主张在北极国家与域外国家之间建立合作伙伴关系，已与所有北极国家开展北极事务双边磋商。同时，中国 – 北欧北极研究中心在促进相关国家智库和科研院所交流方面发挥纽带作用；北极圈论坛等开放性平台在促进各国各界交流与合作方面发挥积极作用。中国鼓励科研机构和企业发挥自身优势，开展北极活动，促进合作与交流。

四、小结

极地变化对全球气候变化和人类生存发展具有重要影响。探索极地未知，增进科

① 唐尧：《中国深度参与北极治理问题研究：以缔结〈预防中北冰洋不管制公海渔业协定〉为视角》，载《极地研究》，2020 年第 3 期，第 383 页。

② 姜祖岩：《与国际社会共建南极美好未来——读〈中国的南极事业〉白皮书》，载《中国海洋报》2017 年 5 月 31 日理论版。

③ 《中国的北极政策》，国务院新闻办公室，2018 年 1 月 26 日，http://www.scio.gov.cn/ztk/dtzt/37868/37869/index.html，2024 年 1 月 30 日登录。

学知识，保护极地环境，促进极地的可持续发展，是全人类的共同使命。极地治理呈现一定的综合性特征，涉及环境保护、科学考察研究、资源养护与利用等不同领域，南北极治理又各有特点。中国一贯支持《南极条约》的宗旨和精神，秉持和平、科学、绿色、普惠、共治的基本理念，参与南极事务和开展南极活动；本着“尊重、合作、共赢、可持续”的基本原则参与北极事务和开展北极活动，更好地认识极地、保护极地、利用极地，持续为南北极国际治理贡献中国智慧，努力为促进人类福祉作出更大的贡献。

第十二章　国际海底治理与中国大洋事业

习近平总书记指出："深海蕴藏着地球上远未认知和开发的宝藏，但要得到这些宝藏，就必须在深海进入、深海探测、深海开发方面掌握关键技术。"[①]国际海底区域（以下简称"区域"）是深海空间的重要组成部分。《联合国海洋法公约》（以下简称《公约》）将"区域"及其资源确定为全人类的共同继承财产，并建立了以国际海底管理局（以下简称"管理局"）为核心的国际海底治理机制。中国以人类命运共同体理念引领深海大洋事业发展，全面深入参与国际海底治理，在促进国际海底事务发展方面发挥了重要作用。

一、国际海底治理现状与进展

管理局是《公约》缔约国按照《公约》为"区域"确立的组织和控制"区域"内活动，特别是管理"区域"资源的组织。《公约》所有缔约国都是管理局的当然成员。截至 2023 年 12 月，管理局共有 169 个成员。《公约》缔约国通过管理局这一国际海底治理核心机构，在促进"区域"内资源的勘探开发、保护海洋环境、促进海洋科学研究、提升发展中国家能力建设等方面持续取得进展。

（一）国际海底治理现状

《公约》第 153 条规定，"区域"内矿产资源的勘探开发应按照《公约》有关规定和管理局制定的规则、规章和程序进行，管理局先后通过了三个勘探规章：《"区域"内多金属结核探矿和勘探规章》《"区域"内多金属硫化物探矿和勘探规章》和《"区域"

① 《习近平：为建设世界科技强国而奋斗》，新华社，2016 年 5 月 31 日，http://www.xinhuanet.com/politics/2016-05/31/c_1118965169.htm，2023 年 12 月 1 日登录。

内富钴铁锰结壳探矿和勘探规章》。[①] 上述勘探规章针对“区域”不同资源的特点，为在“区域”内进行相关资源的探矿和勘探活动制定了详细的规则和程序。管理局从2011年开始启动《“区域”内矿产资源开发规章》（以下简称《开发规章》）的制定，将统一对“区域”内多金属结核、多金属硫化物和富钴结壳资源的具体开发制度作出规定。管理局出台的《勘探规章》以及正在制定的《开发规章》保障了“区域”内资源勘探开发活动的有序开展，对于促进人类共同继承财产原则的落实发挥了重要作用。

《公约》第145条规定，应按照本公约对“区域”内活动采取必要措施，以确保切实保护海洋环境。不受这种活动可能产生的有害影响。管理局采取了一系列措施加强对“区域”环境的保护和管理。管理局制定的勘探规章对勘探合同承包者的环境义务进行了详细规定，承包者应在合理可能的范围内采取预防做法和最佳环境做法，采取必要措施，防止、减少和控制其“区域”内活动对海洋环境造成的污染和其他危害。在实际勘探过程中，承包者应收集环境基线数据，并确定环境基线。承包者应制定和执行关于监测和报告对海洋环境影响的方案，每年向管理局报告监测方案的执行情况和结果，并提交数据和资料。管理局近年来积极开展区域环境管理计划的制定工作，在2012年通过首个区域环境管理计划——“克拉里昂—克利珀顿区环境管理计划”。理事会在2018年审议通过了“制定区域环境管理计划的初步战略”，初步确定大西洋中脊、印度洋三交点脊和结核带地区以及西北太平洋和南大西洋的海山为制定区域环境管理计划的优先区域。[②] 目前，相关区域环境管理计划制定工作正在稳步推进。

管理局根据《公约》第143条，有义务促进和鼓励在“区域”内进行海洋科学研究并协调和传播相关研究结果。管理局致力于推动海洋科学研究发展，促进相关知识和数据的传播、共享。《国际海底管理局2019—2023年期间战略计划》（以下

① 3个勘探规章文本参见国际海底管理局：《国际海底管理局理事会关于〈“区域”内多金属结核探矿和勘探规章〉修正案及有关事项的决定》，ISBA/19/C/17，2013年7月22日；《国际海底管理局大会关于〈“区域”内多金属硫化物探矿和勘探规章〉的决定》，ISBA/16/A/12/Rev.1，2010年11月15日；《国际海底管理局大会关于〈“区域”内富钴铁锰结壳探矿和勘探规章〉的决定》，ISBA/18/A/11，2012年10月22日。

② 国际海底管理局：《关于制定“区域”的区域环境管理计划的初步战略》，ISBA/24/C/3，2018年1月16日，第12段。

简称《管理局战略计划》)，将“鼓励和促进‘区域’海洋科学研究”作为管理局的一项战略愿景，支持深海科学研究的持续发展。2020 年管理局出台了《管理局支持联合国海洋科学促进可持续发展十年的行动计划》(以下简称《管理局海洋科学行动计划》)。该计划确定了 6 项优先研究领域，包括：增进对“区域”内深海生态系统的科学知识和了解；统一和创新“区域”内深海生物多样性评估方法；促进“区域”内活动的技术发展；增进对“区域”内活动的潜在影响的科学知识和了解；促进科学数据和深海研究产出的传播、交流和共享，提高深海知识水平；加强管理局成员，特别是发展中国家的深海科学能力。① 管理局发起和实施了“区域 2030”(AREA2030)倡议、可持续海底知识倡议(SSKI)等计划，旨在提高对深海的科学认识，支持全球海洋治理。

管理局有义务促进和鼓励缔约国向发展中国家传播先进的深海科学和技术，培训发展中国家人员的专业技术，推动发展中国家充分参与“区域”内的活动。管理局近年来积极开展培训和能力建设活动，以提高发展中国家与深海资源相关的知识、能力和技术水平。管理局开展了承包者培训项目、海洋科学研究捐赠基金和实习生项目等能力建设活动。自 2017 年以来，管理局还推动了包括深渊倡议、非洲深海海底资源和秘书长深海研究卓越奖等一系列培训项目，以期强化成员国能力建设。

(二)管理局机构建设进展

管理局的主要机关包括大会、理事会、秘书处、法律和技术委员会(以下简称“法技委”)、财务委员会、企业部(尚未正式成立)和经济规划委员会(尚未正式成立)。大会是管理局的最高权力机关，由管理局所有成员组成，管理局的一般政策由大会会同理事会制定。理事会是管理局的执行机关，由 5 组共 36 个管理局成员组成，理事会依照《公约》和大会所制订的一般性政策制定具体政策。法技委和经济规划委员会是理事会的附属机关。按照《公约》，每一委员会应由理事会根据缔约国提名选出的 15 名委员组成。理事会可于必要时在妥为顾及节约和效率的情形下，决定增加任何一个委员会的委员人数。鉴于法技委在管理局工作重要性的日益提升，法技委的规模不断

① 国际海底管理局：《大会关于国际海底管理局支持联合国海洋科学促进可持续发展十年行动计划的决定》，ISBA/26/A/17，2020 年 5 月 26 日，附件一第 8 段。

扩大。2022 年管理局选举产生了新一届法技委委员，任期由 2023 年至 2027 年，新一届法技委委员人数已扩充至 41 人。

随着“区域”内活动由勘探向开发阶段过渡，经济规划委员会和企业部的独立运作问题也逐渐提到管理局日程。经济规划委员会目前尚未成立，其职务暂由法技委执行。按照《公约》，经济规划委员会在海底生产开始之后，将负责就供应、需求和价格因素向理事会提供咨询意见。经济规划委员会还有权建议补偿或经济调整办法，以援助在经济方面受到海底生产损害的发展中国家。近两年管理局会议上开始讨论经济规划委员会独立运作问题，一些国家认为经济规划委员会设立和运作的时机尚不成熟，目前应继续由法技委履行经济规划委员会的职务。理事会同意将经济规划委员会独立运行议题保留在其议程上，继续开展研究讨论。企业部是直接进行“区域”内活动以及从事运输、加工和销售从“区域”回收的矿物的管理局机关，目前尚未独立运行，暂由秘书处履行其职能。管理局在 2023 年第 28 届会议期间通过了“关于设立企业部临时总干事职位的决定”[①]，同意设立企业部临时总干事职位，并为此通过了补充预算[②]，这为企业部逐渐迈向独立运行奠定了重要基础。

（三）资源开发利用进展

法技委在管理局第 28 届会议期间审议了 30 份承包者执行勘探合同的年度报告，认为大多数承包者都遵守了勘探工作计划。30 个承包者在 2022 年总共进行了 23 个航次，与 2021 年进行的航次数相当。2018 年至 2022 年承包者共进行了 103 个航次。承包者在多金属结核采矿和加工技术发展进度方面相差很大，一些承包者在海上成功进行了组件测试，而其他承包者仍在进行采矿系统的概念设计。[③]

法技委在管理局第 28 届会议期间，核准俄罗斯自然资源和环境部放弃多金属硫化物勘探合同 75% 合同区面积的报告和放弃富钴铁锰结壳勘探合同 1/3 合同区面积的报

① 国际海底管理局：《国际海底管理局理事会关于设立企业部临时总干事职位的决定》，ISBA/28/C/10，2023 年 3 月 31 日。

② 国际海底管理局:《国际海底管理局大会关于财务和预算事项的决定》,ISBA/28/A/15,2023 年 7 月 24 日,第 1 段。

③ 国际海底管理局：《法律和技术委员会主席关于委员会第二十八届会议第二期工作的报告增编》，ISBA/28/C/5/Add.1，2023 年 7 月 7 日，第 19 段和第 21 段。

告[①]，以及韩国放弃多金属硫化物勘探合同50%合同区面积的报告[②]；理事会根据法技委的建议，核准了韩国推迟放弃多金属硫化物勘探合同75%合同区面积的申请以及印度政府推迟放弃多金属硫化物勘探合同50%合同区面积的申请。[③]

理事会在2023年继续对《开发规章》进行审议，在第28届会议第2期会议期间通过了《开发规章》制定新路线图，计划继续拟订开发规章，以期在管理局2025年第三十届会议期间通过，在2023年11月理事会第三次会议后发布规章草案单一文本，在2024年7月理事会会议结束时，如仍未完成规章制定，理事会将评估规章通过前需优先完成的剩余工作，并考虑为此制定另一个路线图。[④]

（四）环境保护进展

法技委在2023年启动了《开发规章》相关环境阈值的制定工作，重点是确定深海采矿作业可能造成的主要环境压力，相关环境阈值将作为具有约束力的标准。法技委牵头成立了毒性，浊度和再悬浮沉积物的沉降，以及水下噪声和光污染3个闭会期间专家组，开展相关阈值制定工作，计划在2024年7月向理事会提出建议。

管理局与印度地球科学部以及印度国家海洋技术研究所管理局在2023年5月合作举办了“为印度洋区域制定区域环境管理计划，重点是大洋中脊和中印度洋盆地”的研讨会，启动了印度洋区域环境管理计划（REMP）的制定。管理局在印度洋区域颁发了4份多金属硫化物勘探合同和1份多金属结核勘探合同。来自15个国家的32名专家参加了研讨会。与会者审查了与印度洋国家管辖范围以外区域的海洋环境的地质、海洋学和生物方面有关的现有科学知识和环境数据。此次研讨会的成果为后续集中讨

① 国际海底管理局：《关于放弃俄罗斯联邦自然资源和环境部在其与国际海底管理局签订的多金属硫化物勘探合同下已获分配区域75%的报告秘书处的说明》，ISBA/28/C/7，2023年3月15日；《关于放弃俄罗斯联邦自然资源和环境部在其与国际海底管理局签订的多富钴铁锰结壳勘探合同下已获分配区域三分之一的报告秘书处的说明》，ISBA/28/C/19，2023年6月30日。

② 国际海底管理局：《关于放弃韩国在其与国际海底管理局签订的多金属硫化物勘探合同下已获分配区域50%的报告秘书处的说明》，ISBA/28/C/6，2023年3月15日。

③ 国际海底管理局：《国际海底管理局理事会关于应韩国请求延迟放弃时间表的决定》，ISBA/28/C/8，2023年3月31日；《国际海底管理局理事会关于应印度政府请求延迟放弃时间表的决定》，ISBA/28/C/22，2023年7月20日。

④ 国际海底管理局：《国际海底管理局理事会有关《关于执行〈联合国海洋法公约〉第十一部分的协定》附件第1节第15段规定的两年期到期后时间表的决定》，ISBA/28/C/24，2023年7月21日。

论可能的政策和管理措施奠定了重要基础。[①]

管理局于 2024 年 2 月在日本东京举办西北太平洋区域制定区域环境管理计划研讨会，旨在审查和综合有关西北太平洋海洋环境的生物、海洋学和地质方面的最新科学数据和资料，验证和完善之前在线研讨会中确定的潜在划区管理工具（ABMT）的设计，并根据商定的科学标准审查并进一步完善此类潜在划区管理工具的科学依据，根据之前研讨会的累积影响定量模型的结果，确定可能因未来潜在开发活动和累积影响而面临高风险的生态系统组成部分，并在此基础上制定应对此类影响的适当管理方法，包括非空间措施，并讨论未来区域尺度监测和研究的重点。日本研讨会的成果将有助于西北太平洋区域环境管理计划的未来发展，并为法技委审议和起草该区域的环境管理计划提供信息。[②]

（五）促进海洋科学研究进展

管理局在 2019 年推出“深数据数据库”，以公开和透明的方式共享在“区域”收集的所有环境数据和信息。截至 2023 年 5 月，“深数据数据库”包含在“区域”收集的超过 10 太字节的数据。[③]在管理局的协调下，截至 2023 年 6 月，已有 4 个勘探承包者同意通过“区域 2030”（AREA2030）倡议与国际水文组织共享其测深数据。国际海洋金属联合组织提供了 1992 年至 2001 年在克拉里昂—克利珀顿区收集的数据，比利时全球海洋矿物资源公司公开了其合同区的数据，日本深海资源开发有限公司提供了克拉里昂—克利珀顿区“具有特殊环境意义区域”（APEI）的数据，德国联邦地球科学和自然资源研究所提供了克拉里昂—克利珀顿区总共 12 万平方千米的海床和沿印度洋

① The first workshop on the development of a regional environmental management plan for the Area of the Indian Ocean kicks off in India，https://www.isa.org.jm/news/the-first-workshop-on-the-development-of-a-regional-environmental-management-plan-for-the-area-of-the-indian-ocean-kicks-off-in-india/，2023 年 11 月 21 日登录。

② Workshop on the Development of a Regional Environmental Management Plan for the Area of the Northwest Pacific，https://www.isa.org.jm/events/workshop-on-the-development-of-a-regional-environmental-management-plan-for-the-area-of-the-northwest-pacific/，2023 年 11 月 21 日登录。

③ 国际海底管理局：《国际海底管理局支持联合国海洋科学促进可持续发展十年行动计划的执行情况秘书长的报告》，ISBA/28/A/8，2023 年 5 月 23 日，第 26 段。

海脊 18.85 万平方千米的海床的水深测量数据。[①]

管理局在 2023 年 9 月发起“通过深海研究、技术和创新加快 2030 年议程进展的全球行动呼吁”，旨在推动围绕四个关键优先事项的集体行动，包括：（1）增加对科学和技术的投资；（2）使各级相关研究议程与作为全球深海研究议程的《管理局海洋科学行动计划》保持一致；（3）促进深海扫盲；（4）利用管理局的经验，支持实施《〈联合国海洋法公约〉下国家管辖范围以外区域海洋生物多样性的养护和可持续利用协定》。[②]

（六）能力建设进展

管理局大会在 2023 年通过了《国际海底管理局与喀麦隆国际关系学院关于开设海洋法和〈联合国海洋法公约〉第十一部分课程的谅解备忘录》《国际海底管理局与埃及国家海洋学和渔业研究所关于设立区域联合培训和研究中心的谅解备忘录》。[③]根据上述谅解备忘录，管理局将与有关国家开展新的能力建设合作，为非洲发展中国家开展培训和能力建设。管理局与喀麦隆国际关系学院将联合开设面向非洲外交官的海洋法培训专门课程。管理局与埃及国家海洋学和渔业研究所将设立新的区域联合培训和研究中心，中心的主要职能包括：（1）提供旨在促进发展中国家充分参与“区域”内活动的海洋科学和技术以及海洋科学研究技术方面的培训方案；（2）就“区域”内活动的最新发展和趋势开展协作研究；（3）组织与“区域”内海洋科学研究和“区域”内活动有关的会议、研讨会、讲习班和专题讨论会；（4）通过易于获取的出版物迅速发布海洋科学和技术研究的成果；（5）促进与其他国家，特别是与发展中国家的技术合作。

---

① 国际海底管理局：《国际海底管理局支持联合国海洋科学促进可持续发展十年行动计划的执行情况秘书长的报告》，ISBA/28/A/8，2023 年 5 月 23 日，第 29 段。

② Global call to action for accelerating progress under the 2030 Agenda through deep-sea research，technology and innovation launched at the SDGs Summit high level event co-organized by Bangladesh，Argentina and ISA，https://www.isa.org.jm/news/global-call-to-action-for-accelerating-progress-under-the-2030-agenda-through-deep-sea-research-technology-and-innovation-launched-at-the-sdgs-summit-high-level-event-co-organized-by-bangladesh-arge/，2023 年 11 月 24 日登录。

③ 国际海底管理局：《国际海底管理局与喀麦隆国际关系学院关于开设海洋法和〈联合国海洋法公约〉第十一部分课程的谅解备忘录秘书长的说明》，ISBA/28/A/12，2023 年 6 月 16 日；《国际海底管理局与埃及国家海洋学和渔业研究所关于设立区域联合培训和研究中心的谅解备忘录秘书长的说明》，ISBA/28/A/13，2023 年 6 月 14 日。

二、国际海底治理的热点问题

“区域”活动处在由勘探转向开发的关键阶段，管理局继续推进《开发规章》制定，同时对无规章情况下处理开发申请问题作出决定，“区域”国际制度再次审查问题也被提上管理局日程。同时，国际上对“区域”资源开发可能带来的环境影响愈发关注，一些国家和非政府组织呼吁在充分了解有关环境风险和确保有效保护海洋环境之前，应暂停深海采矿甚至《开发规章》的制定，这将对管理局的《开发规章》制定工作造成一定影响。

（一）《开发规章》制定

理事会在 2023 年召开了三期会议，重点对《开发规章》进行审议。理事会设立的理事会全会、财务条款、保护和保全海洋环境、检查遵守和执行、机构事项 5 个非正式工作组，负责对相关案文草案进行审议。理事会还设立了 10 多个会间工作组在理事会闭会期间就《开发规章》所涉重要问题开展磋商。在第 28 届会议第 3 期会议上，理事会达成共识，在第 28 届理事会主席的领导下，编写《开发规章》草案单一案文。2024 年 2 月，管理局公布了单一案文。

1. 财务条款

各方未对《开发规章》财务缴费模型、开发合同权利转让利润分享和公平财务措施达成一致。一些国家提出财务模型应考虑环境成本内部化问题，认为目前对于“区域”生态系统服务认知存在较大知识空缺，且缺乏相关数据，应继续开展研究，在解决该问题前不应匆忙制定和审议规章缴费条款。另外一些国家则认为，环境成本内部化研究应与规章缴费条款拟定平行推进，环境成本内部化问题不应成为拟定规章缴费条款的前提条件。各方在激励措施、特许权使用费支付、审计和检查、未交付特许权使用费及违约的处罚等问题，仍存在很多分歧。

2. 保护和保全海洋环境条款

各方对于利益攸关方协商标准化、独立专家评估、水下文化遗产、试采、关闭计划以及相关环境计划和条款的精简等问题仍存在分歧。各方普遍支持将已制定区域环境管理计划作为法技委审议开发申请的前提，一些国家提出，如果提交开发申请的区域没有区域环境管理计划，则应优先制定区域环境管理计划并尽快予以通过，一些国家则反对为使开发申请获得审议而加速区域环境管理计划制定。各方普遍支持制定有关环境标准，一些国家提出只有已通过环境标准，管理局才可核准开发，另一些国家则认为，包括环境在内的标准应按照管理局有关决定分阶段制定，不应将环境标准的通过作为核准开发的前提。

3．检查遵守和执行条款

各方普遍同意应由理事会建立遵约委员会，专门负责对承包者遵约情况的监督和管理，遵约机制应在批准任何开发工作计划之前建立，但对于遵约委员会设在法技委内还是作为理事会的附属机构仍存在严重分歧。一些国家支持“检查、遵守和执行机制框架”会间工作组协调员提出的在法技委下设遵约委员会的“混合模式”，同意在此基础上继续开展工作，另一些国家则坚持，应在理事会下设独立的遵约委员会。各方对检查的地理范围，检查员的权力，检查员的提名、任命，启动检查的门槛等问题也仍存在分歧。

（二）无规章情况下处理开发申请

瑙鲁在 2021 年致函理事会主席，表示瑙鲁海洋资源公司（NORI）有意请求申请核准开发工作计划，要求理事会按照《执行协定》在两年内完成《开发规章》的制定。按照《执行协定》附件第一节第 15 段（c）项的规定，如果理事会未在规定时间内完成拟订工作，而已经有开发工作计划的申请在等待核准，理事会仍应根据相关规定，审议和暂时核准该工作计划。

理事会在 2022 年 10 月成立了会间工作组，讨论如何理解和适用《执行协定》附件第一节第 15 段（c）项的规定。理事会在第 28 届会议第 1 期和第 2 期会议分别通过两个决定。[①] 理事会在 2023 年 7 月的决定中表示，进一步考虑理事会可采取的行动，如有开发申请在理事会完成规章制定前提交，理事会在下一次会议上，在法技委完成审查前，在不影响法技委职权情况下，作为优先事项继续讨论该问题，以期达成共同

① 国际海底管理局：《国际海底管理局理事会关于理解和适用〈关于执行《联合国海洋法公约》第十一部分的协定〉附件第 1 节第 15 段的决定》，ISBA/28/C/9，2023 年 3 月 31 日；《国际海底管理局理事会关于理解和适用〈关于执行《联合国海洋法公约》第十一部分的协定〉附件第 1 节第 15 段的决定》，ISBA/28/C/25，2023 年 7 月 21 日。

理解并据此作出决定，包括可能发布的准则或指令。

（三）“区域”制度定期审查

《公约》第 154 条规定，大会每五年应对“区域”国际制度的实际实施情况进行审查。《执行协定》附件第 4 节规定，管理局大会可根据理事会的建议，随时审查《公约》第 155 条第 1 款所述事项。管理局大会在 2017 年完成了首次定期审查。管理局 2023 年大会通过决定，将进行第二次定期审查事宜列入下届大会议程，以期通过决定，要求财务委员会就启动第二次定期审查可能产生的预算影响向下届大会提出建议，决定将《管理局战略计划》延长两年。①

（四）预防性暂停深海采矿问题

目前已有 20 多个国家发表声明宣布支持预防性暂停深海采矿，一些非政府环保组织还致信有关国家政府，敦促相关国家阻止管理局继续开展《开发规章》谈判，并要求管理局暂停颁发“区域”勘探合同。预防性暂停深海采矿特别是暂停制定《开发规章》是违反《公约》和《执行协定》精神的。

首先，《公约》规定了各国均享有开发利用“区域”及其资源的权利，只有实现“区域”资源的开发，才能真正落实人类共同继承财产原则。例如，《公约》第 150 条将确保“区域”资源的开发，作为“区域”内活动的一项政策规定。

其次，制定并尽快通过《开发规章》既是《公约》规定的条约义务，也是实施预防性措施的要求。例如，《公约》第 162 条第 2 款（o）项（2）目规定，对于制定有关多金属结核的勘探和开发的规则、规章和程序，应给予优先。《执行协定》附件第 1 节第 15 段规定，管理局应按照《公约》第 162 条第 2 款（o）项（2）目，并依照以下各分段的规定，拟订和通过以本附件第 2、第 5、第 6、第 7 和第 8 节内各项原则为根据的规则、规章和程序，以及为便利勘探或开发工作计划的核准所需要的任何其他规则、规章和程序。上述条款都表明制定并尽快通过《开发规章》是《公约》规定的义务，制定和通过《开发规章》本身就是适用预防性措施的体现，而不是等有充分科学证据

① 国际海底管理局：《国际海底管理局大会关于根据〈联合国海洋法公约〉第一五四条对“区域”国际制度进行第二次定期审查的决定》，ISBA/28/A/16，2023 年 7 月 28 日。

依据的前提下，才去制定并通过《开发规章》。

再次，《开发规章》通过，承包者申请获得开发合同，并不意味着深海商业开发将立即开始。一些支持预防性暂停的国家或组织，故意混淆视听，试图以此迟滞《开发规章》制定和通过。按照规章草案，承包者应在拟于采矿区内开始生产前至少 12 个月，向秘书长提交可行性研究等相关文件，在不迟于采矿区开始生产之日，向管理局缴存环境履约保证金。承包者获得开发合同，可能在较长时间内无法真正进行商业生产，最终何时能进入商业生产，主要还是取决于市场等条件。

三、中国大洋事业的新进展

2023 年中国继续深入和全面地参与“区域”事务，为促进国际海底治理体系建设、落实“区域”及其资源是人类的共同继承财产原则、保护“区域”海洋环境、支持发展中国家能力建设等作出了重要贡献。

（一）深海科考

2023 年 1 月，执行中国大洋 78 航次任务的“大洋号”船从厦门起航，前往西南印度洋中国大洋矿产资源研究开发协会多金属硫化物勘探合同区开展为期 108 天的科学考察。本次科考的主要任务为在多金属硫化物合同区“玉皇”“断桥”等勘查目标区域开展一般勘探，获取矿体三维结构、高精度地形地貌等特征，编制地质、地球物理图件；开展环境基线调查，为合同区环境保全参照区和环境影响参照区的建设提供支撑。[①]

2023 年 9 月，中国大洋 81 航次完成第一航段任务。在该航段中，科考队员们在西太平洋开展了资源和环境调查作业任务，包括资源和环境站位的箱式取样、多管取样、近底光学调查、浮游生物垂直拖网、浮游生物分层拖网、水下滑翔机调查等，获取大量样品及数据。作为深海应用需求牵引下的新型技术研发成果“洞察”号水下自治式潜水器（AUV）也在本航段进行了应用性试验，展示出稳定性高、功耗低、航程长的

① 《中国大洋 78 航次起航》，“i 自然”微信公众号，2023 年 1 月 17 日，https://mp.weixin.qq.com/s/sl33QfYEX-4qQvev899zKQ，2024 年 1 月 30 日登录。

优异性能，其应用成功标志着新型的“哨所模式”调查方法具备了实用基础，这一模式将使 AUV 在脱离母船、保障安全和提高作业效率方面迈出坚实的一步。① 2023 年 11 月，中国大洋 81 航次完成了第二航段任务。

（二）培训工作

北京先驱高技术开发有限责任公司完成了2023年承包者培训义务，为来自肯尼亚、马来西亚、尼日利亚、阿根廷的 5 名学员提供了海上勘探培训。

2023 年 10 月，中国—国际海底管理局联合培训和研究中心第二届培训班在青岛正式开班。本次培训是联合中心首次在华举办的线下培训，来自国际海底管理局和中国的 20 余名专家参与授课，来自巴西、巴布亚新几内亚、墨西哥、南非、尼日利亚、印度尼西亚、阿根廷、斐济等 21 个发展中国家的 25 位学员参加学习。培训以“海洋科学与技术”为主题，涉及国际海底区域矿产资源评估与开发、深海典型生境与生态系统保护、深海探测及数据获取与应用、深海领域治理国际规则、海洋文化和能力建设等内容。②

（三）参与国际海底事务

2023 年，中国政府就《开发规章》草案先后提交三轮书面意见。在 10 月提交的书面意见中，中国系统阐述了对《开发规章》相关问题的立场。关于财务条款，中国提出多金属结核可分阶段采取不同估值方式。在商业开发初期或交易量较少的情况下，尚未形成多金属结核矿石交易价格，多金属结核按照所含金属价格估值相对公平合理。未来如形成多金属结核矿石交易价格，建议直接按照矿石交易价格估值，并相应制定适当的特许权使用费费率。当前缴费费率计算方式是以陆地采矿企业的有效税率为衡量公平的基础，利用财务模型计算确定缴费费率。类比陆地采矿企业的有效税率是否合适尚不明确，应进一步研究。公平缴费机制需进一步加强不同均衡模型对价格和成本的敏感性分析，加强均衡制度的对比分析，以便将来承包者可根据自身需求

---

① 《我所组织实施的中国大洋 81 航次完成第一航段任务》，自然资源部第二海洋研究所，2023 年 9 月 26 日，https://www.sio.org.cn/a/snyw/21555.html，2023 年 11 月 24 日登录。

② 《中国—国际海底管理局联合培训和研究中心第二届培训班在青岛开班》，中国日报网，2023 年 10 月 19 日，https://cn.chinadaily.com.cn/a/202310/19/WS6530d184a310d5acd876ac7a.html，2023 年 11 月 24 日登录。

加以选择。关于机构事项，中国提出，机构事项不仅涉及管理局机构的职权、分工问题，还涉及规章的原则、一般政策、申请程序等，应坚持《公约》及《执行协定》建立的机制框架，正确处理理事会、法技委和秘书长的职能及分工。关于规章的原则，支持尽量简化条文，将操作性强、专业性强的条款放入相关标准和准则中去。关于环境条款，中国指出，规章应平衡资源开发和海洋环保，制定科学合理、公平公正的环境规章、标准和指南。独立专家参与相关环境工作，应符合《公约》规定，并应符合“成本效益”原则。应严格按照《公约》，在确有必要的情况下，发挥独立专家的作用。关于“检查、遵守和执行”的机制框架，中国指出，鉴于法技委在《公约》下就“检查、遵守和执行”事项具有较为广泛的职权，在法技委下设遵约委员会的“混合模式”，非常有建设性，可作为进一步讨论的基础和前进的方向。下一步需要进一步明确法技委与下设遵约委员会之间的隶属关系、相关机构部门各自的职能、机制框架运行的具体细节。①

（四）牵头发起的联合国“海洋十年”大科学计划

2023 年 6 月，由中国大洋事务管理局牵头、联合 6 大洲 39 个国家的 64 家机构共同发起申报了联合国海洋十年大科学计划“数字化的典型生境”，获联合国教科文组织政府间海洋学委员会批准。“数字化的典型生境”大科学计划，以解决“海洋十年”的第八项挑战“数字化的海洋”为目标，重点关注海山、洋中脊、陆坡和平原等易受自然变化、气候变化、人类活动影响的深海典型生境类型，开展科学调查及连通性研究，发展深海长期智能观监测技术，提升深海典型生境应对扰动的预测能力，构建“发现—模拟—预测”数字化平台，集成深海典型生境“一张图”等公共产品并形成深海典型生境治理解决方案。这是中国在联合国框架下发起的首个深海生境领域大科学计划，也是中国践行“海洋命运共同体”理念、推动深海生物多样性养护与可持续利用的重要举措。②

① 相关书面意见内容参见国际海底管理局网站，https://www.isa.org.jm/session-28-council-part-3/#1677699741547-4901a4c8-1b18，2023 年 11 月 24 日登录。

② 《中国大洋事务管理局牵头发起的联合国“海洋十年”大科学计划成功获批》，自然资源部，2023 年 6 月 9 日，https://m.mnr.gov.cn/tzggxcx/ywbbxcx/202306/t20230609_2790928.html，2023 年 11 月 24 日登录。

四、小结

当前，国际海底事务正处于从深海勘探向深海开发过渡的重要历史时期。国际社会应坚持在管理局机制框架下，推进《开发规章》及配套标准和准则稳步制定。中国大洋事业一年来继续取得诸多进展，在深海科考、深海技术和装备发展等方面取得可喜成绩。中国承包者积极履行勘探合同规定的各项义务，顺利完成了有关勘探合同培训义务。中国继续深入和全面地参与“区域”事务，在促进“区域”事务发展、《开发规章》制定等方面发挥重要作用，为共同构建海洋命运共同体、增进全人类共同利益作出积极贡献。

第十三章　BBNJ 协定谈判历程与中国参与

《〈联合国海洋法公约〉下国家管辖范围以外区域海洋生物多样性的养护和可持续利用协定》（Agreement under the United Nations Convention on the Law of the Sea on the Conservation and Sustainable Use of Marine Biological Diversity of Areas beyond National Jurisdiction，以下简称“BBNJ 协定”）于 2023 年 6 月完成谈判，9 月向各国开放签署。BBNJ 协定作为全球海洋治理进程中的重要成果，为占全球海洋面积 64% 的公域建立新的制度，重塑全球海洋新秩序，重构国际海洋政治地理格局，引发各方海洋战略利益重大调整，将深刻影响各国海洋安全和发展利益。中国作为 BBNJ 协定谈判的务实贡献者，以积极态度深度参与历届会议磋商，为协定的达成贡献了中国智慧，提供了中国方案。

一、BBNJ 协定谈判历程概述

BBNJ 协定作为近年来海洋和国际法领域最为重要的立法进程，将为国家管辖范围以外区域海洋生物多样性养护和可持续利用提供法律依据。在近 20 年的谈判历程中，BBNJ 协定谈判可分为三个阶段，包括专家研讨为主的特设工作组、为正式谈判准备的预备委员会、国家代表磋商的政府间大会。

（一）特设工作组

2004 年至 2015 年为谈判的“第一阶段”，以专家层面研讨为主，对“解决是否要制定新协定，以及新协定将规范哪些议题”达成共识。2004 年，联合国大会（以下简称“联大”）通过第 24/59 号决议，授权联大设立专门研究 BBNJ 问题的不限成员名额非正式特设工作组（以下简称“特设工作组”）。在第一阶段共召开 9 次工作组会议。[①]

① https://www.un.org/Depts/los/biodiversityworkinggroup/biodiversityworkinggroup.htm，2024 年 1 月 31 日登录。

在谈判过程中，以 77 国集团等发展中国家为代表的惠益分享派，除养护海洋生物多样性外，更为关注海洋遗传资源惠益、能力建设和海洋技术转让两大议题，希冀从中获益。以欧盟等发达国家为代表的环保派，则希望制定包括公海保护区在内的划区管理工具、环境影响评价制度，通过环保手段巩固海洋秩序主导权。谈判中两派僵持不下，在包括中国在内的多方协调下，在 2011 年第 4 次特设工作组会议上，各方决定“一揽子”同步解决海洋遗传资源惠益分享、包括公海保护区在内的划区管理工具、环境影响评价、能力建设和海洋技术转让等四项内容，确定了 BBNJ 协定国际文书规范的主要议题。经对 BBNJ 协定国际文书的参数、要素和可行性的反复讨论，在 2015 年第 9 次特设工作组会议上，各方决定根据《联合国海洋法公约》（以下简称《公约》）的规定，就生物多样性养护和可持续利用问题制定具有法律约束力的国际文书，通过执行全球性制度更好地养护和可持续利用国家管辖范围以外区域海洋生物多样性。

（二）预备委员会[①]

2016—2017 年为谈判的“第二阶段”，主要为政府间正式磋商提供基础文本，对案文框架结构达成共识。根据 2015 年联大第 69/292 号决议，决定设立预备委员会在 2016 年和 2017 年分别召开两次为期 10 天的会议，就 BBNJ 协定国际文书的案文草案要点提出实质性建议。第二阶段共召开 1 次组织程序会议、4 次预备会议。[②] 在预备委员会会议之前，2016 年召开的程序会议主要讨论了会议召开方式、会期期限、议事规则以及预备会议的主席和主席团人选。在 2016 年第一次预备委员会后，各方建议增设跨领域议题，解决体制机制安排等共性问题。在预备委员会阶段，各议题讨论进展失衡。以欧盟为代表的发达国家力推环保议题，各方在划区管理工具和环评议题上达成初步共识，保护区基本形成“从选划到管理”的框架体系，环评达成“事先评估”的制度框架。而 77 国集团关注的海洋遗传资源、能力建设和海洋技术转让议题则进展缓慢，谈判始终停留在“要不要”管制遗传资源获取，以及制定知识产权、货币惠益分

① Preparatory committee established by general assembly resolution 69/292: Development of an international legally binding instrument under the United Nations Convention on the Law of the Sea on the conservation and sustainable use of marine biological diversity of areas beyond national jurisdiction.

② UNGA, oceans and law of the sea, A/RES/69/292, 2015.

享等具体制度上。在 2017 年预备委员会第 4 次会议的最后阶段，发达国家与发展中国家依然存在严重分歧，在中国以及预备委员会主席等多方推动下，各方达成向联大提交的 BBNJ 协定国际文书要素草案的建议，但该份建议文件既不反映各方共识，也不影响各国在政府间大会谈判中的立场。

（三）政府间大会[①]

2018—2023 年为谈判的“第三阶段”，就 BBNJ 协定的案文条款进行政府间谈判磋商，在“案文上达成共识”，形成对各方具有法律约束力的法律文本。根据 2017 年联大第 72/249 号决议，决定启动政府间大会拟订案文并尽早出台 BBNJ 法律文书。[②]第三阶段谈判历时 5 年多，完成了 1 次组织会议、5 轮 7 次政府间磋商。在 2018 年组织会议上选举产生了政府间大会主席以及 15 名主席团成员，并讨论了议事规则以及可能通过平行非正式会议的磋商形式。在前三次政府间大会上，各方矛盾分歧主要集中在遗传资源议题，分歧没有得到任何弥补反而呈现扩大的趋势，人类共同继承财产原则和公海自由原则之争愈演愈烈，发展中国家的诉求几乎没有得到任何正面回应，磋商几乎寸步未进，遗传资源制度持续被空心化。在 2022 年召开的第四次政府间大会上，发达国家企图破坏“一揽子”协议，强推其他议题与海洋遗传资源议题脱钩，先行结束划区管理工具、环评等议题磋商，出台部分制度。在第五次政府间大会上，各方重点聚焦大会主席强行捏合分歧的“短文件”，包括海洋遗传资源货币化惠益分享、划区管理工具协商一致的决策机制、要求发展中国家供资的资金机制等三个关键问题。会议期间，发达国家对发展中国家极限施压，意图强行结束谈判，遭广大发展中国家抵制后图谋破产。

在 2023 年第五次政府间大会续会前，美国立场发生较大变化，与欧盟达成了立场一致的攻守同盟。发展中国家也迫切希望达成协定，希望早日分享利用海洋遗传资源产生的惠益，更好地养护海洋生物多样性。在各方助力下，美国等西方国家借助 2022 年 12 月《生物多样性公约》达成的昆明—蒙特利尔全球生物多样性框架“3030 目标”，

---

① Intergovernmental conference on an international legally binding instrument under the United Nations Convention on the Law of the Sea on the conservation and sustainable use of marine biological diversity of areas beyond national jurisdiction.

② UNGA，oceans and law of the sea，A/RES/72/249，2017.

向发展中国家极限施压，将本次大会能否达成协定与对相关发展中国家的经济援助挂钩，在没有就海洋遗传资源问题展开讨论的情况下，逼迫发展中国家放弃对货币化惠益分享的诉求。谈判期间，大会主席抛出“协助谈判文件”，希望尽力捏合双方分歧未果。在发达国家与发展中国家就海洋遗传资源货币惠益分享谈判即将破裂之际，大会主席决定以闭门磋商非公开方式解决海洋遗传资源等分歧较大的难点。历经近 36 个小时讨论，特别是对海洋遗传资源货币惠益分享及其分享比例问题进行反复磋商，大会通过了协定案文英文版。

二、BBNJ 协定的主要内容

BBNJ 协定的适用范围为公海和国际海底区域，占全球海洋面积的 64%。该协定的制定和实施将重构国家管辖外海域的利益格局，攸关各国在公海和国际海底区域的战略利益及其布局。

（一）海洋遗传资源

BBNJ 协定为利用海洋遗传资源及其惠益分享提供了法律框架，但原地收集与研发利用“脱钩”，遗传资源与其数字序列信息“分离”，也无须申请知识产权时强制披露地理来源。如发达缔约方占缔约方总数的 1/4 以上，将拥有该议题的否决权。

遗传资源惠益分享的收集方、利用方占据主动。一是在 BBNJ 协定生效前以及缔约方大会通过惠益分享模式四年内收集的遗传资源，缔约方可做出保留将其排除。二是原地收集的遗传资源及其数字序列信息，缔约方有三年的优先使用权。三是原地收集并将其存放的缔约方，在一定程度上承担遗传资源提供方的角色，在向其他缔约方转让材料时占据主动。四是与惠益分享关联的研发、利用并未纳入遗传资源的活动范围，缔约方自愿报告授予的专利及其来源、开发的产品及其销售等信息。

同时，缔约方应制定国内法或政策措施，确保履行与原地收集相关的管理责任。一是开展原地收集前，向信息交换机制通报相关活动信息；在活动结束后，报告遗传资源存放的样本库、数字序列信息存储的信息库，并为其分配统一标识符。二是指定向外界公开的样本库和信息库，为发展中国家的研究人员和科研机构使用提供便利。

此外，BBNJ 协定生效之后将继续讨论未决问题，为后续制度发展预留较大空间。一是制定各缔约方执行的统一标识符，便于追踪遗传资源的地理来源及其研发利用情况。二是新建各级遗传资源存放库、数字序列信息存储库，便于追踪其利用情况。三是惠益分享委员会有权对商业化产品的货币化惠益分配比例、发达国家为特殊基金的供资比例提出建议，并可视情探讨在研发利用的重要节点付费、商业化产品的付费或捐赠、与原地收集活动及数字序列信息存储“总量”相关的分级付费等。

（二）划区管理工具

BBNJ 协定为公海保护区设立及运行提供了法律依据，所采取的管理措施对缔约方具有法律约束力，下一步将进入保护区布局阶段，极大可能在公海落实“3030 目标”。新建全球“管总”国际机构，可在航行、渔业和采矿等相关主管机构的职权范围内，决定采取相兼容的措施或提出建议，事实上将凌驾于其他国际机构之上，冲击现有国际海洋治理格局。公海保护区在地理范围上不能覆盖各国管辖海域，对此类有异议的提案，缔约方大会不采取行动。

公海保护区设立程序分为四个步骤。一是提出提案。由一个或多个缔约方提出提案，并提交秘书处。二是提案公开和审查。秘书处公开提案，并转交科学和技术机构审查，按审查意见修改后重新公开。三是对提案开展协商和评估。提案方与各国、其他主管机构等利益攸关方，就审查通过的提案开展协商，在考虑利益攸关方、科学和技术机构的意见和信息的基础上，对提案修订后交由科学和技术机构评估。四是缔约方大会决策。如未协商一致，缔约方大会以 3/4 多数通过提案。

公海保护区设立由提案方驱动。一是提案方占据主动权，可优先设定保护目标、对象、地理范围、管理措施、期限、科研监测计划以及科学投入。二是提案方掌控与各国、其他主管机构等利益攸关方协商的节奏，在规定期限内开展协商，自行决定修改提案。此外，在提出被专属经济区包围的小公海提案时，BBNJ 协定未赋予毗邻沿海国特殊权利。

公海保护区运行主要包括四项制度性安排。一是退出机制。缔约方在提案通过后的 120 天内，如认为严重侵害其权利等，可申请执行部分管理措施，但仍需采取同等功能的替代性措施，实质上没有退出。二是执行机制。缔约方除执行缔约方大会的决定外，还要推动其他主管机构执行所做决定或建议；同时，BBNJ 协定缔约方，如不是其他主管机构成员，也应执行其所确定的措施。三是监测和审查机制。缔约方应向缔约方大会报告保护区管理措施的执行情况，并邀请其他主管机构提供信息；科学和技术机构负责环境监测，以及定期审查管理措施的有效性并提出建议，缔约国大会有权修改、扩大或撤销之前决定的管理措施和保护范围。四是紧急措施。当发生不可逆转的重大环境损害时，缔约方大会可采取为期不超过两年的临时性紧急措施。

（三）环境影响评价

BBNJ 协定细化了拟议海洋活动的环评程序，给予缔约方开展活动环评的主导权和决策权，并有权不公布保密性信息。BBNJ 协定规定开展环评的活动类型、数量有限，仅适用铺设海缆等新兴活动和未受管理的鱿钓等传统活动，可排除现有主管机构职权范围内的航行、采矿和捕鱼等传统活动，以及公务船开展的海洋科学研究活动。以活动实际发生地为界，不适用在国家管辖海域内发生但对管辖外海域产生影响的拟议活动。

环评是一项由缔约方驱动的国家程序。一是拟议活动如“造成重大不利环境影响”，缔约方将启动正式环评的门槛。二是拟议活动未达到启动门槛，缔约方决定不开展环评，实行公开信息的简易程序。三是缔约方负责界定拟议活动环境影响的时间和空间范围、评估和评价拟议活动的环境影响，拟定预防、缓解和消除不利影响的管理措施，公告拟议活动的影响及管理计划，以及与可能受影响的利益攸关方协商，编制并公布环评报告（草案）并对其决策。四是环评报告通过后，由缔约方负责监测授权活动进行中、结束后的环境影响，审查授权活动的环境监测报告，并有权要求已授权活动采取相关管理措施，甚至暂停或终止活动。

环评本身公开透明使其具备“国际化”特质，但对缔约方造成的实际影响较小。一是环评信息公开，利益攸关方、科学和技术机构可全过程参与。二是科学和技术机构作为独立的第三方，可对“拟议活动不需要开展环评”、环评报告草案以及环境监测报告等发表意见，缔约方酌情考虑；也可对缺乏能力的缔约方开展技术援助，但相关意见仅为建议性的，不能代替缔约方决策。三是科学和技术机构有权制定建议性的环评标准或指南，供缔约方参考。

（四）能力建设和海洋技术转让

BBNJ 协定加强了发展中国家能力建设和海洋技术转让的制度保障，但并未赋予发达国家强制性义务，发展中国家也未得到向其转让海洋技术的优惠条件。BBNJ 协定生效后将组建能力建设和技术委员会，继续讨论能力建设和海洋技术转让的模式，其前景与遗传资源等关键制度的发展互为关联。

（五）跨领域问题

BBNJ 协定明确了新建缔约方大会、常设秘书处以及科学和技术机构、获取和惠益分享委员会、能力建设和海洋技术转让委员会、财务资源机制、执行和遵约委员会等附属机构，负责议事、决策、审查和评估执行情况。该协定后续还可能发展新制度、请国际海洋法法庭提供咨询意见，以及设立临时机构负责处理紧急情况、与其他相关国际机构的协调等。鉴于 BBNJ 协定对国际海洋新秩序调整的重要影响，欧盟（比利时）、智利分别表达常设秘书处的意向。

缔约方通过摊派会费的方式，为设立的机构提供财政资源。同时，设立自愿信托基金支持发展中国家参会；设立专项基金支持国家管辖范围以外区域海洋生物多样性的养护和可持续利用，其来源包括发达缔约方额外缴纳 50% 的会费、与利用遗传资源相关的货币化惠益、缔约方和私营企业的捐款。全球环境基金为 BBNJ 协定提供资金，并已计划一期安排 3400 万美元。

BBNJ 协定在收到 60 份批准书的 120 天后生效，1 年内在联合国总部召开第一次缔约方大会，决定缔约方大会举行的时间间隔、议事规则、秘书处和附属机构的财务细则、科学和技术机构成员及任期、常设秘书处所在地，并把其后的缔约方大会举办地与常设秘书处所在地挂钩。

三、中国对 BBNJ 协定的主要贡献

中国积极参与全球治理体系改革和建设，践行共商、共建、共享的全球治理观，坚持真正的多边主义，推动全球治理朝着更加公正合理的方向发展。中国代表团全程参加 BBNJ 协定谈判进程所有重要磋商，多次提交评论意见和案文建议，贡献中国智

慧和方案。[①]

（一）总体立场

中国高度重视全球海洋治理，支持在联合国框架下开展实际行动，为推动实现2030年可持续发展议程作出贡献。BBNJ协定将深刻影响全球海洋秩序，牵涉各国在国家管辖外海域的航运、通信、渔业、采矿、科研等长远利益。谈判各方应遵照联大授权开展工作，在协商一致的基础上反映普遍共识，同步处理"一揽子"问题，不能使任一议题掉队。

BBNJ协定是在《公约》框架下制定的国际法律文件，应遵循并落实《公约》的宗旨、目标、原则，是对《公约》的补充和完善，不能损害《公约》建立的制度框架，不能损害《公约》的完整性和平衡性。各国根据《公约》在航行、通信、捕鱼、采矿、科研等方面享有的自由和权利不应受到减损，包括在专属经济区、200海里以内和以外大陆架。各国在BBNJ协定下享有平等的法律地位，任何国家不得将国家管辖外海域据为己有。

BBNJ协定不能与现行国际法以及现有的全球性、区域性和专门性的海洋机制相抵触，不能损害现有相关法律文书或框架以及相关全球性、区域性和专门性机构。BBNJ协定应促进与其他相关国际机构的协调与合作，避免与联合国粮农组织、区域性渔业组织、国际海事组织、国际海底管理局等机构的职权重复或冲突。

BBNJ协定有关制度安排应有充分的法律依据和坚实的科学基础，养护与可持续利用之间保持合理平衡，兼顾人类探索和利用海洋生物多样性的客观现实和未来发展的实际需要，确立与人类活动和认知水平相适应的国际法规则，确保有关制度安排切实可行。顾及各方利益和合理关切，不能给各国，尤其是发展中国家增加超出其承担能力的义务和责任。

（二）海洋遗传资源及其惠益分享

海洋遗传资源作为人类共同继承财产，对实现可持续发展、维护全人类的共同利

① 郑苗壮、刘岩、裘婉飞：《中国政府参与国家管辖范围以外区域海洋生物多样性国际协定谈判预委会发言及国家立场文件汇编》，北京：社科文献出版社，2019年。

益具有重要价值。海洋遗传资源制度应总体有利于国家管辖范围以外区域海洋生物多样性的养护和可持续利用、促进海洋科学研究和技术创新，研究和开发应出于和平目的，公平合理地分享其利用所产生的各种惠益，包括货币惠益，并建议优先考虑非货币惠益。

海洋遗传资源原地收集在本质上属于海洋科学研究活动，作为惠益分享的起点，各国应负责管理其管辖下的原地收集活动，通报海洋遗传资源保藏和海洋遗传资源数字序列信息的相关情况，支持设立全球性和区域性保藏中心和数据库。同时，BBNJ 协定不应阻碍原地收集或为其设置障碍，而应鼓励或为原地收集创造条件。海洋天然产物是否属于海洋遗传资源的范围，在科学上还存在争议，可优先纳入一致认可具有遗传功能单元的海洋遗传资源。根据“法不溯及既往”原则，海洋遗传资源的时间范围应为 BBNJ 协定生效之后原地收集的遗传资源。关于 BBNJ 协定生效之前原地收集的海洋遗传资源，可由缔约方大会决定是否继续讨论。

为促进缔约方切实履行惠益分享义务，可考虑建立全过程追踪海洋遗传资源利用的监测制度，为海洋遗传资源分配标识符，根据现行的国际实践，尽可能监测学术成果、专利等知识产权中涉海洋遗传资源的利用，并根据实际可行的具体情况披露来源，知识产权不是惠益分享的障碍。为异地获取海洋遗传材料提供便利，通过培养留学生、开展合作研究等多种方式加强发展中国家利用海洋遗传资源的能力，以最优惠条件向发展中国家转让海洋技术，在规定期限内公开海洋遗传资源研究和开发的相关信息。鉴于海洋遗传资源获取、研究、开发和商业化的技术要求高、周期长、资金投入大、结果不确定等特点，可在商业化之后的一段时间内，或取得利润之后，按双方商定的一定比例货币化分享惠益，具体分享比例由缔约方大会讨论决定。

（三）包括公海保护区在内的划区管理工具

划区管理工具包括多种管理形式和方法，包括但不限于公海保护区，应兼顾养护和可持续利用的合理平衡，尊重其他相关法律文书、国际机构的职能和授权。划区管理不等于禁止人类活动，关于采取何种管理工具，应按照不同海域、生态系统、栖息地和种群等各自的特点，以及所受人类活动和自然变化的威胁，基于成本效益分析，选择不同的管理工具予以保护，并实施公平有效的管理，反对将保护区停留在“纸面上”。各方在公海和国际海底区域的权利平等，划区管理工具不应成为沿海国拓权的工具，设立划区管理工具应平等协商，地理邻近的沿海国不享有特权。

设立划区管理工具的提案应由缔约方提出，并向秘书处递交。提案应按照“四步走”方案开展工作，一是提案应由秘书处进行格式审查，经审查后对外公布并转交相关国际组织；在此过程中，除非当事方同意，不能涉及对国家管辖海域、国家管辖外海域的法律地位有争议的区域，一旦当事方提出异议，应要求提案方撤回提案或将争议海域删除。二是与相关国际组织、利益攸关方在规定期限内开展充分协商，包括有重要经济社会利益关切的缔约方、地理邻近的沿海国，就地理范围、保护对象、管理计划、设立期限、科研和监测计划等提案要素协商一致后，由秘书处转交科学和技术机构评估；如在规定协商期限内，各方未能就提案达成一致，则发回提案方修订后重新提交。三是由科学和技术机构对提案进行评估，包括审查复核与相关国际组织和利益攸关方的协商结果，协商一致作出评估建议，提案通过后方可提交缔约方大会决策；如提案未通过，提案方应按意见修改，重新评估。四是缔约方大会根据科学和技术机构的评估建议，对提案作出决定和建议，包括保护期限以及开展监测计划的各项投入。

缔约方大会的议事规则应为协商一致原则，不应设立表决机制。划区管理工具是有期限的，到期自动终止，除非缔约方大会决定将其延期、调整和取消。划区管理工具制度不应制定“退出”条款，协商一致通过的保护区及其管理措施，对各方平等适用，并应得到普遍执行。缔约方大会的决定不应涉及航行、捕鱼、采矿等现行国际文书和框架以及全球、区域和部门机构的职权，可提出相关建议，交由国际海事组织、国际海底管理局和区域渔业管理组织等主管国际组织自行决定是否执行。同时，BBNJ 协定不应凌驾于相关国际框架和机构之上，对相关国际组织设立的各类保护区，BBNJ 协定无权对其承认，或将其纳入 BBNJ 协定之下；非主管国际组织识别或设立的各类保护区设想，应经提案后，交由缔约方大会决定。

（四）海洋环境影响评价

海洋环境影响评价制度安排应遵循《公约》第 206 条所确定的基本法律框架和程

序要素。[①]海洋环评的管理主体为各缔约方，即缔约方对其管辖或控制下的计划活动，有权决定是否开展环评，并负责监管授权活动开展之后的环境影响评价。评价对象是拟开展的海洋活动，包括海洋战略、规划或计划，战略环评不属于规范的对象，但考虑到海洋和海洋法的发展，各方可根据自身能力自愿开展战略环评。启动环评的门槛是“有合理依据认为”“可能造成重大污染或重大和有害的变化”，相关环评报告应直接或通过国际组织对外公布。[②]此外，考虑到海洋活动可能会造成“轻微或短暂以上影响”，各方应通过国内立法，规范此类海洋活动的环评制度，包括公众可参与环评、征求利益攸关方意见等。

《公约》第 204 条是制定环境影响监测和审查制度的基础。[③]缔约方作为海洋活动的管理主体，负责监测其管辖或控制下的活动可能造成的污染危险，以及根据环境影响的监测结果，决定该项活动是否继续、终止或调整。在“实际可行的范围内”，考虑科学信息、技术方法、经济成本、监测能力等因素，监测已开展活动可能造成的环境影响；缔约方如不能单独完成环境监测任务，其他缔约方或国际组织根据其需求，可对其开展援助、协助、协作。

同时，为加强与其他国际组织的合作，指导缔约方开展环评，缔约方大会可授权制定环评指南，进一步明确环评的操作流程、环评的启动门槛、环评报告要素、环境监测方法等内容。科学和技术机构可对公开的环评报告发表评论性意见，总结最佳实践案例，为缔约方更好地开展环评提供参考或提出改进性意见。

（五）能力建设和海洋技术转让

能力建设和海洋技术转让的目标是促进各缔约方对于 BBNJ 的探索、认识、养护和可持续利用。各缔约方应促进与发展中国家在能力建设和海洋技术转让方面的国际

---

① 《公约》第 206 条“对各种活动的可能影响的评价”：各国如有合理根据认为在其管辖或控制下的计划中的活动可能对海洋环境造成重大污染或重大和有害的变化，应在实际可行范围内就这种活动对海洋环境的可能影响作出评价，并应依据第 205 条规定的方式提送这些评价结果的报告。

② 《公约》第 205 条“报告的发表”：各国应发表根据第 204 条所取得的结果的报告，或每隔相当期间向主管国际组织提出这种报告，各该组织应将上述报告提供所有国家。

③ 《公约》第 204 条“对污染风险或影响的监测”：1. 各国应在符合其他国家权利的情形下，在实际可行范围内，尽力直接或通过国际组织，用公认的科学方法观察、测算、估计和分析海洋环境污染的危险或影响。2. 各国特别应不断监测其所准许或从事的任何活动的影响，以便确定这些活动是否可能污染海洋环境。

合作，切实提升发展中国家在养护和可持续利用国家管辖范围以外区域海洋生物多样性方面的能力，特别是顾及最不发达国家、内陆发展中国家、地理不利国家和小岛屿发展中国家以及非洲沿海国家的特殊需求。根据《公约》第十四部分“海洋技术的发展和转让”的规定，在公平和优惠的条件下，加快向发展中国家开展海洋技术开发和转让，知识产权不应成为转让技术的障碍。

（六）跨领域问题

一是管理机制。为确保 BBNJ 协定正常运作和高效执行，可设立缔约方大会、秘书处、科学和技术机构、信息交换机制以及其他相关的附属机构。同时，建立适用“一揽子”议题统一的议事规则，具体可在第一次缔约方大会上，以协商一致的方式通过包括缔约方大会及其附属机构的议事规则。

二是供资机制。该机制是 BBNJ 协定成败的关键，如缺乏可持续、可预测的资金支持，发展中国家不能增强养护和可持续利用的能力，参与度不高，可能成为少数发达国家主导的小圈子；此外，需要保护的区域因缺乏资金，难以得到真正保护，国家管辖范围以外区域海洋生物多样性养护和可持续利用目标将落空。为此，发达国家作为供资主体，应主动承担供资义务、勇于承担国际责任，为共建海洋命运共同体作出积极贡献。

四、小结

BBNJ 协定政府间谈判历经近 20 年，谈判过程虽有瑕疵，结果也未完全达到各方预期，但不妨碍该协定的里程碑意义。中国作为负责任的海洋大国，一贯支持养护和可持续利用国家管辖以外区域海洋生物多样性，是维护《公约》原则和精神的中坚力量，在整个谈判过程中始终发挥建设者的领导作用，既维护了国际社会的共同利益，实现互利共赢的目标，也要与美国等西方国家把持国际规则制定的霸权行为坚决斗争，坚定维护国际社会和全人类的整体利益，构建公正合理的国际海洋新秩序，与志同道合的国家共建海洋命运共同体。

第六部分

中国的海洋文化

第十四章　中国的海洋文化

中国海洋文化是伴随中华文化的发展而发展起来的，在各个历史时期都有其鲜明的特点。以百越等为代表的古代先民，依海而生，靠海发展；先秦海洋文化既体现渔盐之利、舟楫之便的实用理性，也包含政治理想、道德胸襟、梦幻憧憬的精神价值；秦汉以降各朝代对海洋的经略和海疆的治理，为华夏子孙开辟了世代生存和永续发展的地理空间，并通过海域文化交流促进了中国海洋文化不断发展、丰富多彩。中国海洋文化中的神话、信仰、理念、认知、文学、艺术、科技、经验，经过漫长的发展历程，造就出辉煌灿烂的华夏海洋文明，成为民族文化自信的重要源泉和底气。同时，海洋是防御的屏障、交锋的舞台，更是交流的纽带，在当今构建海洋命运共同体的进程中，中国需要与世界携手促进海洋文化的交融互鉴，深化海上互联互通和各领域务实合作，为全球海洋治理贡献中国智慧。

一、海洋文化理论研究概述

党的十八大以来，随着海洋强国建设的持续推进，海洋文化基础理论研究呈现新局面。在学术讨论过程中，关于海洋文化概念与内涵的思考更加丰富和多元；在海洋强国建设的现实需求下，宏观理论架构研究、区域建设实践研究和生态文明研究等领域都得到了进一步拓展。

（一）海洋文化内涵及特征

近 20 年来，学界比较有代表性的观点是将“海洋文化”定义为人类源于海洋所创造和传承的物质的、精神的、制度的、社会的文化及其表现形态，其内涵包括物质文化层、制度文化层、精神文化层与行为文化层四个层次，其本质是人类与海洋的互动关系及其产物，其特征体现为商业性、冒险性、涉海性、地域性等。[①]

（二）建设海洋强国背景下的探讨

在宏观架构方面，围绕建设海洋强国的现实需求，自 2013 年起，中国海洋大学文化研究所连续发布《中国海洋文化发展报告》，自 2019 年起，自然资源部宣传教育中心、福州大学等编写的《海洋文化蓝皮书 · 中国海洋文化发展报告》出版。这些出版物旨在对当代中国海洋文化发展进行跟踪研究与总结，为中国特色海洋文化理论建设做好基础性工作。有关研究者开展“服务海洋强国战略的海洋文化体系的构建”，包括海洋文化体系理论创新与引领、海洋文化历史传承与发展、海洋文化教育普及与人才培养、海洋文化传播与国际互鉴交融、海洋文化政策与制度保障五个互相支撑的子系统。[②]

在推动区域实践方面，在海洋强国建设的驱动下，沿海地区的海洋文化建设更加活跃。2016 年 7 月，由国家海洋局协调沿海各省（自治区、直辖市）海洋行政主管部门出版了一套“中国海洋文化丛书”，对中国沿海 11 个省（自治区、直辖市）及港、澳、台地区的海洋文化进行了梳理，展示了中国海洋文化区域研究的成果。[③]还有学者在剖析中国沿海独特的自然地理和人文地理因素的基础上，将中国沿海 11 个省（自治区、直辖市）划归为海岱文化圈、吴越文化圈、闽台文化圈和岭南文化圈，以期为海洋强国建设提供历史借鉴和框架支撑。[④]

海洋生态文明建设已经成为中国生态文明建设整体的重要组成。在拓展海洋生态文明研究方面，中国生态文化协会编写了《中国海洋生态文化》，在生态文化的视域下论述了中国海洋的基本状况、各海域生态文化、传统的海洋生态文化意识与追求、海洋生态文化信仰、海洋生态文化艺术、传统的海洋生态利用、海上往来等内容。研究者提出了中国海洋生态文化遭遇的现实挑战，是在海洋强国建设中用生态文明概念对

---

① 曲金良：《海洋文化与社会》，山东：中国海洋大学出版社，2003 年；曲金良等：《中国海洋文化基础理论研究》，北京：海洋出版社，2014 年；陈涛：《海洋文化及其特征的识别与考辨》，载《社会学评论》，2013 年第 5 期；姜秀敏：《服务海洋强国战略的海洋文化体系构建》，载《中国海洋大学学报》（社会科学版），2020 年第 4 期。

② 姜秀敏：《服务海洋强国战略的海洋文化体系构建》，载《中国海洋大学学报》（社会科学版），2020 年第 4 期，第 31–32 页。

③ 《中国海洋文化》编委会：《中国海洋文化》，北京：海洋出版社，2016 年。

④ 高乐华：《中国海洋文明地理空间结构研究》，载《中国海洋大学学报》（社会科学版），2016 年第 5 期，第 53–58 页。

中国海洋历史文化的再解读。[①]研究者也就海洋生态文明的基本范畴进行了研究，在大力推进生态文明建设、努力建设美丽中国的全民政治共识下，海洋生态文明及其建设已经逐渐成为一个比较完整的理论话语体系和政策实践体系。

二、海洋传统文化

（一）中国海洋传统文化

中国是一个既拥有辽阔的内陆腹地，又拥有绵长海岸线的经过漫长民族融合而形成的统一的多民族国家。毋庸置疑，中国的传统主流文化是伴随华夏族产生与发展所形成的以大陆农业文明为核心的文化，但海洋文化也是中华文明的重要组成部分。中国的海洋文化主要是由定居在沿海地区的民族，如东夷族、百越民族及其后代，以及迁居海外的华人、华侨所共同创造的，迄今已有 7000 多年历史。中国悠久的龙文化和海龙王崇拜也说明了中国文化与海洋不可分割的关系。

中国人很早就有海上远航的能力，有史记载的最早的远航是春秋时代越王勾践从长江口越海航行至山东半岛，在琅琊一带建立与中原诸国交往的据点，并一直经营到战国中期，可见当时的造船和航海能力已非常发达。另一次著名的远航是秦始皇时代徐福东渡，当时船上有几千官兵及三千童男童女，可算是人类历史上最早的大规模远航。另外，越族人在汉代有一支下海活动，发展成为以后的疍家，他们一生住在船上，漂行于中国南方沿海各地。

沿海地区的经济因海上贸易、海洋捕捞较为发达，且自秦汉以来就一直置于中央政府的管辖之下，在汉代就已经形成了多个繁荣的海港城市，如泉州、琅琊、钱塘、东冶、番禺等，汉武帝时张骞还遣使由南海的徐闻、合浦出发从海上抵达南印度，初步形成了最早的海上丝绸之路。三国时期，东吴大将卫温还率舰队抵达台湾岛。南北朝时期，中国最早发明了桨轮船。到了唐宋时期，中国的经济、文化重心逐步南移，南方丰富的木材资源加上先进的木工技术以及中世纪世界上最发达的钢铁锻造术，使唐宋以后中国的造船业达到了前所未有的高度。海上丝绸之路空前繁荣，中国的瓷器、

① 江泽慧、王宏：《中国海洋生态文化》（上、下卷），北京：人民出版社，2018 年。

丝绸、茶叶等高价值商品源源不断地从广州、泉州等港口运往西亚，换回巨额的财富和异域的物产。宋代中国的商品经济、科技水平及海外贸易更加发达，一幅《清明上河图》见证了它的经济繁荣程度已达到封建时代的巅峰；到了南宋时期朝廷更加依赖于海外贸易所带来的巨额财富，市舶司征收丰厚的关税。元朝统治者对海外贸易的大力支持，使泉州成为世界东方最大海港和海上丝绸之路的重心所在，万商云集。中国古代航海史上的巅峰之笔是郑和下西洋，1405—1433 年，郑和七次率领庞大的舰队远航东南亚、印度及东非 30 多个国家，时间早于西方的地理大发现，规模也远胜于西方的大航海。郑和远航促进了中国与当时亚非各国的友好交流，发展了朝贡贸易，并带动了民间海外贸易的发展，展示了中国的强大实力，对维护当时的世界和平和海上秩序、促进各民族经济文化发展发挥巨大而积极的作用。郑和之后，明朝统治者推行严厉的“海禁”政策，用行政方法堵截了中国与日本等周边国家的海上贸易通道。清王朝更是实行限商禁商和闭关锁国政策，放弃与英国等西方国家开展正常海上贸易。在 1840—1949 年的 100 余年中，中国在外国列强的侵略压迫下，民族经济遭受重重盘剥，海外贸易畸形发展，成为列强的原料产地和产品倾销地，航海和海军事业的发展也曲折缓慢。

（二）中外海洋文化的异同

从海洋文化的发展历史看，中外海洋文化都有着悠久的传统，都具有大气与包容等特点。海明威的《老人与海》写出了老渔夫在面对海洋时所表现出的不屈不挠的豪迈和斗争精神。曹操的《步出夏门行》见证了大海的激荡和中华民族心理不断丰富与成熟，反映了中华民族精神中充满了探索与挑战宇宙未知世界的勇气。西方历史上曾出现亚历山大、威尼斯等国际性的海洋城市，中国历史上广州、泉州也是各国商船云集，街市上各种肤色人等摩肩接踵的极度繁华的城市，很多外国商人都长期定居在中国，甚至永远融入了华夏民族。

直至郑和下西洋时代，中国古代的海洋文化一直遥遥领先于西方和其他国家，这体现在海洋科技水平、海外贸易、海港城市、航海活动、海洋观念等各个方面，比如船尾舵、多桅帆、密封隔舱、舰炮、罗盘等先进的造船或航海技术都是最早出现在中国。直到西方地理大发现时代之后，中国的海洋文化才开始落后于西方。

中西方海洋文化的显著区别在于中国海洋文化的和平性和西方海洋文化的侵略掠夺性。古代中国海洋文化主要是一种和平交往、自由贸易、平等待人的文化，尽管一样崇商，但中国商人总是和外国人平等自由地交换。中国海军实力在古代东方海洋上是最强大的，即使郑和船队那样的超级舰队出使，中国也没有谋求任何殖民地，只是为了友好交流与和平安宁而去。这与中国腹地的辽阔、物产的丰富、注重社会公平正义的传统，以及平和的儒释道文化是密不可分的。而西方的海洋文化一直就是一种“海上骑马民族”的集贸易、掠夺和殖民为一体的侵略性的文化。这也体现在中西方不同的海神文化上，许多中国人信仰的是一位救苦救难的像母亲一样的、和平善良的女神——妈祖，体现了中国海洋文化和平、自由、平等、共存的精神；而西方的海神波塞冬则是一个手持三叉戟、法力通天的凶神，从他身上可以看到西方海洋文化的冒险、征服、掠夺、霸权的特征。①

三、新中国海洋文化建设

（一）新中国成立之初海洋文化建设

新中国成立之初，海上安全形势严峻，西方敌对势力对新中国进行海上军事遏制和经济封锁。由此，毛泽东在《论十大关系》中提出正确处理沿海工业与内地工业的关系，这些内容成为社会主义革命和建设时期中国海洋文化发展的历史背景和现实基础。在社会主义革命和建设时期，海洋文化以服务国家恢复社会秩序、维护政权稳定为核心目标，以扫除封建势力、统一思想、服务国家建设为主要内容。通过思想改造和文化引领，提高涉海人员的政治觉悟和生产积极性。在制度上，党和国家初步构建海上政策法律体系。新中国成立后相继颁布涉海规章制度。1958 年发布《中华人民共和国政府关于领海的声明》，从法律上明确新中国对于维护领海的决心。1964 年设立国家海洋局，标志着管理涉海事业进入新阶段。在行业上，恢复和提升传统渔业、航运业。1950 年政务院发布《关于 1950 年航务工作的决定》，为整合海上力量恢复生产

① 秦铭俐、徐后连：《中外海洋文化的比较研究》，见《首届建设弘扬海洋文化研讨会论文集》，2007 年，第 187–194 页。

服务。在科技方面，开展海洋科学研究。1956 年，周恩来总理亲自组织制定发展远景规划纲要，提出开展海洋资源综合调查，奠定中国海洋科学发展基础。20 世纪 70 年代开展远洋科学调查，提出“查清中国海、进军三大洋、登上南极洲”的发展目标。[①]这一阶段也涌现出不少以社会主义建设为主旋律的海洋文化作品。《人民日报》陆续刊登了《海洋也是我们的》《海洋在笑，鱼儿在跳》《自由航行在祖国的东海上》《在祖国的南海上》《东海里的一个渔岛》《东海长城》《为祖国和毛主席站岗——守卫在东海前线的一支英雄部队》等报道，八一电影制片厂拍摄的《海上文艺工作队》等作品公映，《海魂》《十级浪》等作品都是典型代表。

（二）改革开放和社会主义现代化建设时期海洋文化建设

改革开放和社会主义现代化建设时期，海洋工作的重心转向促进国民经济和社会发展，明确海洋与中国经济之间的关联。这一时期海洋文化与意识快速发展。学界开启了海洋文化的系统研究之路，陆续涌现对于中国海洋文化建设的理论性、体系性思考成果，对海洋文化的理论基础、相关知识系统整理逐渐成为学界和社会大众关心的议题。国民海洋教育也提上了议程，涌现了一大批宣传海洋文化的作品。海洋文化的繁荣反哺了海洋事业的发展。这一阶段，海洋认知从重陆轻海转向陆海兼备，海洋意识不断提升，各方面都做好了逐步朝海洋强国方向发展的准备。

（三）新时代海洋文化建设

党的十八大以来，习近平总书记准确把握时代大势，科学研判中国海洋事业发展形势，围绕建设海洋强国发表一系列重要讲话、作出一系列重大部署，为我们在新时代发展海洋事业、建设海洋强国提供了行动指南。新时代中国特色海洋文化建设服务国家发展与民族复兴。国家对海洋事业发展作出了全面部署，党的十八大首次明确提出建设海洋强国。2013 年，习近平总书记在主持中共中央政治局集体学习时强调，建设海洋强国是中国特色社会主义事业的重要组成部分。同年，习近平主席访问东盟国家时提出建设 21 世纪海上丝绸之路倡议。党的十九大明确提出要加快建设海洋强国。2019 年，习近平总书记进一步提出构建海洋命运共同体的伟大构想。2021 年，党的

① 严宏谟：《回顾党中央对发展海洋事业几次重大决定》，载《中国海洋报》，2014 年 10 月 8 日。

十九届六中全会审议通过的《中共中央关于党的百年奋斗重大成就和历史经验的决议》指出："加快建设海洋强国，有效维护国家安全。"[①]这为新时代中国海洋文化建设规划了未来。在这一蓝图指引下，中国海洋建设事业不断取得新成就。

当前，中国正处于向着全面建成社会主义现代化强国的第二个百年奋斗目标迈进的重大历史关头，海洋事业寄托着中华民族向海图强的世代夙愿，肩负着实现中华民族伟大复兴中国梦的重要使命。2012—2022 年，全国海洋经济生产总值从 50 087 亿元提升到 94 628 亿元[②]；海洋高新科技屡创新高，不断挺进深海，海洋事业不断取得新成就。海洋强国建设，不仅包括国防、科技等硬实力，还包括文化制度等软实力。硬实力发展是与软实力发展相统一的，只有硬实力与软实力相统一，才能建设真正的海洋强国。当前，全球海洋形势严峻，全球海洋治理面临多重挑战。习近平总书记指出："我们人类居住的这个蓝色星球，不是被海洋分割成了各个孤岛，而是被海洋连结成了命运共同体，各国人民安危与共。"习近平总书记关于构建海洋命运共同体理念的重要论述，为新时代中国特色海洋文化建设指明了前行方向。海洋命运共同体倡导相关各国共同守护海洋和平、共同谋求海洋安全、共同促进海洋繁荣、共同保护海洋环境、共同振兴海洋文化。[③]

四、海洋文化产业

近十年来，中国海洋文化产业迎来较好的政策环境，沿海各省（自治区、直辖市）发展海洋文化产业的意识也越来越浓厚，海洋旅游业、海洋文化节庆业、海洋影视产业以及数字海洋文化产业等均保持较好的增长态势，呈现海洋文旅融合趋势显著、海洋休闲产业迅猛发展、数字海洋文化产业方兴未艾等显著特征。

（一）海洋旅游业

海洋旅游的文化内涵是以蓝色文明为代表的海洋文化，海洋文化孕育着多姿多彩

① 《中共中央关于党的百年奋斗重大成就和历史经验的决议》，载《人民日报》，2021 年 11 月 17 日。

② 自然资源部海洋战略规划与经济司：《2022 年中国海洋经济统计公报》，2023 年 4 月。

③ 陈秀武：《"海洋命运共同体"的相关理论问题探讨》，载《亚太安全与海洋研究》，2019 年第 3 期，第 23 页。

的海洋旅游资源，海洋旅游是发展海洋文化的载体，二者紧密结合、互动发展。近年来，以文促旅、以旅彰文、文旅融合的趋势越来越明显。中国海洋旅游业发展整体呈现较为平稳的增长趋势，新业态旅游成长步伐不断加快，在海洋产业增加值中占据支柱地位且呈现扩大趋势。

各地在陆续发布的“十四五”海洋经济发展规划中纷纷提出海洋旅游业的发展目标。例如，浙江省提出高水平打造一批海洋考古文化旅游目的地、全面建成中国海洋海岛旅游强省；福建省提出建设泉州市成为21世纪海上丝绸之路核心区主要旅游城市；广东省提出打造海洋旅游产业集群、加快“海洋—海岛—海岸”旅游立体开发；广西壮族自治区提出整合北部湾全域旅游资源、重点建设北部湾滨海旅游度假区。此外，邮轮游艇、海岛旅游、休闲渔业等新兴海洋旅游产业成为关键词，部分省市出台专项文件，如《三亚中央商务区关于加快邮轮产业发展的实施细则》《三亚中央商务区关于加快游艇产业发展的实施细则》《天津市人民政府办公厅关于加快天津邮轮产业发展的意见》《福建省国道 G228 线滨海风景道规划建设实施方案》等，海洋旅游业在政府引导和鼓励下正在往高质量、精品化的方向发展。

（二）海洋文化节庆业

文化节庆属于城镇重大活动，既是一种可以直接产生经济效益的文化产业门类，更是一种城市文化发展以及城市影响力提升的有力工具。国内海洋文化节庆的主题既有徐福、妈祖等世界性的海洋文化符号，如成功举办的十一届“徐福故里海洋文化节”已成为江苏省连云港市赣榆区宣传推广、招商引资的重要平台；也有开海节、休渔节、祭海节等地方性传统海洋文化节庆；还有“中国海洋经济博览会”“厦门国际海洋周”“东亚海洋合作青岛论坛”等海洋品牌会展活动。近年来，借助“互联网 +”、虚拟现实、增强现实等现代化技术开展的海洋生物科普类与研学类海洋节庆也越来越引起关注。此外，依托海水、沙滩等自然风光，辅以灯光秀、烟花秀、音乐表演等现代化海洋节庆也成为多地新兴业态。

（三）海洋影视产业

近年来，海洋题材的影视作品越来越引起关注。影视因其独特的艺术魅力，也成为沿海各地区宣传海洋文化、普及海洋知识、记录文化历程的重要手段。例如，央视网海洋频道组织拍摄并播放了《蓝海中国》系列纪录片，以一集介绍一个沿海城市的方式，深度解读青岛、深圳和福州等 10 个沿海城市的海洋文化、海洋科技等海洋事业发展情况，打造提升全民海洋意识和“人与自然和谐共生”理念的重要传播窗口；河北省自然资源厅联合省委宣传部等部门打造河北省首部海洋文化电视纪录片《冀之蓝》；以“鲁威远渔 979 号”鱿钓船远洋作业为主题的首部远洋题材人文纪录片《大洋深处鱿钓人》荣获第九届加拿大温哥华华语电影节“红枫叶”奖最佳纪录片；首部以海上救援为题材的华语电影《紧急救援》；6 集涉海科学纪录片《蔚蓝之境》；中国首部地方性海洋题材纪录片《海上福建》；电视剧《海洋之城》以承载 6000 余名游客和工作人员的国际邮轮为背景，在题材上是一次创新。

多地围绕影视拍摄业态逐渐转向影视制作、营销、影视文旅等全产业链发展，海洋文化往往成为沿海地区影视产业发展的基础性要素。例如，2019 年青岛市发布《新旧动能转换“海洋攻势”作战方案（2019—2022 年）》将“打好滋养海洋文化根脉的硬仗”作为六大攻坚任务之一；山东海佑影视基地落户潍坊滨海；浙江舟山成立“中国海莱坞影视文化科技园”；福建平潭建设竹屿湾影视基地等。

（四）数字海洋文化产业

近年来，以人工智能、大数据、物联网为代表的数字技术正在全面渗透至经济社会中，海洋数字文化产业也逐渐引起关注。数字化转型部分包括海洋文化的数字化展示、传播，例如，福建省文化厅建设“海上丝绸之路数字文化长廊”，综合运用虚拟现实、裸眼 3D 等方式对文物进行采集、建模，通过触摸屏幕与文物进行互动等；国家海洋博物馆利用直播、微视频等形式开展海洋文化科普活动。近年来多地建设“一部手机游”项目，即通过打通全域内旅游数据实现文旅产品精准供给、公共文旅服务转型等，这也成为沿海地区旅游智慧化提升的方向。例如，2019 年腾讯云与福建平潭签订全域智慧旅游项目协议，项目以“科技 + 文旅”智慧国际旅游岛为定位，按照规划将通过“文旅 + 体育”、非遗、展览、艺术、动漫等数字化场景与产品服务，丰富文旅产品，基于旅游数字身份，连接线上线下刷脸支付、刷脸入园、智慧酒店、无感停车等多个智慧化场景，实现一脸一码全岛服务等海岛旅游的数字化转型。

五、海洋文化遗产保护

近十年来，中国的海洋文化遗产保护事业取得了显著进展，主要体现在三个方面：海洋文化遗产保护机制有了新的探索，规划立法、联合行动增多，学术研究助力文化遗产保护；海洋物质文化遗产保护快速推进，文化遗产整体性保护和活化利用意识增强；海洋非物质文化遗产保护在文旅融合背景下被注入活态传承新动力，非遗项目往往成为文旅融合发展中的亮点，展示展演场景多元。

（一）海洋文化遗产保护政策探索

2021年10月，国务院办公厅印发的《“十四五”文物保护和科技创新规划》将水下考古列为重点，提出优先发展南岛语族考古研究，将水下文物资源管理纳入海洋国土空间规划、国土空间规划水利专项，探索建立涉海、湖、江建设工程考古工作制度；开展浙江、福建、山东等沿海重点海域水下考古区域调查，公布一批文物保护单位和水下文物保护区；有序开展南海、东海、黄渤海海域水下考古发掘和出水文物保护工作。在立法保护方面，国务院于2022年修订了《中华人民共和国水下文物保护管理条例》，对于当前和未来水下文物保护工作和海洋文化遗产的管理与保护都具有积极意义，管理条例的精神和内容与《保护水下文化遗产公约》更加接近。[①] 地方政府在立法保护海洋文化遗产方面也相继推出了保护条例和办法。2016年起，福建、南京、宁波、泉州等陆续颁布地方海上丝绸之路史迹保护条例或办法，例如，广东省阳江市于2019年出台《阳江市“南海Ⅰ号”古沉船及遗址保护规定》，为“南海Ⅰ号”古沉船及遗址保护和利用提供了法律依据。

（二）海洋物质文化遗产保护

近年来，中国海洋物质文化遗产保护取得了重要进展。一是大型不可移动文化遗

① 黄伟、南雁冰：《中国加入〈保护水下文化遗产公约〉的方案探究——以《〈条例〉修订草案》和《公约》的比较与结合为视角》，载《边界与海洋研究》，2019年第2期，第56页。

产有新发现，保护方式有新发展，包括本体、周围环境和文化生态在内的整体保护获得更多重视。举其要者有 11 处，包括辽宁省明清海防遗址、上海市青龙镇遗址考古新发现、辽宁省庄河海域甲午战舰遗址、浙江宁波大榭史前制盐遗址、汕头市澄海樟林古港古码头遗址、金银岛和珊瑚岛沉船遗址、“定远”舰沉舰遗址、“经远舰”沉舰遗址、浙江余姚井头山遗址、宁波市镇海区应家遗址、胶州湾“一战”沉舰遗址等。以上 11 处遗址中，6 处为海岸遗址，5 处为水下遗址，它们是中国近几年来蓬勃发展的考古发现的典型代表。上海市青龙镇遗址最新考古成果说明了上海在唐宋时期就是繁荣的外贸港口，入选为 2016 年全国十大考古新发现之一；辽宁省庄河海域甲午战舰遗址水下考古调查发现了“经远”舰，入选为 2018 年十大考古新发现之一；广东“南海 I 号”南宋沉船水下考古发掘项目入选为 2019 年十大考古新发现之一；浙江余姚井头山遗址入选为 2020 年十大考古新发现之一，都曾引起很大轰动。二是涉海可移动文物在新建或已建的博物馆里得到了更好的保护。2016 年以来，新建成开放的博物馆中有一批是具有海洋文化特色的博物馆，如国家海洋博物馆、中国（海南）南海博物馆、福建省世茂海上丝绸之路博物馆、中国海坛海防博物馆、中国人民解放军海军博物馆等。这些博物馆的建成开放使更多的涉海可移动文物得到博物馆的保护，使中国悠久而丰富的海洋文化遗产得到更充分的展现，并推动了遗产的活化。

海上丝绸之路代表性城市泉州申报的世界文化遗产项目——“泉州：宋元中国的世界海洋商贸中心”在 2021 年 7 月被列入《世界遗产名录》。世界遗产大会决议认为：“泉州：宋元中国的世界海洋商贸中心”反映了特定历史时期独特而杰出的港口城市空间结构，所包含的 22 个遗产点涵盖了社会结构、行政制度、交通、生产和商贸诸多重要文化元素，共同促成泉州在公元 10—14 世纪逐渐崛起并蓬勃发展，成为东亚和东南亚贸易网络的海上枢纽，对东亚和东南亚经济文化发展作出了巨大贡献。

（三）海洋非物质文化遗产保护

海洋非物质文化遗产在社会生活中获得更多重视。“南海航道更路经”于 2008 年入选第二批国家级非物质文化遗产代表性项目名录，2016 年海南大学法学院启动“南海《更路簿》抢救性发掘、整理和研究”项目，正式成立了更路簿研究中心，主要任务是“深入开展《更路簿》调查，征集、抢救、保护、保管《更路簿》版本，为国家南海战略提供服务，为证明南海自古属于中华民族的神圣领土提供更多更有说服力的证据”。[①]海南日报报业集团建立了南海《更路簿》保护基金，以促进《更路簿》的发掘、保护、研究和传承。琼海市组织的“南海航道更路经”海上传习活动由代表性传承人传习《更路簿》的使用方法、观星象判别方向和天气等传统航海技艺，探访南海海岛，在实践中进行教授传承，非遗项目得到了强化保护。2021 年 5 月，国务院批准公布了第五批国家级非物质文化遗产代表性项目名录，其中包括祭祀兄弟公出海仪式、疍歌和贝雕（北海贝雕），渔歌（嵊泗渔歌）被列入扩展项目名录。

2020 年 12 月 19 日，由中国、马来西亚联合提名的“送王船——有关人与海洋可持续联系的仪式及相关实践”被列入人类非物质文化遗产代表作名录。“送王船”是一项源于闽南地区的传统海洋文化信俗，随着海洋贸易和海洋移民活动传播到东南亚马六甲海峡的华侨华人聚居地区，此前已经分别以“闽台送王船”和“王航大游行”的名义列入中、马两国的国家级非物质文化遗产项目名录。该遗产的列入将成为来自不同国家的人们共有非物质文化遗产的一个例子，代表了各国在跨界保护领域的共同关切和责任，揭示了海洋文化开放、跨界的特性，为未来进一步联合周边国家和地区力量、挖掘共同的海洋文化遗产提出了方向。

六、海洋民俗

（一）海洋民俗研究的起步与发展

海洋民俗作为一个新的学术概念最先出现于 1994 年，马学良写给中国民俗学会第六次学术年会的贺信中明确提到“海洋民俗文化”[②]一词。1998 年在山东省青岛市召开了关于海洋民俗文化的首次专题研讨会，海洋民俗在中国民俗学研究与发展中的地位首次得到确认并引起学界重视。此时的海洋民俗研究对象分布具有局限性，主要集中在海南（三亚）、广东、广西（北部湾、京族）、福建（泉州）、台湾、浙江（宁

① 陈蔚林、陈卓斌：《更路簿研究中心在海南大学成立 为国家南海战略提供服务》，载《海南日报》，2016 年 9 月 8 日第 A3 版。

② 马学良：《为学科发展奠定坚实基础——致第六次学术年会的贺信》，载《民俗研究》，1994 年第 4 期，第 7 页。

波、舟山）、上海、山东（蓬莱、威海）等地，尤其是海南、闽台、舟山、上海等地区。2007 年，在中国海洋学会年会上发表的《海洋民俗文化》一文，将海洋民俗定义为“在沿海地区和海岛等一定区域范围内流行的民俗文化，它的产生、传承和变异，都与海洋有密切的关系”，包括“海洋生产习俗、渔家生活习俗、海洋信仰与禁忌”[①]，海洋民俗出现了明确的概念阐释，并作为民俗学研究的重要组成部分被提出，这一时期海洋民俗研究侧重于应用民俗学。2015 年，海南民俗学会执行会长李传朝等提出“海洋民俗学科”，认为“海洋民俗学科”研究具有重要意义，既可成为港口、港湾建设指南，成为开辟南海岛屿旅游的丰富套餐，也可以为南海航行安全、渔业捕捞和渔政作业提供历史档案，对于“21 世纪海上丝绸之路”建设十分重要、紧迫。[②]海洋民俗经过近 30 年的发展，在基本内涵、研究范畴、意义地位等方面雏形已现，且受关注度不断提高。

（二）海洋民俗文化开发实践

近十年来，海洋民俗实践活动呈现数量多、种类丰富、分布区域广、与地域发展结合紧密等特点，展现出海洋民俗发展的蓬勃生命力。

在海洋民俗庆典及实践活动方面，一是关于开海、祭海的民俗节日庆典。例如，山东即墨区田横祭海节距今已有三四百年的历史，是全国海洋文化色彩最浓郁、原始祭海仪式保存最完整、规模最大的民俗活动；海南潭门赶海节源于潭门渔民特有的闯海气概与本地南海鱼耕文化，祭海仪式在潭门已延续 600 多年，将传统民间祭海仪式、送渔灯等活动融入节庆中，以赶海季为平台，体现了当地渔民生产生活的海边渔家鱼耕文化；中国南海开渔节，是广东茂名滨海新区博贺镇渔民们每年休渔期结束后，在博贺镇及博贺渔港码头举办的传统节日，也是当地所有渔民隆重庆祝的节日；中国北部湾开海节，是一场渔家文化盛会，以“吃生猛海鲜，游生态港城”为主题，包括盛大开海仪式、趣味海鲜宴、白浪滩音乐节、金滩啤酒节、海洋经济与海洋文化发展论坛、海边山文化旅游共六大板块系列活动。二是关于妈祖主题的纪念活动。例如，“妈祖回娘家”是由湄洲妈祖庙分灵而建的妈祖庙，每

① 陈钜龙：《海洋民俗文化》，见《中国海洋学会 2007 年学术年会论文集（下册）》，2007 年 12 月，第 326 页。

② 李传朝、宜正明：《浅谈海南海洋民俗学科研究的重要性》，载《海南日报》，2015 年 9 月 30 日第 B6 版。

年在妈祖诞辰或升天之日回到祖庙进行祭拜妈祖的民俗活动。这一民俗活动始于明代，是人类非物质文化遗产妈祖信俗活动的重要内容之一。三是与地方特色或事项融合的海洋文化实践。例如，浙江梅山海洋民俗文化节，将“水浒名拳”和梅山舞狮等特色非遗、梅山沈家祠堂、时光展厅、非遗展陈馆等特色文化场馆及大牛山、果蔬基地等梅山乡村旅游点都融入各个关卡，沿途配套梅山特色厨娘美食街，将梅山非遗文创品、民俗、果蔬基地体验券作为奖励，助力梅山产业振兴和文化振兴；中国兴城海峡马拉松暨 2018 兴城（北京）海洋生活节，是国内首个将横渡游泳比赛与嘉年华相融合的海上马拉松嘉年华。

在海洋民俗机构设立方面，山东青岛崂山湾海洋民俗博物馆面积 1200 平方米，以实物、图片等形式介绍崂山湾丰富的海产资源和民俗文化。中国（海南）南海博物馆是以“南海”为载体的“海洋与海洋文明相复合的大型陈列”，是国家级大型海洋文化和历史文化景区，也是南海海上丝绸之路和环南海国家历史、现状的研究和展示中心；中国海洋发展研究会海洋文化产业分会是中国首个海洋文化产业社团组织；中国涉海博物馆文创品联展致力于为涉海类博物馆与文创机构搭建互动交流的平台，是国内推广海洋文化艺术交流的重要展会。

在海洋民俗开发利用方面，对山东胶东海草房开发利用是比较典型的例子。海草房是胶东滨海地区独具特色的生态建筑，有着上千年的历史，曾广泛分布于烟台、威海、青岛等地区，目前荣成、莱州保存较多较好。近几十年来，随着近海污染的日益严重，海带草等资源逐渐枯竭，具有海洋特色的海草房屋，已经很少新建。现海草房作为特色民宿吸引了各地游客，逐渐形成当地旅游特色。

七、海洋文化教育

文化传承不仅要靠个人的文化自觉，更要依靠系统的海洋文化教育，靠学校、靠教师、靠学生。只有将海洋文化教育推广普及，才能有效传承与发展海洋文化。如今，中国政府尤其重视海洋文化教育的推广普及，在海洋强国建设和相关政策指导下，沿海省市在海洋文化教育的道路上劈波斩浪，率先作为。

（一）海洋文化教育的政策引领

2016 年，中国颁布《全民海洋意识宣传教育和文化建设“十三五”规划》，提出增强公众海洋意识、弘扬海洋文化、提升海洋强国软实力，全面打造海洋新闻宣传、海洋意识教育和海洋文化建设三大业务体系[①]，在海洋强国建设背景下，中国部分省市，尤其是沿海地区，先后出台支持开展海洋文化教育的各种政策，并开展形式多样的海洋文化教育实践。其中，具有代表性的地区如山东、浙江、海南等。2020 年，山东省成立大中小学海洋文化教育研究指导中心，实施为期三年的全省教育系统海洋文化教育工程，推动海洋意识教育向标准化、规范化、系统化的方向稳步迈进；青岛市提出“海洋攻势”，发布《关于加快建设全国海洋教育示范城特色市的实施方案》，在全市学校普及实施海洋文化教育，印发《关于推动海洋研学旅游高质量发展的指导意见》，重点推介八大海洋研学旅游线路、涵盖 29 个海洋研学旅游目的地，提出打造“海洋研学旅游首选目的地”的发展目标，举办了“2021 青岛海洋研学旅游设计大赛”；浙江省积极推进《海洋教育发展行动方案》，宁波、舟山等地的海洋教育成果突出；海南省充分利用区域优势开展特色海洋意识教育，从幼儿园开始抓起，推动海洋文化教育的普及。

（二）海洋文化教育实践

在国家与地方政策的驱动下，中国海洋文化教育蓬勃开展，有的已形成较为丰富的经验，生成多彩的教育成果，主要表现在形成丰富的海洋文化教育资源，认可、支持和推动海洋文化教育普及的组织越来越多，教育信息化成为推动海洋文化教育的重要力量，中国初步形成终身海洋文化教育体系。

1. 基础教育领域的海洋文化教育

在海洋文化教育普及和实践方面，基础教育领域（幼儿园、中小学）推动普及海洋文化教育的地区主要有北京市、山东省、浙江省、海南省等。其中，海洋文化教育在海南省为全区域覆盖的地方课程，在青岛市和舟山市是市级地方课程，在其他区域，海洋文化教育以校本课程的方式开展。在北京等地，除校本课程外，举办系列海洋意

① 自然资源部：《全民海洋意识宣传教育和文化建设“十三五”规划》，2016 年。

识活动是提升学生海洋意识的重要方式。海洋文化教育环境建设对学生海洋意识的提升具有重要意义，海洋场馆、海洋公园、海洋意识教育基地等环境对学生具有很强的吸引力，有利于学习海洋知识，感受海洋文化，提升海洋意识。

2. 高等教育领域的海洋文化教育

除专业学习海洋课程的学生之外，面向大学生开展海洋文化教育的实践主要有开设海洋通识课、组织海洋志愿团体活动，以及开展各类海洋活动等。目前，海洋通识课除了涉海院校外，主要由自然资源部、海洋类高校、国家开放大学等机构开展。海洋通识课的学习促进了大学生对海洋的了解，激发了对海洋的兴趣，提升了大学生的海洋意识。海洋志愿组织也是大学生与海洋互动的方式之一，如非政府公益组织——蓝丝带海洋保护协会建立了“蓝色志 · 海洋保护网络”，有 30 多所大学参与其中，学生们组织团队在全国范围内定期开展沙滩清理、环境教育等海洋保护活动，是促进海洋环境保护与可持续发展的新生力量。组织各类海洋实践活动是开展海洋文化教育的重要方式，主要形式包括海洋重要节日活动、海洋知识竞赛、海洋创业比赛等。例如，每年举办的世界海洋日暨全国海洋宣传日活动号召大学生参与；全国大学生海洋知识竞赛已经持续举办 13 届，越来越多的大学生参与其中；全球、国际性海洋创新创业比赛也吸引众多大学生参与。

3. 社会教育领域的海洋文化教育

对政府部门工作人员开展海洋文化教育，主要通过学习国家海洋相关政策文件，并在贯彻和落实相关法律、政策的过程中进行。对企事业单位工作人员开展海洋文化教育主要是通过普及国家和地方海洋法律、政策的颁布和执行。省市发布海洋类“十四五”规划、海洋具体行业的管理办法、海洋经济发展报告等，对企事业单位工作人员海洋意识的提升具有重要作用。面向社会公众实施海洋文化教育，更多是通过海洋文化教育环境的建设以及海洋文化活动的开展。海洋文化教育的环境主要有海洋场馆、海洋公园、海洋意识教育基地等。以天津市为例，国家海洋博物馆为游客普及海洋科学知识，提升社会公众的海洋意识。全国和地方性海洋民俗节庆活动、海洋文化艺术活动吸引大量民众参与，体验海洋文化、海洋艺术的魅力，学习海洋文化知识。

八、小结

中国是历史悠久、资源丰厚的海洋大国，勤劳智慧的中华民族在认识海洋、开发利用海洋、与海洋和谐相处中创造了丰富灿烂而又自成系统的海洋物质文化、精神文化和制度文化财富，构成了中国文化整体的重要内涵。在海洋强国与文化强国建设背景下，大力发展和弘扬中国特色海洋文化是对优秀中华海洋文化传统及其价值的正确认识，是实现中国海洋文化传统价值资源的创造性转化和创新性发展。在 21 世纪这个海洋世纪，拥有辉煌海洋文化传统的中国也同样拥有美好的海洋文化未来，必将实现从“海洋大国”向“海洋强国”的转变。

附　录

附录 1

2023 年实施的海洋行业标准

HY/T 0350—2023	船载海陆地形地貌一体化调查技术要求
HY/T 0351—2023	海底地形地貌调查导航定位技术要求
HY/T 0352—2023	海底地形地貌调查单波束测深技术要求
HY/T 0353—2023	无人船（艇）海底地形地貌调查技术要求
HY/T 0354—2023	海洋卫星遥感与光学调查资料整编技术规范
HY/T 0355—2023	海洋环境调查资料分类与编码
HY/T 0356—2023	海洋调查专题图分类、编码与制图格式
HY/T 0357—2023	浮标站位选址论证技术导则
HY/T 0358—2023	海洋站水质在线观测系统运行规程
HY/T 0359—2023	海洋经济活动单位清查技术规范
HY/T 0360—2023	海洋经济调查质量控制规范
HY/T 0361—2023	海岛海洋经济调查技术规范
HY/T 0362—2023	海洋经济运行监测指标体系
HY/T 0363—2023	海洋经济统计数据集质量控制技术规程
HY/T 0364—2023	海洋生产总值核算技术指南
HY/T 0365—2023	海洋数据管理体系规范
HY/T 0366—2023	海洋数据分类分级标准
HY/T 0367—2023	海洋环境安全保障大数据分类与编码
HY/T 0368—2023	海洋经济综合数据库建设规范
HY/T 0369—2023	海洋环境安全保障数据库结构

续表

HY/T 0370.1-2023	海洋环境数据处理与质量控制规范　第 1 部分：海洋水文
HY/T 0370.2-2023	海洋环境数据处理与质量控制规范　第 2 部分：海洋气象
HY/T 0371-2023	重点涉海企业直报系统接口指南
HY/T 0372-2023	海洋灾害要素图式图例

来源：自然资源部网站，2023 年 12 月 1 日登录。

附录 2

2023 年中国南北极科学考察任务及成果

次序	时间	任务及成果
第 40 次南极科考	2023 年 11 月 1 日至 2024 年 5 月	一是建设新的科考站。该站位于东南极罗斯海沿岸区域，是我国第五个南极考察站，是继长城、中山站之后的第 3 个常年考察站，也是首个面向太平洋扇区的考察站，将开展大气环境、海洋基础环境、生物生态等多圈层、多学科的观监测和科学研究工作。建成后预计可接待度夏考察人员 80 人，越冬考察人员 30 人。 二是围绕气候变化对南极生态系统的影响与反馈开展调查。依托“雪龙”号和“雪龙 2”号船分别在东南极普里兹湾、宇航员海，西南极罗斯海、阿蒙森海及南极半岛临近海域开展生物生态、水体环境、沉积环境、大气环境及污染物分布综合调查监测；依托昆仑站、中山站、长城站开展生态系统、近岸海洋环境、土壤环境、地质环境、大气环境、雪冰环境、空间环境综合调查监测，深入研究南极在全球气候变化中的作用。 三是积极开展国际合作。开展国际南极科学前沿领域合作研究，实施与挪威、澳大利亚等多国合作的恩德比地航空调查任务，探究南极冰盖接地带这一关键数据空白区域的冰—海—基岩相互作用，支持冰盖物质平衡的精确评估和不稳定性研究。与美国、英国、澳大利亚、意大利、韩国、俄罗斯、智利等国开展后勤保障方面的国际合作。
第 13 次北极科考	2023 年 7 月 12 日至 9 月 27 日	环境关键要素长期观监测方面，共计完成 49 个站位的海洋综合调查，布放潜标 5 套，开展气象探空 142 组，完成 6 个短期冰站和 1 个长期冰站作业，布放各类抛弃式冰基浮标 26 套。 洋中脊调查方面，开展了地质地球物理海底定点观测、地球物理海面走航观测等内容，完成海底地震测量、大地电磁测量、地质取样、潜标布放在内的 8 项作业。考察队克服了洋中脊区域冰情复杂等不利因素，经过精心组织，成功布放回收 7 台海底大地电磁仪和 5 台海底地震仪，其中地震仪回收率 100%，科学研究方面，完成海冰、环流等国家科技计划项目 44 项。借助自主研发的相关观测设备布放，获取了浮冰漂移过程中冻结、融化、挤压破碎或断裂分离的内部信息，精细化揭示海冰热力学和动力学季节性演化特征和内在机理，为海冰模式的优化发展提供观测支持。 国际合作方面，围绕大气、表层海水和沉积物中的微塑料等立体调查要素，首次在北冰洋考察中开展了中—泰合作，为全球微塑料污染的研究和治理提供借鉴和参考；围绕多波束、海底地震、重力磁力等多种测量方式，进一步深化了中—俄加克洋中脊地球物理合作调查，为双方共同开展北冰洋地质构造研究合作奠定了坚实的基础。

来源：国家海洋局极地办网站，http://chinare.mnr.gov.cn/，2023 年 11 月 2 日登录。

附录 3

“一带一路”蓝色合作倡议

2023 年 10 月 18 日，中方与出席第三届“一带一路”国际合作高峰论坛海洋合作专题论坛的各国代表，围绕“共促蓝色合作、共奏丝路海韵”主题，开展了富有成效的讨论，进一步凝聚了共建“一带一路”国家加强海洋合作的共识。

中方认识到，海洋是地球最大的生态系统，是人类生存和可持续发展、文明存续的共同空间和宝贵财富，关系全球粮食生产和营养供给，关系沿海社区人民就业和福祉，关系全球可持续发展和生态环境保护。蓝色增长是促进全球经济发展的重要领域。

中方忆及，“一带一路”倡议提出 10 年来，特别是 2019 年海洋命运共同体理念提出以来，中方与有关国家共同努力，推动全球范围内形成高水平、深层次的海洋合作，惠及共建国家，彰显了人类社会对海洋的共同理想和美好追求。

中方认为，当前全球海洋正面临生物多样性丧失、环境污染、气候变暖与海平面上升、海洋灾害频发等多重挑战。面对全人类共同威胁和挑战，联合国发布《2030 年可持续发展议程》，其中目标 14“保护和可持续利用海洋和海洋资源以促进可持续发展”所要求的通过加强海洋合作，发展可持续蓝色经济，提升海洋生态系统健康和复原力，推动海洋科学技术创新与成果转化利用等，是世界各国一道共同应对威胁和挑战、促进地区发展与稳定的重要途径。

在此基础上，中方倡议，各方采取一致行动，基于开放共赢、绿色有序、创新驱动、对话协商等海洋合作理念，共同保护和科学利用海洋，共享蓝色成果，共建蓝色家园。具体倡议如下：

——铸造可持续发展“蓝色引擎”。促进有韧性和包容性的蓝色经济发展，挖掘蓝色经济发展潜力，发挥蓝色经济在后疫情时代全球经济复苏与绿色增长中的作用。以清洁生产、绿色技术、循环经济为基础，深化海洋领域国际发展合作，促进海洋产业发展和转型升级。基于绿色金融和《“一带一路”绿色投资原则》框架，创新蓝色经济金融平台、产品、标准和服务体系。探索多元融资模式，发挥蓝色债券、保险、基金等工具的作用，改善蓝色产业投融资环境，加强海水养殖、渔业加工、滨海旅游等合作，推进各国标准互认，取消不合理的进出口限制，构建顺畅互惠的国际产业链、供应链，提升蓝色产业交流合作水平。

——推动海洋资源可持续利用。与共建国家、涉海国际组织共同开展海洋资源调查与评估，支持海洋资源价值实现的多种途径。鼓励发展海洋可再生能源、海水淡化、海洋装备制造、海洋生物制品等，鼓励和支持发展可持续渔业，合作开展渔业养护，使海洋资源可持续利用惠及全人类。加强渔业监督管理，严格遵守养护管理措施，实施负责任捕捞，打击非法、未报告、无管制的捕捞活动，维护船员合法权益。

——实施海洋空间规划。支持全球海洋空间规划项目的实施，减少和避免人类活动给海岸带和海洋带来的不利影响。与共建国家共同编制海洋空间规划，打造滨海健康社区模式示范，促进陆海协调与可持续发展。鼓励开展最佳实践的经验交流以及实施与评估研究，提升基于生态系统的海洋综合管理的科学化水平，推进海洋保护与可持续发展。

——养护海洋生物多样性与韧性。保护、养护和恢复海洋生态系统，扭转海洋生态系统退化和海洋生物多样性下降趋势。推动加强对濒危海洋物种及重要栖息地的保护，开展建立和有效管理海洋自然保护地网络合作，维护海洋生态系统的健康、服务功能及价值。共同开展红树林、海草床、珊瑚礁等典型海洋生态系统监测和健康评价，支持实施基于自然的海洋解决方案，实施典型海洋生态系统保护和修复，促进海洋生态与减灾协同增效。开展海洋生态系统服务功能及其价值评估，促进生态产品价值实现。

——促进海洋健康与清洁。开展切实可行的行动，减少非必要一次性塑料制品的使用，促进海洋垃圾、微塑料治理，反对核污水排海，呼吁以负责任方式处置核污染水，控制并减轻倾废，减少陆地活动、船舶及其他海上设施对海洋的污染，降低水下噪声对海洋生物的侵害。联合开展海洋环境评价，发布海洋环境状况报告，促进海洋污染监管透明化，共同提高海洋环境污染防治能力。

——加强海洋领域应对气候变化。重视海洋在气候系统中扮演的重要角色，充分发挥海洋适应和减缓气候变化的潜力和作用。高度重视小岛屿国家和滨海地区对海平面上升的关切，加强海洋缺氧、海洋酸化、海洋升温及热浪、极地冰雪融化、海气交换与全球碳循环等研究合作。共同开展海洋碳汇机理和标准规范研究。积极推动海洋产业绿色转型，推动海洋领域碳中和。

——深化海洋科学技术合作。支持海洋基础科学研究，积极参与《联合国海洋科学促进可持续发展十年 (2021—2030)》实施计划，丰富海洋可持续发展所需要的知识，加强综合认知与理解，推广海洋知识的广泛利用。共建海洋科技合作平台，联合开展海洋观测、调查和研究项目，共建共享海洋观测监测网。支持全球水产养殖科技发展，围绕可持续捕捞开展科研合作。推动海洋科技向创新引领和普惠转变，促进海洋技术标准体系对接与技术转让。

——提供海洋公共服务。实施 21 世纪海上丝绸之路海洋公共服务共建共享计划，支持共建“一带一路”发展中国家海洋基础能力建设。推动海底关键基础设施建设，提升海上互联互通水平。建立海洋防灾减灾合作机制，开展海洋灾害风险防范、应对合作研究和应用示范。共同推动国家间海洋数据和信息产品共享，建设服务经济社会发展的海洋公共信息共享服务平台。共建重点海域海洋灾害预警报系统，及时发布海洋灾害预警报产品，提升区域性海洋防灾减灾能力。积极开展维护航道安全、打击海盗和海上跨国犯罪等领域国际合作，保持海上运输稳定畅通。

——提升公民海洋素养。将海洋素养和科学知识纳入教育体系，保护海洋传统文化，尊重滨海原住民习俗，使科学与教育在海洋可持续发展、海洋资源与环境保护方面发挥长期效力。开展海洋教育与文化交流，重视发挥青年作用，鼓励和支持妇女参与海洋事务，促进海洋人才联合培养，打造区域和全球海洋教育工作网络，共享海洋素养发展最佳实践，加强涉海智库、社会团体的交流与合作，推动各国特色海洋文化互鉴，促进海洋文化传播、海洋文化遗产保护、水下考古与发掘等方面的交流合作。

——构建蓝色伙伴关系。基于《蓝色伙伴关系原则》，在自愿合作的基础上，共商、共建开放包容、具体务实、互利共赢的蓝色伙伴关系。尊重各国多样化的海洋发展理念，广泛协商，凝聚共识。推动各国政府、国际组织、民间社团、工商界等的广泛参与，利用好各类双多边机制和平台，通过分享海洋知识、最佳实践、经验教训，开展形式多样的合作行动，解决共同关心的海洋问题，通过南南和三方合作，向广大发展中国家和地区提供技术培训和能力建设，使蓝色发展成果更多地惠及人民。

中方秉持开放包容原则，欢迎和期待各方参与，共同丰富倡议内容，以及联合国《2030 年可持续发展议程》及其相关的可持续发展目标，积极探索海洋合作新模式。中方愿同所有关心海洋、保护海洋的国家和人民携手同行，为共建“一带一路”国家共筑蓝色家园作出更大贡献！

来源：自然资源部网站，https://www.mnr.gov.cn/dt/ywbb/202311/t20231103_ 2805053. html，2023 年 12 月 4 日登录。

附录 4

“一带一路”蓝色合作成果清单

一、高峰论坛期间和前夕签署的双边合作文件

（一）中国自然资源部与印度尼西亚海洋渔业部签署关于海洋领域合作的执行安排。

（二）中国自然资源部与越南自然资源环境部签署关于北部湾海洋及岛屿环境综合管理合作研究的协议。

（三）中国自然资源部与阿根廷科技创新部签署自然资源领域科学技术合作谅解备忘录。

（四）中华人民共和国政府与智利共和国政府签署关于南极合作的谅解备忘录。

二、中方打出的合作举措

（五）持续实施中国政府海洋奖学金项目，为共建“一带一路”国家提供海洋学位奖学金名额。持续开设海洋和地学能力建设培训班，未来 3 年为共建“一带一路”国家提供 500 个培训名额。

（六）持续与南海周边国家共建共享南海区域海啸预警中心，提供海啸预警服务，开展海啸预警技术培训和交流。

（七）推出海洋发展合作支持项目。

（八）推出小岛屿国家应对气候变化合作支持项目。

（九）推动援助巴基斯坦瓜达尔海水淡化厂项目。

（十）设立发展中国家水产养殖和渔业可持续发展人员培训计划。

（十一）倡议成立“中国–印度洋地区国家蓝色防灾减灾联盟”，提升海洋灾害应急响应效率，深化防灾减灾务实合作。

三、支持的合作平台

（十二）支持建设中非卫星遥感应用中心、中国–东盟卫星遥感应用中心。

（十三）推动在云南成立“中国–印度洋地区国家蓝色经济智库网络”。

（十四）建设中葡文化遗产保护科学“一带一路”联合实验室海洋文化遗产研究中心。

（十五）推动中国–太平洋岛国渔业合作发展论坛长效化机制化。

（十六）建设中国–东盟海水养殖技术“一带一路”联合实验室。

（十七）机制化举办“中国–印度洋地区发展合作论坛”。

（十八）与有关国家机制化举办中国–东南亚国家海洋合作论坛、全球滨海论坛、中非海洋科技论坛、中国–岛屿国家海洋合作高级别论坛、“一带一路”地学合作与矿业投资论坛。

（十九）机制化举办“海洋合作与治理论坛”。

四、合作项目清单

（二十）与孟加拉国合作编制《孟加拉国海岸带保护与利用规划》，与柬埔寨合作建设海岸带规划合作平台，开发海洋空间规划信息系统和海岛数据库，共同编制《高龙岛国家海洋公园保护与利用分区规划》。

（二十一）与斐济、汤加、瓦努阿图等小岛屿国家合作开展海平面变化监测和影响评估研究，共同发布《气候变化下小岛屿国家海平面上升状况》。

（二十二）与泰国自然资源与环境部、印度尼西亚国家研究创新署、柬埔寨环境部共同发起“蓝色市民”倡议，编制蓝色市民指南，举办蓝色市民能力建设培训。

（二十三）与有关国家共同开展亚太地区微塑料空间分布动态分析研究，丰富微塑料区域检测方法，提升应对微塑料污染能力。

（二十四）创建东南亚海洋环境预报系统，开展海洋联合观测与研究，提供海洋环境预报系统服务和产品。

与共建“一带一路”国家共同制修订海水淡化相关 ISO 国际标准，推动标准互认。

来源：自然资源部网站，https://www.mnr.gov.cn/dt/ywbb/202311/t20231103_ 2805053. html，2023 年 12 月 4 日登录。